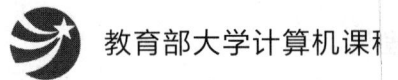

教育部大学计算机课程

高等学校大学计算机基础系列教材

大学计算机基础实验指导与测试

（第2版）

主 编 黄 华 付 峥
副主编 邓林生 刘晓瑢
　　　　彭巧珍 张丹丹

高等教育出版社·北京

内容提要

本书根据教育部高等学校大学计算机课程教学指导委员会编制的《大学计算机基础课程教学基本要求》，在第一版基础上梳理、精简和更新，吸纳近几年教学经验和成果，以提高计算机应用实践能力为目标，结合普通高校的实际教学情况修订而成。

本书以案例为中心，涵盖了"大学计算机基础"课程教学要求的教学内容和知识点。全书共分为 8 章，基本由 3 个部分组成，分别是实验指导、操作测试题和基础知识测试题。实验指导部分根据教学要求安排了 24 个丰富实用的实验，以提高学生的基本操作技能和应用能力。操作测试题部分安排了 21 个综合应用测试，以巩固和综合应用所学内容。基础知识测试题部分对计算机基础知识点进行补充。

本书可作为高校"大学计算机基础"课程的实践指导教材，也可作为计算机技术培训用书和计算机爱好者自学用书。

图书在版编目（ＣＩＰ）数据

大学计算机基础实验指导与测试 / 黄华，付峥主编. --2 版. -- 北京：高等教育出版社，2021.9(2024.11 重印)
ISBN 978-7-04-056702-1

Ⅰ. ①大… Ⅱ. ①黄… ②付… Ⅲ. ①电子计算机 - 高等学校 - 教学参考资料 Ⅳ. ①TP3

中国版本图书馆CIP数据核字（2021）第160543号

Daxue Jisuanji Jichu Shiyan Zhidao yu Ceshi

策划编辑	耿　芳	责任编辑	张海波	封面设计	王　鹏	版式设计	徐艳妮
插图绘制	于　博	责任校对	王　雨	责任印制	刘弘远		

出版发行	高等教育出版社	网　　址	http://www.hep.edu.cn
社　　址	北京市西城区德外大街4号		http://www.hep.com.cn
邮政编码	100120	网上订购	http://www.hepmall.com.cn
印　　刷	北京七色印务有限公司		http://www.hepmall.com
开　　本	787 mm×1092 mm　1/16		http://www.hepmall.cn
印　　张	17.75	版　　次	2016年2月第1版
字　　数	380 千字		2021年9月第2版
购书热线	010-58581118	印　　次	2024年11月第7次印刷
咨询电话	400-810-0598	定　　价	35.00元

本书如有缺页、倒页、脱页等质量问题，请到所购图书销售部门联系调换
版权所有　侵权必究
物　料　号　56702-00

大学计算机基础实验指导与测试
（第2版）

黄华

付峥

1. 计算机访问http://abook.hep.com.cn/18610254，或手机扫描二维码、下载并安装Abook应用。
2. 注册并登录，进入"我的课程"。
3. 输入封底数字课程账号（20位密码，刮开涂层可见），或通过Abook应用扫描封底数字课程账号二维码，完成课程绑定。
4. 单击"进入课程"按钮，开始本数字课程的学习。

《大学计算机基础实验指导与测试》（第2版）数字课程与纸质教材一体化设计，紧密配合。数字课程涵盖实验练习中使用的素材文件，充分运用多种形式媒体资源，极大地丰富了知识的呈现形式，拓展了教材内容。在提升课程教学效果的同时，为学生学习提供思维与探索的空间。

课程绑定后一年为数字课程使用有效期。受硬件限制，部分内容无法在手机端显示，请按提示通过计算机访问学习。

如有使用问题，请发邮件至abook@hep.com.cn。

扫描二维码
下载Abook应用

http://abook.hep.com.cn/18610254

前　言

随着社会信息化不断向纵深发展，各行各业信息化进程不断加速，计算机在经济与社会发展中的地位越来越重要。熟悉和掌握计算机的基础知识和基本操作已经成为现代社会必备的技能。

本版在本书上版基础上根据实际教学情况修订而成，继续保持注重教材的实用性和实践性的特点，适用于高校"大学计算机基础"课程的教学和实践。

本版对各章节做了调整和扩展，其中将多媒体技术基础章节改为 Visio 图形设计。全书主要内容包括计算机与信息技术、操作系统基础、Word 文字处理、Excel 电子表格、PowerPoint 演示文稿、计算机网络与 Internet 应用基础、Visio 图形设计、数据库基础等内容，各章节又分为三部分：实验指导、操作测试题、基础知识测试题。其中，实验指导部分共安排了 24 个丰富实用的实验，以案例教学为指导思想来编写，通过案例对知识点进行演示、讲解，具有很好的启发性和引导性，以提高学生的基本操作技能和应用能力；操作测试题部分安排了 21 个测试题，以巩固所学知识；基础知识测试题部分主要以选择题形式为主。

本书由南昌航空大学黄华、付峥任主编，邓林生、刘晓璐、彭巧珍、张丹丹任副主编，孙卡、舒远仲、黄晓军、夏利民、胡硕、冯锢等对全书的修改提出了许多宝贵的建议，本书由南昌航空大学教材建设基金资助出版，在此一并表示感谢！由于作者水平有限，书中难免存在疏漏和不足之处，恳请广大师生和读者批评、指正。

编者

2021 年 5 月

目 录

第1章 计算机与信息技术 ··· 1
  1.1 实验指导 ··· 1
  1.2 基础知识测试题 ··· 13
    1.2.1 基础知识题解 ··· 13
    1.2.2 基础知识同步练习 ··· 26

第2章 操作系统基础 ·· 40
  2.1 实验指导 ·· 40
  2.2 操作测试题 ·· 47
  2.3 基础知识测试题 ·· 49
    2.3.1 基础知识题解 ·· 49
    2.3.2 基础知识同步练习 ·· 54

第3章 Word 文字处理 ··· 66
  3.1 实验指导 ·· 66
  3.2 操作测试题 ·· 98
  3.3 基础知识测试题 ··· 104
    3.3.1 基础知识题解 ··· 104
    3.3.2 基础知识同步练习 ··· 110

第4章 Excel 电子表格 ··· 122
  4.1 实验指导 ·· 122
  4.2 操作测试题 ··· 151
  4.3 基础知识测试题 ··· 160
    4.3.1 基础知识题解 ··· 160
    4.3.2 基础知识同步练习 ··· 167

第5章 PowerPoint 演示文稿 ··· 175
  5.1 实验指导 ·· 175
  5.2 操作测试题 ··· 200

5.3　基础知识测试题 ········· 204
　　　　5.3.1　基础知识题解 ········· 204
　　　　5.3.2　基础知识同步练习 ········· 208

第 6 章　计算机网络与 Internet 应用基础 ········· 214
　　6.1　实验指导 ········· 214
　　6.2　操作测试题 ········· 224
　　6.3　基础知识测试题 ········· 226
　　　　6.3.1　基础知识题解 ········· 226
　　　　6.3.2　操作题解 ········· 232
　　　　6.3.3　基础知识同步练习 ········· 233

第 7 章　Visio 图形设计 ········· 243
　　7.1　实验指导 ········· 243
　　7.2　操作测试题 ········· 253

第 8 章　数据库基础 ········· 256
　　8.1　实验指导 ········· 256
　　8.2　操作测试题 ········· 271

参考文献 ········· 274

第 1 章
计算机与信息技术

1.1 实验指导

实验一 键盘及指法练习

一、实验目的

1. 熟悉键盘的构成以及各键的功能和作用。
2. 了解键盘的键位分布,掌握正确的键盘指法。
3. 掌握指法练习软件"金山打字通"的使用方法。

二、预备知识

(一)键盘

键盘是把文字信息输入计算机的通道,是从英文打字机键盘演变而来的。根据外形划分,键盘分为标准键盘和人体工程学键盘。根据工作原理划分,键盘分为机械式键盘、薄膜式键盘、电容式键盘、导电橡胶式键盘。标准键盘一般可分 5 个区域,分别是主键盘区、功能键区、编辑键区、辅助键区(小键盘区)和状态指示区,如图 1.1 所示。

一)主键盘区

1. 字母键:位于主键盘区的中心区域,按某一字母键后屏幕上会出现对应的字母。

2. 数字键:位于主键盘区上面第一排,直接按某一数字键可输入数字,按 Shift+ 数字键,可输入该数字键中数字上方的符号。

3. Tab(制表键):在文字处理应用程序中,按一次 Tab 键通常可将光标定位到下一个定位点上。在其他图形应用程序中,按一次 Tab 键可将光标移到下一个控件上。

4. CapsLock(大小写转换键):每按一次 CapsLock 键,完成一次大小写状态转换,该键右上方有对应的大小写指示灯,绿灯亮表示大写字母输入模式,反之为小写字母输入模式。

5. Shift(上挡键):有的键面有上、下两个字符,称为双字符键。当单独按这些键时,则输入下面字符。若先按住 Shift 键,再同时敲击双字符键,则输入键面上面字符。

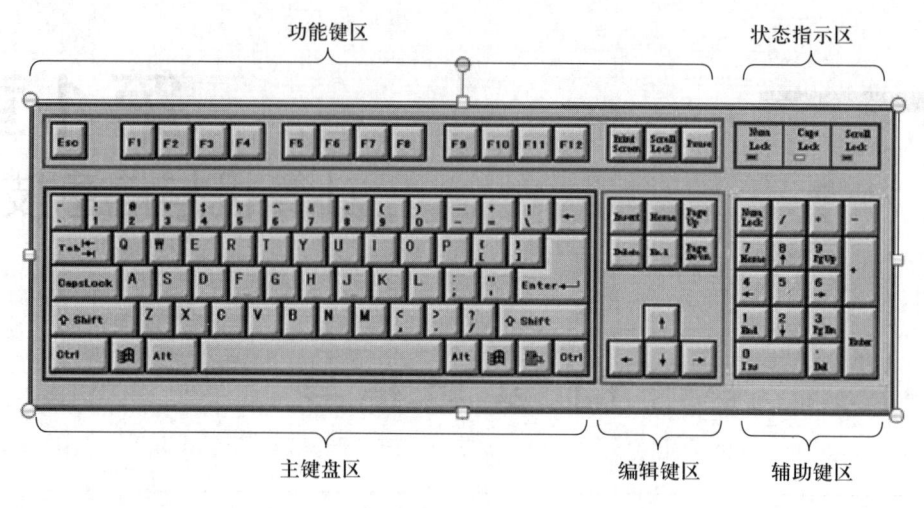

图 1.1 键盘示意图

6. Ctrl(控制键)：一般都和其他键结合起来使用，如最常用的是 Ctrl+C(复制)、Ctrl+V(粘贴)。

7. Alt(更改键)：一般也和其他键结合起来使用，如同时按 Ctrl+Alt+Delete 组合键，可打开任务管理器。

8. 空格键：它的作用是输入空格，即输入不可见字符，使光标右移。

9. Backspace 或←(退格键)：按此键使光标左移一格，同时删除光标左侧的字符，或删除选中的内容。

10. Enter(回车换行键)：作用为确认或换行。

二）功能键区

1. F1~F12(功能键)：位于键盘上方区域，通常将常用的操作命令定义在功能键上，不同的软件对功能键有不同的定义。如 F1 键通常定义为帮助功能；F2 键通常定义为改名功能，如果在资源管理器中选中一个文件或文件夹，按 F2 键则会对这个文件或文件夹实施重命名操作。

2. Esc(退出键)：按此键可放弃操作，如汉字输入时可取消没有输完的汉字。

3. PrintScreen(拷屏键)：按此键可将整个屏幕复制到剪贴板上，按 Alt+PrintScreen 组合键可将当前活动窗口复制到剪贴板中。

4. ScrollLock(滚动锁定键)：在图形用户界面中，该键作用越来越小。目前，其应用场景之一是在 Excel 中，在 ScrollLock 功能关闭的状态下使用翻页键(如 PageUp 和 PageDown)时，单元格选定区域会随之发生移动。

5. Pause(暂停键)：可中止某些程序的执行，特别是 DOS 程序，现在 Windows 操作系统下很少使用。进入操作系统前自检界面显示的内容后再按 Pause 键，会暂停信息翻滚，之后按任意键可以继续。

三）编辑键区

1. Ins/Insert(插入键/改写转换键)：按 Insert 键后再输入，会覆盖光标以后的内容，再按 Insert 键后还原为插入状态。

2. Del/Delete(删除键):按此键,删除光标右侧字符。

3. Home(行首键):按此键,光标移到当前行的行首。

4. End(行尾键):按此键,光标移到当前行的行尾。

5. PgUp/PageUp(向上翻页键):按此键,光标定位到上一页。

6. PgDn/PageDown(向下翻页键):按此键,光标定位到下一页。

7. ↑、↓、←、→(光标移动键):分别按各键使光标向上、向下、向左、向右移动。

四) 小键盘区

小键盘区各键既可作为数字键,又可作为编辑键。两种状态的转换由该区域左上角的数字锁定转换键 NumLock 来控制。当 NumLock 指示灯亮时,该区处于数字键状态,可输入数字和运算符号;当 NumLock 指示灯灭时,该区处于编辑状态,利用小键盘的按键可进行光标移动、翻页和插入、删除等编辑操作。

五) 状态指示区

状态指示区包括 NumLock 指示灯、CapsLock 指示灯、ScrollLock 指示灯。其中 NumLock 指示灯亮时,表示当前处于数字输入状态,可以输入数字;NumLock 指示灯灭则表示不能输入数字,只允许编辑操作。CapsLock 指示灯是大小写开关指示,如果灯亮,只能输入大写字母。ScrollLock 指示灯是滚动锁指示,如果灯亮表示滚动锁定。

(二) 键盘指法

一) 基准键位

主键盘区有 8 个基准键位,分别是 A、S、D、F、J、K、L、;,基准键是打字时手指放置的基准位置。开始打字前,左手小指、无名指、中指和食指应分别虚放在 A、S、D、F 键上,右手的食指、中指、无名指和小指应分别虚放在 J、K、L、;键上,双手的拇指都放在空格键上。不击键时,各个手指虚放在这 8 个键上,击键后手指应迅速返回其相应基准键。

F 键和 J 键上都有一个凸起的小横杠或者小圆点,盲打时可以通过它们找到基准键位。

二) 键位的指法分区

在基准键位的基础上,其他字母、数字和符号与 8 个基准键对应,指法分区如图 1.2 所示。键盘左半部分由左手负责,右半部分由右手负责;每一只手指都有其固定对应的按键。

1. 左小指:、、1、Q、A、Z 键。
2. 左无名指:2、W、S、X 键。
3. 左中指:3、E、D、C 键。
4. 左食指:4、5、R、T、F、G、V、B 键。
5. 左、右拇指:空格键。
6. 右食指:6、7、Y、U、H、J、N、M 键。
7. 右中指:8、I、K、、键。
8. 右无名指:9、O、L、.键。

图 1.2 键位指法分区图

9. 右小指:0、-、=、P、[、]、;、'、/、\、Enter 键。

另外有些键具有两个字母或符号,如数字键常用来输入数字及其他特殊符号,用右手击某一特殊符号键时,左手小指按住 Shift 键;若以左手击打特殊符号键,则用右手小指按住 Shift 键。

三) 击键方法

1. 击键之前,要注意打字的姿势。打字时,全身应自然放松,腰背挺直,上身稍离键盘,上臂自然下垂,手指略向内弯曲,自然虚放在对应基准键位上,左、右拇指放在空格键上。

2. 击键时,要击键的手指迅速敲击目标键,瞬间发力并立即反弹,迅速回归基准键位,做好下次击键准备。要严格按规范运指,各个手指分工明确,应各司其职,发现输入错误后,应用右手小指击打退格键,重新输入正确的字符。

3. 打字时禁止看键盘,应学会盲打。

(三) 指法练习软件"金山打字通"

打字练习软件的作用是通过软件中设置的多种打字练习方式,从键位记忆到文章输入练习,使练习者掌握标准键位指法,提高打字速度。目前可用的打字软件较多,其中"金山打字通"是金山公司推出的教育系列软件之一,是一款功能齐全、数据丰富、界面友好、集打字练习和测试于一体的打字软件。其界面如图 1.3 所示。

三、实验内容

1. 打开"金山打字通"软件,单击"新手入门"按钮,进入新手入门窗口。单击"字母键位"按钮,进行基准键位和其他字母键位练习,熟悉掌握后,实施"数字键位"练习和"符号键位"练习。

2. 单击"英文打字"按钮,进入英文打字窗口。单击"单词练习",按照要求进行单词输入练习,打好基本功,循序渐进。

3. 在英文打字窗口中,单击"语句练习",按照要求进行语句输入练习。单击"文章练习",按照要求进行文章输入练习。

4. 在英文打字窗口中,单击"文章练习",按照要求进行文章输入练习。

图 1.3 "金山打字通"软件主界面

实验二 计算机硬件知识与组装

一、实验目的

1. 认识计算机的基本硬件及构成。
2. 掌握计算机的硬件连接步骤及安装方法。

二、实验内容

观察微型计算机的组成,认识计算机各硬件设备;掌握主板各部件的名称、功能等;了解主板上常用接口的功能、外观;熟悉常用外部设备的连接方法。掌握计算机硬件连接步骤及安装过程。

三、预备知识

计算机的硬件系统是指计算机的物理部件,硬件系统通常由中央处理器、存储器(包括内存、硬盘等)、输入设备(包括键盘、鼠标、游戏杆等)、输出设备(包括显示器、打印机、音箱等)、接口设备(包括主板、显卡、网卡、声卡、光驱等)组成。这些硬件主要用于完成计算机的输入、处理、存储和输出功能。

(一) 中央处理器

中央处理器(central processing unit,CPU)如图 1.4 和图 1.5 所示,它是计算机数据处理的核心,包括运算器、控制器、寄存器组和内部总线等,其中,寄存器组用于存放操作数和中间数据,运算器完成指令所规定的运算及操作。

CPU 的性能决定了计算机的性能,通常以它为标准来判断计算机的档次。目前主流的 CPU 为双核/四核处理器。

CPU 散热风扇主要由散热片和风扇组成,如图 1.6 所示,它的作用是通过散热片和风扇及时将 CPU 发出的热量散去,保证 CPU 工作在正常的温度范围内,若 CPU 温度高于 85℃,会影响 CPU 正常运行。

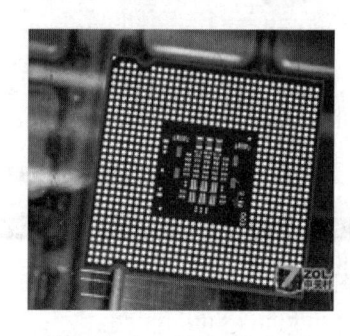

图 1.4　CPU 正面　　　　图 1.5　CPU 背面　　　　图 1.6　CPU 散热风扇

(二) 主板

计算机所有关键设备都安装在主板上,主板是计算机各个硬件设备连接的平台,如图 1.7 所示,计算机的各个设备都与主板直接或间接相连,所有设备都必须与主板上的 CPU 通信。主板上集成了主板芯片组、各种功能插槽和接口、各种电子元件和功能片。不同的主板支持不同的 CPU。

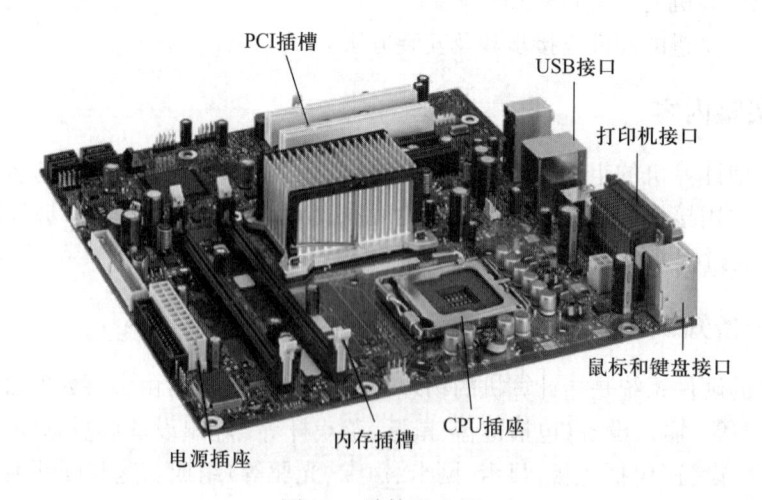

图 1.7　计算机主板

(三) 内存

内存是计算机的主存储器(main memory,简称主存,又称内存),用于暂时存放当前正在执行的程序和数据。一台计算机的内存由多个内存条(如图 1.8 所示)构成,它是 CPU 和外存储器(即辅助存储器,auxiliary memory)之间交流的中转站。断电后,内存中的数据随之消失。平常使用的程序,如 Windows 操作系统、办公软件、游戏软件等,一般都安装在硬盘等外存储器上,但需要使用这些软件时,必须把它们调入内存中,才能真正使其运行。内存的种类较多,目前主流的内存为 DDR4 内存。

图 1.8 内存条

(四) 硬盘

硬盘是安装于机箱内部的外存储器(如图 1.10 所示),用来存储计算机工作时使用的程序和数据。硬盘驱动器是一个密封的盒体,内有高速旋转的盘片和磁盘,如图 1.9 所示。当盘片旋转时,具有高灵敏度的读写磁头在盘面上来回移动,既向盘片或磁盘中写入新数据,也从盘片或磁盘中读取已存在的数据。硬盘的接口主要有 USB 接口、SATA 接口等,其中 SATA 接口为目前的主流硬盘接口。硬盘可以长期存储数据,具有容量大、存取速度快等优点。硬盘分为机械硬盘和固态硬盘。

图 1.9 硬盘的内部结构　　　　图 1.10 硬盘

(五) 光驱

光盘驱动器(光驱)用来读取光盘数据或进行数据刻录的外部存储设备,如图 1.11 所示。光驱常用的接口种类主要有 IDE 接口、SATA 接口和 USB 接口等。一般一张 CD 光盘的容量为 650 MB,一张 DVD 光盘的容量为 4.7 GB,一张蓝光 DVD 光盘的容量为 25 GB。

目前随着 U 盘[①]的普及,光驱已经用得很少了。

(六) 显卡

显卡(如图 1.12 所示)又称为图形加速卡,它负责将主机输出的数字信号转换为字符图像和颜色等模拟信号,并传送到显示器上进行显示,同时协助 CPU 对图形图像进行处理,以加快图形的处理速度。显卡分为集成显卡(集成在主板上)、独立显卡和核心显卡(需要支持视频输出的主板)。随着显卡性能的不断加强,核心显卡已逐步取代集成显卡以及低端独立显卡。显卡的输出接口主要有 VAG 接口、DVI 接口、S 端子等。

图 1.11 光驱    图 1.12 显卡

(七) 声卡

声卡(如图 1.13 所示)负责数字信号与声波模拟信号之间的转换。例如将数字信号转换为模拟信号输出到音箱。声卡一般集成在主板上,若有特殊需求可使用独立声卡,以达到更好的效果。

(八) 网卡

网卡(如图 1.14 所示)负责接收网络信号。网卡一般集成在主板上,也可以安装独立网卡。一般主板还可以安装无线网卡。

图 1.13 声卡    图 1.14 网卡

[①] U 盘,即 USB(universal serial bus)盘的简称,也称优盘,是闪存的一种。

(九) 电源

电源(如图 1.15 所示)是计算机硬件系统的动力来源,其作用是把 220 V 交流电转换为计算机内部使用的 3.3 V、5 V 和 12 V 直流电。当电压不稳定时,电源能自动调整输出电压值,保证硬件的正常运行。一个质量优良的电源是一台计算机正常、平稳运行的重要保障。由于电源的功率直接影响电源的"驱动力",因此电源的功率越高越好。目前主流多核处理器电源的一般输出功率为 350 W 以上,有的甚至达到 900 W。电源一般包括 1 个 20+4 针接口,4 个大 4 针接口,4~8 个 SATA 接口,2 个 6 针接口,1 个 4+4 针接口。

(十) 机箱

机箱的主要作用是保证计算机内部硬件设备的安全、屏蔽辐射等。当然,机箱外部美观已成为越来越多人追求并展示个性的因素。

(十一) 显示器

用户输入的数据经过 CPU 处理后显示在显示器上,目前主流的显示器为液晶显示器。另外,还有阴极射线管显示器和等离子显示器。显示器通过显示接口及总线与计算机主机连接,待显示的信息(字符或图形图像)从显卡的缓冲存储器(即显存)传送到显示器的接口,经显示器内部电路处理后,由液晶显示模块将输出的数据显示到液晶屏幕上。

显示器与计算机的连接接口主要为 VGA 接口、DIV-D 接口、HDMI 接口、DP 接口,如图 1.16 所示。其中 VGA 接口为模拟信息接口,也称为 D-SUB 接口。

图 1.15　电源　　　　　　　　　图 1.16　显示器背面

(十二) 鼠标和键盘

键盘是计算机的基本输入设备,可以将英文字母、数字、标点符号等输入计算机,从而向计算机发出命令、提供数据等。键盘主要分为标准键盘和人体工程学键盘两种,如图 1.17 和图 1.18 所示。一般标准键盘有 104 个键,是目前主流的键盘。人体工程学键盘是在标准键盘上将指法规定的左手键区和右手键区这两大板块分开,并形成一定角度,使操作者不必有意识地夹紧双臂,而保持一种比较自然的姿态。目前键盘的接口主要有 USB 接口、无线接口等。

鼠标是一种指示设备,用于控制显示器上指针的移动并实现选择操作。鼠标底部是滚动球或光学传感器,通过它控制指针的移动并跟踪指针位置。鼠标接口与键盘类似,同样有 USB 接口、无线接口等接口类型。如图 1.19 和图 1.20 所示。

图 1.17　标准键盘　　　　　　　　图 1.18　人体工程学键盘

图 1.19　有线鼠标　　　　　　　　图 1.20　无线鼠标

四、实验步骤

（一）安装 CPU 和内存

1. 安装 CPU。拉起主板 CPU 插座的锁定扳手，参照定位标志，将 CPU 放入主板上的 CPU 插槽，按下扳手锁定 CPU 部件，CPU 安装完毕后，紧贴着 CPU 放置好 CPU 电风扇。如图 1.21 所示。

> 放下插槽上的锁杆，锁紧CPU，即可完成CPU的安装操作

图 1.21　安装 CPU

2. 安装内存。将内存插槽的两个固定架扳开，参照内存条的定位标志，双手将内存条垂直插入内存条插槽，内存条到位后，自动锁定。如图1.22所示。

图1.22 安装内存

（二）安装主机电源

把电源放在机箱的电源固定架上，使电源上的螺钉孔和机箱上的螺钉孔一一对应，然后拧紧螺钉。

（三）安装主板

将主板装在机箱底板上，注意将主板上的固定孔对准拧紧螺钉，主板的接口区对准机箱背板的对应接口孔，依次拧紧对应的螺钉。

（四）安装适配卡

将显卡垂直插入AGP插槽并固定，如图1.23所示。用同样方法将声卡、网卡等PCI卡安装到主板上的PCI插槽中。

图1.23 安装适配卡

（五）安装硬盘

硬盘固定在机箱固定架上，用IDE数据线将硬盘与主板IDE接口相连接，并连接硬盘电源。用同样的方法连接光驱。如图1.24所示。

图 1.24　安装硬盘

（六）连接机箱内部连线

1. 连接主板电源线：将电源上的供电插头插入主板对应的电源插槽中。

2. 连接主板上的数据线和电源线。数据线和电源线包括硬盘、光驱等的数据线和电源线。

3. 连接主板信号线和控制线，即机箱控制开关与主板之间的连线。由机箱面板上引出的导线有很多，包括 POWER SW（开机信号线）、POWER LED（电源指示灯线）、H.D.D LED（硬盘指示灯线）、RESET SW（复位信号线）、SPEAKER（机箱喇叭线）等。这些连接线的接头都有英文标注，如图 1.25 所示。

连接机箱内各部件及连线，主机箱内部结构如图 1.26 所示。

图 1.25　主板信号线和控制线

图 1.26　主机箱内部结构

(七) 连接外部设备

主机安装好后,就开始连接基本的外部设备,在机箱后背板上都标有外部设备连接的接口,如图 1.27 所示,连接如电源线、鼠标、键盘、显示器等各种外设。

图 1.27 机箱后背板主要接口

1.2 基础知识测试题

1.2.1 基础知识题解

1. 世界上第一台电子计算机诞生于(　　)年。
　　A. 1939　　　　　　　　　　B. 1946
　　C. 1952　　　　　　　　　　D. 1958

【答案 B】解析:第二次世界大战期间,美国军方开始研制电子计算机,目的是生成导弹轨道表格。1946 年,美国宾夕法尼亚大学研制出世界上第一台电子数字积分计算机(electronic numerical integrator and computer,ENIAC)。

2. 新一代计算机是指(　　),它有推理、联想、判断、决策和学习等功能。
　　A. 自动功能　　　　　　　　B. 人工智能计算机
　　C. 工作站　　　　　　　　　D. 多媒体计算机

【答案 B】解析:从 20 世纪 80 年代开始,日本、美国等国投入大量人力、物力研制新一代计算机。新一代计算机的目标是,让计算机具有人的智能,可以听、看、说,甚至思考,具有知识存储和知识库管理功能,能够进行推理、判断、联想和学习。

3. 计算机从诞生至今已经经历了4个时代,这种对计算机时代的划代依据是(　　)。
   A. 计算机所采用的物理器件(即逻辑元件)
   B. 计算机的运算速度
   C. 程序设计语言
   D. 计算机的存储容量

【答案 A】解析:根据计算机所采用的物理器件,通常将计算机划分为4代。

4. 计算机采用的逻辑元件的发展顺序是(　　)。
   A. 晶体管、电子管、集成电路、大规模集成电路及超大规模集成电路
   B. 晶体管、电子管、集成电路、芯片
   C. 电子管、晶体管、集成电路、大规模集成电路及超大规模集成电路
   D. 电子管、晶体管、集成电路、芯片

【答案 C】解析:计算机所采用的物理器件,其发展顺序是电子管、晶体管、集成电路、大规模集成电路及超大规模集成电路。

5. 根据计算机时代的划分,采用集成电路作为主要逻辑元件的计算机属于(　　)。
   A. 第一代　　　　B. 第二代　　　　C. 第三代　　　　D. 第四代

【答案 C】解析:第三代计算机的主要元件是采用小规模集成电路和中规模集成电路。

6. 计算机可分为数字、模拟和混合计算机,这是按(　　)进行分类。
   A. 功能和用途　　B. 性能和规律　　C. 工作原理　　　D. 控制器

【答案 C】解析:计算机按工作原理分类可分为数字计算机、模拟计算机和混合计算机。

7. 个人计算机属于(　　)。
   A. 嵌入式计算机　B. 巨型机算机　　C. 高性能计算机　D. 微型计算机

【答案 D】解析:根据计算机的运算速度和性能等指标,可将计算机分为高性能计算机(又称为超级计算机、巨型机)、微型计算机(又称个人计算机)、工作站、服务器和嵌入式计算机5类。个人计算机属于微型计算机。

8. 我国自行生产并用于天气预报计算的银河三号计算机属于(　　)。
   A. 微型计算机　　B. 小型机　　　　C. 工作站　　　　D. 巨型机

【答案 D】解析:银河三号计算机属于巨型机。巨型机是目前功能最强、速度最快、价格最高的计算机,一般用于完成气象、太空、能源、医药等尖端科学研究和战略武器研制等复杂计算任务。

9. 计算机的主要应用领域是(　　)。
   A. 科学计算、数据处理和过程控制　　B. 计算、打字和家教
   C. 科学计算、辅助设计和辅助教学　　D. 信息处理、办公自动化和家教

【答案 A】解析:计算机的应用主要包括科学计算、数据处理(信息处理)、电子商务、过程控制、计算机辅助设计、多媒体技术、人工智能等。

10. 计算机辅助设计简称(　　)。
    A. CAT　　　　　B. CAM　　　　　C. CAI　　　　　D. CAD

【答案 D】解析:计算机应用领域之一是计算机辅助设计(computer-aided design,CAD)。

11. 计算机辅助教学通常的英文缩写是（   ）。
    A. CAD   B. CAE   C. CAM   D. CAI
【答案 D】解析：计算机辅助教学（computer-aided instruction）的英文缩写是 CAI。

12. 将计算机应用于办公自动化属于计算机应用领域中的（   ）。
    A. 科学计算   B. 数据处理   C. 过程控制   D. 多媒体技术
【答案 B】解析：将计算机应用于办公自动化，主要是对各种形式的信息进行收集、存储、加工、分析和传送，即进行信息处理。

13. 微型计算机中常提及的 Pentium Ⅱ 是指（   ）。
    A. CPU 型号   B. 显示器   C. 存储器   D. 主板型号
【答案 A】解析：Pentium Ⅱ、Pentium Ⅳ 是计算机中央处理器即 CPU 的型号。

14. 计算机之所以能够实现连续运算，是由于采用了（   ）工作原理。
    A. 布尔逻辑   B. 存储程序   C. 数字电路   D. 集成电路
【答案 B】解析：计算机之所以能够实现连续运算，是因为计算机将指令和数据存储起来，由程序控制计算机自动执行。

15. 计算机系统由（   ）组成。
    A. 主机和显示器   B. 微处理器和软件
    C. 硬件系统和应用软件   D. 硬件系统和软件系统
【答案 D】解析：计算机系统由硬件系统和软件系统组成。

16. 微型计算机硬件系统最核心的部件是（   ）。
    A. 主板   B. CPU   C. 主存储器   D. I/O 设备
【答案 B】解析：CPU 是微型计算机的核心部分，主要由控制器和运算器两部分组成。其中，控制器是控制计算机各个部件协调有序地工作的部件，运算器是进行算术运算和逻辑运算的部件。

17. 中央处理器（CPU）主要由（   ）组成。
    A. 控制器和内存   B. 运算器和控制器
    C. 控制器和寄存器   D. 运算器和内存
【答案 B】解析：中央处理器（CPU）或微处理器主要由控制器和运算器两部分组成。

18. 微型计算机中运算器的主要功能是实现（   ）。
    A. 算术运算   B. 逻辑运算
    C. 初等函数运算   D. 算术和逻辑运算
【答案 D】解析：微型计算机中运算器的主要功能是进行算术和逻辑运算，计算机中最主要的工作是运算，大量的数据运算任务是在运算器中完成的。

19. 在微型计算机中，控制器的基本功能是（   ）。
    A. 进行算术运算和逻辑运算   B. 存储各种控制信息
    C. 保持各种控制状态   D. 控制机器各个部件协调一致地工作
【答案 D】解析：控制器的工作过程如下。
    ① 首先从内存中取出指令，并对指令进行分析（译码）。

②根据指令的功能向有关部件发出控制命令,控制它们执行这条指令所规定的功能。

③各部件执行控制器发出的相应命令,反馈执行情况。

④逐一执行指令,使计算机按照由指令组成的程序的要求自动完成各项任务。

控制器通过对指令的分析和执行来控制计算机各个部件协调一致地工作。

20. CPU 中有一个程序计数器(又称指令计数器),它用于存放( )。

　　A. 正在执行的指令的内容　　　　B. 下一条要执行的指令的内容

　　C. 正在执行的指令的内存地址　　D. 下一条要执行的指令的内存地址

【答案 D】解析:CPU 中的程序计数器用于存放下一条要执行的指令的内存地址。

21. CPU、存储器和 I/O 设备是通过( )连接起来的。

　　A. 接口　　　B. 总线控制逻辑　　C. 系统总线　　D. 控制线

【答案 C】解析:计算机的总线是计算机传输指令、数据和地址的线路,是计算机各部件联系的桥梁。一般来说,按照连接部件的不同,总线可分为内部总线和系统总线两类。内部总线用于同一部件(如 CPU 内部控制器、运算器和各个寄存器)内部的连接,系统总线用于计算机各部件(如 CPU、内存和 I/O 接口)之间的相互连接。

22. 计算机中的字节是一个常用的单位,它的英文名字是( )。

　　A. bit　　　B. byte　　　C. word　　　D. windows

【答案 B】解析:字节的英文是 byte。

23. 在计算机中,用( )个二进制位组成一个字节。

　　A. 8　　　B. 16　　　C. 32　　　D. 64

【答案 A】解析:在计算机中规定用 8 个二进制位组成一个字节。

24. 下列各项中不属于计算机主要技术指标的是( )。

　　A. 字长　　　B. 内存容量　　　C. 重量　　　D. 主频

【答案 C】解析:计算机主要技术指标有字长、内存容量、存取周期、运算速度、主频等。

25. 计算机的时钟频率称为( ),它在很大程度上决定了计算机的运算速度。

　　A. 字长　　　B. 主频　　　C. 存储容量　　　D. 运算速度

【答案 B】解析:时钟频率又称为主频,它在很大程度上决定了计算机的运算速度。主频越高,计算机的运算速度越快。

26. 计算机中数据的表示形式是( )。

　　A. 八进制　　　B. 十进制　　　C. 二进制　　　D. 十六进制

【答案 C】解析:冯·诺依曼计算机的一个特点就是数据采用二进制形式表示。

27. 将十进制 257 转换为十六进制数为( )。

　　A. 11H　　　B. 101H　　　C. F1H　　　D. FFH

【答案 B】解析:先将十进制数转换为二进制数,再将二进制数转换为十六进制数。十进制 257 转换为二进制数是 100000001B,再转换十六进制数是 101H。

28. 下列各种进制表示的数中,最小的数是( )。

　　A. 101001B　　　B. 52O　　　C. 2BH　　　D. 44D

【答案 A】解析：B 表示二进制数，O 表示八进制数，H 表示十六进制数，D 表示十进制数。可将 4 个选项中采用不同进制表示的数转换为二进制数进行比较，4 个选项转换为十进制数分别是 41、42、43、44。

29. 微型计算机普遍采用的字符编码是（　　）。
    A. 原码　　　　B. 补码　　　　C. ASCII 码　　　　D. 汉字编码

【答案 C】解析：微型计算机普遍采用的字符编码是 ASCII 码（美国信息交换标准码）。

30. 标准 ASCII 码字符集共有（　　）个编码。
    A. 128　　　　B. 52　　　　C. 34　　　　D. 32

【答案 A】解析：ASCII 码是用 7 位表示一个字符，由于 $2^7=128$，所以可以表示 128 种不同的字符，标准 ASCII 码字符集共有编码 128 个。

31. 下列字符中，ASCII 码值最小的是（　　）。
    A. a　　　　B. A　　　　C. X　　　　D. Y

【答案 B】解析：小写字母的 ASCII 码值大于大写字母的 ASCII 码；在小写字母或大写字母内部，ASCII 码值按顺序从小到大排列。

32. 要放置 10 个 24×24 点阵的汉字字模，需要的存储空间是（　　）。
    A. 72 B　　　　B. 320 B　　　　C. 720 B　　　　D. 72 KB

【答案 C】解析：1 个 24×24 点阵的汉字字模需要 24×24/8 B=72 B 存储空间。10 个这样的汉字字模需要 10×72 B=720 B。

33. 在微型计算机的汉字系统中，一个汉字的内码占用（　　）个字节。
    A. 1　　　　B. 2　　　　C. 3　　　　D. 4

【答案 B】解析：一个汉字的内码占用两个字节。

34. 汉字国标交换码将 6 763 个汉字分为一级汉字和二级汉字，国标码本质上属于（　　）。
    A. 机内码　　　　B. 拼音码　　　　C. 交换码　　　　D. 输出码

【答案 C】解析：国际交换码简称国标码，是用于汉字信息处理系统之间或者与通信系统进行信息交换的汉字代码。

35. 汉字输入编码共有 4 种方式，其中（　　）的编码长度是固定的。
    A. 字形编码　　　　B. 字音编码　　　　C. 数字编码　　　　D. 音形混合编码

【答案 C】解析：汉字输入编码共有 4 种编码方式，即形码、音码、音形码和数字编码，其中数字编码的编码长度是固定的。

36. 下面叙述中正确的是（　　）。
    A. 在计算机中，汉字的区位码就是机内码
    B. 在汉字的国标码 GB 2313—1980 的字符集中，共收集了 6 763 个常用汉字
    C. 英文小写字母 e 的 ASCII 码为 101，英文小写字母 h 的 ASCII 码为 103
    D. 存放 80 个 24×24 点阵的汉字字模信息需要 2 560 B

【答案 B】解析：汉字有一张国标码表。把 7 445 个国标码放置在一个 94×94 的阵列中。阵列的每一行称为一个汉字的"区"，用区号表示；每一列称为一个汉字的"位"，用位号表示。一个汉字在表中的位置可用它所在的区号与位号来确定。而汉字内码是为了在

计算机内部对汉字进行存储、处理和传输而编制的汉字代码。对应于国标码,一个汉字的内码用两个字节存储,并把每个字节的最高二进制位置"1"作为汉字内码的标识。因此,汉字区位码与内码是不同的,选项 A 的说法有误。

小写字母 e 的 ASCII 码为 101,小写字母 h 的 ASCII 码为 104,选项 C 是错误的。

存放 80 个 24×24 点阵的汉字字模信息需要 80×24×24/8 B=5 760 B,所以选项 D 是错误的。

37. 计算机要执行一条指令。CPU 首先实施的操作应该是( )。

    A. 指令译码   B. 取指令   C. 存放结果   D. 执行指令

【答案 B】解析:计算机在运行时,CPU 先从内存中取出第一条指令,通过控制器的译码,按指令的要求,从存储器中取出数据进行指定的运算和逻辑操作等加工,然后再按地址把结果送到内存中去。

38. 操作系统的功能是( )。

    A. 将源程序编译成目标程序

    B. 负责诊断计算机的故障

    C. 控制和管理计算机系统的各种软硬件资源协调一致地工作

    D. 负责外部设备与主机之间的信息交换

【答案 C】解析:操作系统的主要功能是管理和控制计算机系统的所有资源(包括硬件和软件)。

39. 24 根地址线可寻址的范围是( )。

    A. 4 MB   B. 8 MB   C. 16 MB   D. 24 MB

【答案 C】解析:24 根地址线可寻址的范围是 $2^4 \times 2^{10} \times 2^{10}$ B=16 MB。

40. 在表示存储容量时,1 KB 的准确含义是( )B。

    A. 512   B. 1 000   C. 1 024   D. 2 048

【答案 C】解析:在表示存储容量时,1 KB=1 024 B。

41. 计算机硬件能够直接识别和执行的语言只有( )。

    A. C 语言   B. 汇编语言   C. 机器语言   D. 符号语言

【答案 C】解析:机器语言是一串二进制代码,是计算机唯一能够识别并直接执行的语言。

42. ( )是一种符号化的机器语言。

    A. 基本语言   B. 汇编语言   C. 机器语言   D. 计算机语言

【答案 B】解析:汇编语言使用比较容易识别、记忆的助记符号代替二进制代码,所以汇编语言也称符号语言。

43. 下面关于解释程序和编译程序的论述,正确的是( )。

    A. 编译程序和解释程序均能产生目标程序

    B. 编译程序和解释程序均不能产生目标程序

    C. 编译程序能产生目标程序,而解释程序则不能

    D. 编译程序不能产生目标程序,而解释程序能

【答案 C】解析:编译是指在编写完源程序后,将整个源程序翻译成目标程序交给计算机

运行。这个过程由编译程序完成。解释则是对高级语言程序逐句翻译,边解释边运行,解释完了,运行结果也出来了。这个过程由解释程序完成,不产生目标程序。

44. 一般使用高级语言编写的程序称为源程序,这种程序不能直接在计算机中运行,需要由相应的语言处理程序翻译成(　　)程序才能运行。

　　A. 编译　　　　B. 目标　　　　C. 文书　　　　D. 汇编

【答案 B】解析:使用高级语言编写的程序称为源程序,这种程序不能直接在计算机中运行,需要由相应的语言处理程序翻译成目标程序才能运行。

45. Word 字处理软件属于(　　)。

　　A. 管理软件　　　　　　　　B. 网络软件
　　C. 应用软件　　　　　　　　D. 系统软件

【答案 C】解析:应用软件是为解决某一类问题而设计的,Word 字处理软件是为帮助人们解决输入文字、编辑文字和排版问题而设计的,属于应用软件。

46. 一条计算机指令中,通常应该包含(　　)。

　　A. 字符和数据　　　　　　　B. 操作码和操作数
　　C. 运算符和数据　　　　　　D. 被运算数和结果

【答案 B】解析:一条指令包括操作码和地址码(或称操作数),操作码指出该指令完成操作的类型,如加、减、乘、除、传送等,地址码指出参与操作的数据和操作结果存放的位置。

47. 只读存储器(read-only memory,ROM)与随机存储器(random access memory,RAM)的主要区别是(　　)。

　　A. ROM 可以永久保存信息,而 RAM 在断电后信息会丢失
　　B. ROM 断电后信息会丢失,而 RAM 则不会
　　C. ROM 是主存储器,RAM 是外存储器
　　D. RAM 是主存储器,ROM 是外存储器

【答案 A】解析:随机存储器(RAM)有两个特点:既能读出数据,也能写入数据;断电后存储的内容丢失。只读存储器(ROM)只能读出数据,不能写入数据,但断电后内容不会丢失。

48. DRAM 的中文含义是(　　)。

　　A. 静态随机存储器　　　　　B. 动态随机存储器
　　C. 动态只读存储器　　　　　D. 静态只读存储器

【答案 B】解析:随机存储器(RAM)又分为静态随机存储器(static random access memory,SRAM)和动态随机存储器(dynamic random access memory,DRAM)。

49. 下列存储器中,读取速度最快的是(　　)。

　　A. 内存　　　　B. 硬盘　　　　C. U 盘　　　　D. 光盘

【答案 A】解析:由于 CPU 只能直接访问内存,而外存中的数据只有先调入内存后才能被 CPU 访问和处理,硬盘、U 盘和光盘都属于外存,因此读取速度最快的是内存。

50. 把内存中的数据传送到计算机的硬盘,这一操作称为(　　)。

　　A. 显示　　　　B. 读盘　　　　C. 输入　　　　D. 写盘

【答案 D】解析:把内存中的数据传送到计算机的硬盘称为写盘。

51. 下列等式中,正确的是( )。
　　A. 1 KB=1 024×1 024 B　　　　　　B. 1 MB=1 024 B
　　C. 1 KB=1 024 MB　　　　　　　　D. 1 MB=1 024 KB

【答案 D】解析:字节是计算机中用于衡量容量大小的最基本的单位,一般用 KB、MB、GB、TB 来表示。它们之间的关系是,1 KB=1 024 B,1 MB=1 024 KB,1 GB=1 024 MB,1 TB=1 024 GB,其中 1 024=2^{10}。

52. 高速缓冲存储器(cache)存在于( )。
　　A. 内存内部　　　　　　　　　　　B. 内存和硬盘之间
　　C. 硬盘内部　　　　　　　　　　　D. CPU 内部

【答案 D】解析:cache 是指可以进行高速数据交换的存储器,它用于在内存与 CPU 之间交换数据。

53. 微型计算机的主存储器( )。
　　A. 按二进制位编址　　　　　　　　B. 按字节编址
　　C. 按字长编址　　　　　　　　　　D. 按十进制位编址

【答案 B】解析:每 8 位二进制位组成一个存储单元,称为字节,并为每个字节编号,称为地址。

54. 在 CPU 中配置高速缓冲器是为了解决( )。
　　A. 内存与辅助存储器之间速度不匹配的问题
　　B. CPU 与辅助存储器之间速度不匹配的问题
　　C. CPU 与内存之间速度不匹配的问题
　　D. 主机与外设之间速度不匹配的问题

【答案 C】解析:由于 CPU 的速度比从常规内存中读取指令速度快,因此内存速度是系统的瓶颈,解决办法就是在内存和 CPU 之间增加一个高速缓冲存储器。大容量的缓存将大大提高处理器的性能。

55. 衡量计算机存储容量的指标是其( )。
　　A. 字节数　　　　　　　　　　　　B. 位数
　　C. 字节数和位数　　　　　　　　　D. 字数

【答案 A】解析:衡量计算机的存储容量的单位是字节。

56. 微型计算机存储系统中,PROM 是( )。
　　A. 可读写存储器　　　　　　　　　B. 动态随机存储器
　　C. 只读存储器　　　　　　　　　　D. 可编程只读存储器

【答案 D】解析:PROM 是可编程只读存储器(programmable read-only memory)的简称。

57. 计算机系统采用总线结构对存储器和外设进行数据交换。总线通常由( )3 部分组成。
　　A. 数据总线、地址总线和控制总线　　B. 输入总线、输出总线和控制总线
　　C. 外部总线、内部总线和中枢总线　　D. 通信总线、接收总线和发送总线

【答案 A】解析:微型计算机系统总线由数据总线、地址总线和控制总线 3 部分组成。

58. 在多媒体计算机系统中,下列不能用于存储多媒体信息的是( )。
    A. U盘   B. 光缆   C. 移动硬盘   D. 光盘
【答案 B】解析:多媒体信息应存储在存储介质中,光缆属于传输介质。

59. 下面关于地址的描述中,错误的是( )。
    A. 地址寄存器是用来存储地址的寄存器
    B. 地址码是指令中操作数地址或运算结果目的地址的有关信息
    C. 地址总线上既可以传送地址信息,也可以传送控制信息和其他信息
    D. 地址总线不可用于传输控制信息和其他信息
【答案 C】解析:微型计算机系统总线由数据总线、地址总线和控制总线3部分组成,分别传送数据、地址和控制信号,因此选项C叙述错误。

60. 通常所说的 I/O 设备是指( )。
    A. 输入输出设备   B. 通信设备
    C. 网络设备   D. 控制设备
【答案 A】解析:I/O 设备就是输入输出设备。

61. I/O 接口位于( )。
    A. 总线和 I/O 设备之间   B. CPU 和 I/O 设备之间
    C. 主机和总线之间   D. CPU 和内存之间
【答案 A】解析:I/O 接口是位于总线和 I/O 设备之间的一组电路。

62. 下列设备中属于输出设备的是( )。
    A. 键盘   B. 鼠标   C. 扫描仪   D. 显示器
【答案 D】解析:4个选项中只有显示器属于输出设备。

63. 键盘上的 CapsLock 键的作用是( )。
    A. 退格键,按下后删除一个字符
    B. 退出键,按下后退出当前程序
    C. 锁定大写字母键,按下后可连续输入大写字母
    D. 组合键,与其他键组合才有作用
【答案 C】解析:CapsLock 键的作用是锁定大写字母键,按下后输入的英文字母为大写。

64. USB 属于( )。
    A. 串行接口   B. 并行接口   C. 总线接口   D. 视频接口
【答案 A】解析:USB 是一种即插即用的串行接口。

65. 计算机病毒破坏的主要对象是( )。
    A. U盘   B. 磁盘驱动器
    C. CPU   D. 程序和数据
【答案 D】解析:计算机病毒破坏的主要对象是程序和数据。

66. 下列选项中,不属于计算机病毒特征的是( )。
    A. 破坏性   B. 潜伏性   C. 传染性   D. 免疫性
【答案 D】解析:计算机病毒的特征有传染性、隐蔽性、触发性、潜伏性、破坏性。

67. 目前使用的防杀病毒软件的作用是（　　）。
    A. 检查计算机是否感染病毒,清除已感染的任何病毒
    B. 杜绝病毒对计算机的侵害
    C. 检查计算机是否感染病毒,清除部分已感染的病毒
    D. 查出已感染的任何病毒,清除部分已感染的病毒

【答案C】解析:防杀病毒软件只能检测并清除部分已知病毒,不能检测出新的病毒或病毒的变种。

68. 计算机网络按地理范围可分为（　　）。
    A. 广域网、城域网和局域网　　　　B. 广域网、因特网和局域网
    C. 因特网、城域网和局域网　　　　D. 因特网、广域网和对等网

【答案A】解析:计算机网络按地理范围可分为广域网、城域网和局域网。

69. 用汇编语言或高级语言编写的程序称为（　　）。
    A. 用户程序　　　B. 源程序　　　C. 系统程序　　　D. 汇编程序

【答案B】解析:用汇编语言或高级语言编写的程序称为源程序。

70. 计算机病毒是一种（　　）。
    A. 微生物感染　　B. 电磁波污染　　C. 程序　　　　D. 放射线

【答案C】解析:计算机病毒是一种人为编制的、可以制造故障的计算机程序。

71. 一汉字的机内码是B0A1H,那么它的国标码是（　　）。
    A. 3121H　　　B. 3021H　　　C. 2131H　　　D. 2130H

【答案B】解析:国标码是汉字的代码,由两个字节组成,每个字节的最高位为0。机内码是汉字在计算机内的编码形式,也由两个字节组成,每个字节的最高位为1。机内码与国标码的关系是,国标码+8080H=机内码。

72. 将十六进制数1ABH转换为十进制数是（　　）。
    A. 112　　　B. 427　　　C. 272　　　D. 273

【答案B】解析:根据R进制转换成十进制的规则,可将该十六进制数1AB按权相加,求得的累加和即为转换后的十进制数结果。转换的运算式是,$1ABH = 1 \times 16^2 + 10 \times 16^1 + 11 \times 16^0 = 427$。

73. 计算机内部采用二进制表示数据信息,二进制的主要优点是（　　）。
    A. 容易实现　　　　　　　　　　B. 方便记忆
    C. 书写简单　　　　　　　　　　D. 符合使用的习惯

【答案A】解析:二进制数是计算机中的数据表示形式,二进制有如下特点:简单可行,容易实现,运算规则简单,适合逻辑运算。

74. 下列4个选项中,正确的一项是（　　）。
    A. 存储一个汉字和存储一个英文字符占用的存储容量是相同的
    B. 微型计算机只能进行数值运算
    C. 计算机中数据的存储和处理都使用二进制
    D. 计算机中数据的输出和输入都使用二进制

【答案C】解析:根据国标码,每个汉字采用双字节表示,每个字节只用低7位。而一个

英文字符,如以 ASCII 码存储,只占一个字节。由此可见,汉字与英文字符占用的存储容量是不同的。

　　微型计算机不仅能进行数值运算,还可以进行逻辑运算。
　　在实际操作中,可以任意选择输入输出是汉字或英文字符,而不是使用二进制数。
　　计算机采用二进制数的形式来存储和处理多种数据。

75. 输入输出设备必须通过 I/O 接口电路才能和(　　)相连接。
　　A. 地址总线　　　B. 数据总线　　　C. 控制总线　　　D. 系统总线

【答案 D】解析:地址总线的作用是 CPU 通过它对外设接口进行寻址,也可以通过它对内存进行寻址。数据总线的作用是实现数据传输,体现了系统的并行处理能力。控制总线的作用是传输各种控制信号。系统总线包括上述 3 种总线,具有相应的综合性功能。

76. 下列有关外存储器的描述中,不正确的是(　　)。
　　A. 外存储器不能被 CPU 直接访问,必须通过内存才能为 CPU 所使用
　　B. 外存储器既是输入设备,又是输出设备
　　C. 外存储器中所存储的信息,断电后会丢失
　　D. 扇区内的一个磁道是磁盘存储信息的最小单位

【答案 C】解析:外存储器中所存储的信息断电后不会丢失,可存放需要永久保存的信息。

77. 如果键盘上的(　　)指示灯亮,表示此时输入英文的大写字母。
　　A. NumLock　　　B. CapsLock　　　C. ScrollLock　　　D. 以上都不对

【答案 B】解析:如果 NumLock 灯亮,表示可用小键盘;如果 ScrollLock 灯亮,表示停止屏幕上的信息滚动显示;如果 CapsLock 灯亮,表示输入英文大写字母。

78. 能被计算机识别且运行的全部指令的集合称为该计算机的(　　)。
　　A. 程序　　　B. 二进制代码　　　C. 软件　　　D. 指令系统

【答案 D】解析:程序是计算机完成某一任务的一系列有序指令,软件包含系统软件和应用软件,可表示为软件 = 程序 + 数据。不同类型的计算机其指令系统不一样,一台计算机内的所有指令的集合称为该计算机的指令系统。

79. 在程序设计中可使用各种语言编制源程序,但唯有(　　)在转换过程中不产生目标程序。
　　A. 编译程序　　　B. 解释程序　　　C. 汇编程序　　　D. 数据库管理系统

【答案 B】解析:用 C 语言、FORTRAN 语言等高级语言编制的源程序需经编译程序转换为目标程序,然后交给计算机运行。由 BASIC 语言编制的源程序经解释程序的翻译,边解释、边执行,可以立即得到运行结果,因而不产生目标程序。用汇编语言编制的源程序需经汇编程序转换为目标程序,然后才能被计算机运行。用数据库语言编制的源程序需经数据库管理系统转换为目标程序,才能被计算机执行。

80. 内存中的机器指令,一般先读取到缓冲寄存器中,然后再送到(　　)。
　　A. 指令寄存器　　　B. 程序计数器　　　C. 地址寄存器　　　D. 标志寄存器

【答案 A】解析:从内存中读取的机器指令送入缓冲寄存器,然后经过内部数据总线进入指令寄存器,再通过指令译码器译码,最后通过控制部件产生相应的控制信号。

81. 下列有关多媒体计算机的概念,描述正确的是(　　)。
   A. 多媒体技术可以处理文字、图像和声音,但不能处理动画和影像
   B. 多媒体计算机系统主要由多媒体硬件系统、多媒体操作系统和支持多媒体数据开发的应用工具软件组成
   C. 传输媒体主要包括键盘、显示器、鼠标、声卡及视频卡等
   D. 多媒体技术具有同步性、集成性、交互性和综合性的特征

【答案 D】解析:多媒体技术可处理文字、图像、声音、动画和影像等信息。多媒体计算机系统主要包括4个部分:多媒体硬件系统、多媒体操作系统、图形用户界面及多媒体数据开发的应用工具软件。传输媒体主要包括电话、网络等,而不是键盘、显示器、鼠标、声卡及视频卡等。多媒体技术的特征体现在同步性、集成性、交互性和综合性等方面。

82. 下列关于存储器的叙述中,正确的是(　　)。
   A. CPU 能直接访问内存中的数据,也能直接访问外存中的数据
   B. CPU 不能直接访问内存中的数据,能直接访问外存中的数据
   C. CPU 只能直接访问内存中的数据,不能直接访问外存中的数据
   D. CPU 不能直接访问内存中的数据,也不能直接访问外存中的数据

【答案 C】解析:外存中的数据被读入内存后,才能被 CPU 读取,CPU 不能直接访问外存。

83. 运算器的组成部分不包括(　　)。
   A. 控制线路　　　B. 译码器　　　C. 加法器　　　D. 寄存器

【答案 B】解析:运算器是计算机处理数据形成信息的"加工厂",主要由一个加法器、若干个寄存器和一些控制线路组成。

84. RAM 具有的特点是(　　)。
   A. 海量存储
   B. 存储的信息可以永久保存
   C. 一旦断电,存储在其上的信息将全部消失无法恢复
   D. 存储在其中的数据不能改写

【答案 C】解析:RAM 是随机存储器。它有以下两个特点:一是其中的信息随时可读写,写入时,原来存储的数据将被覆盖;二是加电时信息完好,一旦断电,信息就会消失。

85. 在微型计算机的硬件设备中,既可以作为输出设备又可以作为输入设备的是(　　)。
   A. 绘图仪　　　　　　　　　　B. 扫描仪
   C. 手写笔　　　　　　　　　　D. 磁盘驱动器

【答案 D】解析:磁盘驱动器既可以输入信息也可以输出信息。

86. 下列叙述中,正确的是(　　)。
   A. 激光打印机属于击打式打印机　　B. CAI 软件属于系统软件
   C. 磁盘驱动器是存储介质　　　　　D. 计算机运行速度可以用 MIPS 来表示

【答案 D】解析:激光打印机属于非击打式打印机;CAI 软件是计算机辅助教学的缩写,属于应用软件;磁盘存储器属存储介质;计算机运算速度常用百万条指令每秒(million instructions per second,MIPS)来表示。

87. 硬盘的一个主要性能指标是容量,硬盘容量的计算公式为( )。
 A. 磁头数×柱面数×扇区数×512 B
 B. 磁头数×柱面数×扇区数×128 B
 C. 磁头数×柱面数×扇区数×80×512 B
 D. 磁头数×柱面数×扇区数×15×128 B

【答案A】解析:硬盘总容量的计算涉及4个参数:磁头数、柱面数、扇区数及每个扇区中含有512 B。

88. CPU主要由运算器与控制器组成,下列说法中正确的是( )。
 A. 运算器主要负责分析指令,并根据指令要求做相应的运算
 B. 运算器主要完成对数据的运算,包括算术运算和逻辑运算
 C. 控制器主要负责分析指令,并根据指令要求做相应的运算
 D. 控制器直接控制计算机系统的输入与输出操作

【答案B】解析:运算器的功能就是对数据进行算术和逻辑运算。运算器不负责分析指令,只是根据指令要求做相应的运算。
　　控制器负责分析指令,并发执行指令的命令,但不直接进行运算。
　　控制器通过指令控制输入输出设备进行工作,再由输入输出设备完成系统的输入输出,而不是由控制器直接控制。

89. 计算机的主存储器比外存储器( )。
 A. 价格便宜　　　　　　　　　　B. 存储容量大
 C. 读写速度快　　　　　　　　　D. 读写速度慢

【答案C】解析:与外存储器相比,内存的容量较小、读写速度快,A、B、D都是外存储器的特点。

90. 下列叙述中正确的是( )。
 A. 指令由操作数和操作码两部分组成
 B. 常用参数MB表示计算机的速度
 C. 计算机的一个字长总是等于两个字节
 D. 计算机语言是完成某一任务的指令集

【答案A】解析:指令是完成某种操作的命令,包括操作码和操作数。前者说明指令的性质,后者说明操作对象或操作对象的地址。
　　计算机的速度用主时钟的频率或每秒执行多少条指令来表示。
　　字长是CPU一次直接处理二进制数的位数,并不限定为16位(双字节)。
　　完成某一任务的指令集是程序,而不能泛称为计算机语言。

91. 计算机软件系统包括( )。
 A. 操作系统、网络软件　　　　　　B. 系统软件、应用软件
 C. 客户端应用软件、服务器端系统软件　D. 操作系统、应用软件和网络软件

【答案B】解析:计算机软件系统包括两部分,即系统软件和应用软件。选项A属于系统软件;选项C和D仅是系统软件和应用软件中的一部分。

92. 在计算机系统中,可以执行的程序是( )。
    A. 源程序代码　　　　B. 汇编语言代码　　　C. 机器语言代码　　　D. ASCII 码

【答案 C】解析:机器语言是计算机唯一能够直接识别的语言。
    源程序必须经过编译或汇编,生成机器语言程序之后才能执行。
    汇编语言代码属于源程序,计算机不能直接执行。
    ASCII 码不是程序,不能由计算机执行。

93. 一个计算机字长包含的二进制位数是( )。
    A. 8　　　　　　　　B. 16
    C. 32　　　　　　　 D. 随计算机系统的不同而不同

【答案 D】解析:字长随计算机的不同而不同,可能是 8 位、16 位、32 位或者 64 位等。

94. 光盘根据其制造材料和记录信息的方式不同,一般可分为( )。
    A. 数据盘、音频信息盘、视频信息盘
    B. CD、VCD、DVD、MP4
    C. 只读光盘、可一次写入光盘、可擦除光盘
    D. CD、VCD

【答案 C】解析:选项 A、B、D 是根据光盘的应用或功能划分的类别。

95. 使计算机病毒传播范围最广的媒介是( )。
    A. 硬盘　　　　　　B. U 盘　　　　　　C. 内部存储器　　　　D. 互联网

【答案 D】解析:互联网上的病毒可以传播到千家万户的计算机中。

96. 下列叙述中正确的是( )。
    A. 计算机病毒只能传染给可执行文件
    B. 计算机软件是指存储在软盘中的程序
    C. 计算机每次启动的过程相同,因为 RAM 中的所有信息在关机后不会丢失
    D. 硬盘虽然装在主机箱内,但它属于外存

【答案 D】解析:硬盘放在主机箱内仅仅是物理结构的变化,而没有改变它的性能和用途,仍属于外存。
    计算机病毒既可以传染给可执行文件,也可以传染给其他文件。
    计算机软件泛指程序和数据,因此不仅仅是软盘中的程序。
    计算机每次启动的过程相同是因为执行相同的系统程序,而不是因为 RAM 中的信息不会丢失,而且 RAM 中的信息在关机后会丢失。

1.2.2　基础知识同步练习

1. 将十进制数 26 转换成二进制数是( )。
    A. 01011B　　　　　B. 11010B　　　　　C. 11100B　　　　　D. 10011B
2. 在 7 位 ASCII 码中,除了表示数字、英文大小写字母外,还有( )个用于表示字符。
    A. 63　　　　　　　B. 66　　　　　　　C. 80　　　　　　　D. 32

3. 一条计算机指令用来（　　）。
   A. 规定计算机完成一个完整的任务　　B. 规定计算机执行一个基本操作
   C. 对数据进行运算　　　　　　　　　D. 对计算机进行控制
4. 用高级语言写的程序必须将它转换为（　　）程序，计算机才能执行。
   A. 汇编语言　　B. 机器语言　　C. 中级语言　　D. 算法语言
5. 计算机病毒可以使整个计算机瘫痪，危害性极大。计算机病毒是（　　）。
   A. 一条命令　　　　　　　　B. 一种特殊的程序
   C. 一种生物病毒　　　　　　D. 一种芯片
6. 可能对计算机信息资源进行破坏，但不进行自我复制的计算机程序称为（　　）。
   A. 蠕虫　　B. 黑客　　C. 防火墙　　D. 木马
7. 与十六进制数 AFH 等值的十进制数是（　　）。
   A. 175　　B. 176　　C. 177　　D. 188
8. 目前使用的杀毒软件能够（　　）。
   A. 检查计算机是否感染了某些病毒，如被感染，可以清除其中一些病毒
   B. 检查计算机是否感染了任何病毒，如被感染，可以清除其中一些病毒
   C. 检查计算机是否感染了病毒，如被感染，可以清除所有的病毒
   D. 防止任何病毒再对计算机进行侵害
9. 办公自动化（OA）是计算机的一项应用，按计算机应用的分类，属于（　　）。
   A. 科学计算　　B. 信息处理　　C. 实时控制　　D. 辅助设计
10. 计算机的主要特点是运算速度快、精度高和（　　）。
    A. 存储记忆　　B. 自动编程　　C. 无须记忆　　D. 按位串行执行
11. 计算机中常用的术语 CAI 是指（　　）。
    A. 计算机辅助设计　　　　　　B. 计算机辅助制造
    C. 计算机辅助教学　　　　　　D. 计算机辅助执行
12. 目前各企事业单位广泛使用的人事档案管理、财务管理等软件，按计算机应用分类，应属于（　　）。
    A. 实时控制　　　　　　　　　B. 科学计算
    C. 计算机辅助工程　　　　　　D. 信息处理
13. 巨型机指的是（　　）。
    A. 体积大　　B. 重量大　　C. 功能强　　D. 耗电量大
14. "64 位微型计算机"中的 64 指的是（　　）。
    A. 微型机号　　B. 机器字长　　C. 内存容量　　D. 存储单位
15. 十进制数 511 的二进制数表示（　　）。
    A. 111011101B　　　　　　B. 111111111B
    C. 100000000B　　　　　　D. 100000011B
16. 与二进制数 01011011B 对应的十进制数是（　　）。
    A. 91　　B. 87　　C. 107　　D. 123

17. 十六进制数 CDH 转换为十进制数是（　　）。
    A. 204　　　　　　B. 205　　　　　　C. 206　　　　　　D. 203
18. 十进制数 291 转换为十六进制数是（　　）。
    A. 123H　　　　　B. 213H　　　　　C. 231H　　　　　D. 132H
19. 下列一组数据中最大的数是（　　）。
    A. 227O　　　　　B. 1FFH　　　　　C. 1010001B　　　D. 789
20. 下列 4 种不同数制表示的数中，数值最小的是（　　）。
    A. 247O　　　　　B. 169　　　　　　C. A6H　　　　　D. 10101000B
21. 下列字符中，ASCII 码值最大的是（　　）。
    A. 9　　　　　　　B. D　　　　　　　C. M　　　　　　　D. Y
22. 对应 ASCII 码表的值，下列各选项对应的 ASCII 码值关系，正确的是（　　）。
    A. 9<#<a　　　　B. a<A<#　　　　C. #<A<a　　　　D. a<9<#
23. ASCII 码表中的字符"A"的值为 41H，它所对应的十进制数值是（　　）。
    A. 61　　　　　　B. 65　　　　　　C. 66　　　　　　D. 100
24. 数字字符 3 的 ASCII 码为十进制数 51，数字字符 9 的 ASCII 码的十进制数值是（　　）。
    A. 55　　　　　　B. 56　　　　　　C. 57　　　　　　D. 58
25. ASCII 码表中的字符"a"对应十进制数 97，那么字符"f"所对应的十进制数值是（　　）。
    A. 45　　　　　　B. 65　　　　　　C. 102　　　　　D. 100
26. 存储一个汉字的内码所需的字节数是（　　）。
    A. 1　　　　　　　B. 8　　　　　　　C. 4　　　　　　　D. 2
27. 在计算机中组成一个字节的二进制位数是（　　）。
    A. 4　　　　　　　B. 8　　　　　　　C. 16　　　　　　D. 32
28. 计算机的一条指令一般由（　　）组成。
    A. 地址和数据　　　　　　　　　　　B. 操作码和操作数
    C. 国标码和机内码　　　　　　　　　D. ASCII 码和国标码
29. 目前使用的防病毒软件的作用是（　　）。
    A. 清除已感染的任何病毒　　　　　　B. 查出已知的病毒，清除部分病毒
    C. 清除任何已感染的病毒　　　　　　D. 查出并清除任何病毒
30. 计算机病毒主要导致（　　）损坏。
    A. 磁盘　　　　　B. 主机　　　　　C. 通信　　　　　D. 程序和数据
31. 下列叙述中错误的是（　　）。
    A. 计算机要长期使用，不要长期闲置不用
    B. 为了延长计算机的寿命，应避免频繁开关机
    C. 在计算机附近应避免磁场干扰
    D. 计算机使用几小时后，应关机一会儿再用

32. 下列叙述中正确的是（　　）。
   A. 反病毒软件通常滞后于计算机病毒的出现
   B. 反病毒软件总是超前于计算机病毒的出现，它可以查杀任何种类的病毒
   C. 已感染过计算机病毒的计算机具有对该病毒的免疫性
   D. 计算机病毒会危害计算机以后的健康
33. 在计算机内存中，存储每个 ASCII 码字符编码需用（　　）个字节。
   A. 1　　　　　　　B. 2　　　　　　　C. 7　　　　　　　D. 8
34. 冯·诺依曼型计算机主要是指计算机（　　）。
   A. 提供了人机交互的界面　　　　　　B. 具有输入输出的设备
   C. 能进行算术逻辑运算　　　　　　　D. 可运行预先存储的程序
35. Pentium Ⅲ/800 中 "800" 指的是（　　）。
   A. 内存容量　　　　　　　　　　　　B. 主板型号
   C. CPU 的主频　　　　　　　　　　　D. 每秒运行 800 条指令
36. 下列汉字输入法中，唯一没有重码的输入法是（　　）。
   A. 微软拼音输入法　　　　　　　　　B. 五笔字型
   C. 智能 ABC　　　　　　　　　　　　D. 区位码
37. 二进制数 110000B 转换成十六进制数是（　　）。
   A. 77H　　　　　B. D7H　　　　　C. 7H　　　　　D. 30H
38. 鼠标是微型计算机常用的一种（　　）。
   A. 输出设备　　　B. 输入设备　　　C. 存储设备　　　D. 运算设备
39. 十进制数 269 转换为十六进制数为（　　）。
   A. 10EH　　　　B. 10DH　　　　C. 10CH　　　　D. 10BH
40. 在 24×24 点阵字库中，每个汉字的字模信息存储在（　　）个字节中。
   A. 24×24　　　　B. 3×3　　　　C. 3×24　　　　D. 2
41. 以下符合冯·诺依曼体系结构计算机的基本思想之一的是（　　）。
   A. 计算精度高　　　　　　　　　　　B. 存储程序控制
   C. 处理速度快　　　　　　　　　　　D. 可靠性高
42. 为了防止计算机病毒的传染，应该做到（　　）。
   A. 不要复制来历不明的 U 盘上的程序
   B. 对长期不用的 U 盘要经常格式化
   C. 对 U 盘上的文件要经常重新备份
   D. 不要把无病毒的 U 盘与来历不明的 U 盘放在一起
43. 存储容量常用 KB 表示，4 KB 表示存储单元有（　　）。
   A. 4 000 个字节　B. 4 000 个字　　C. 4 096 个字　　D. 4 096 个字节
44. 影响个人计算机系统功能的因素除了系统使用的处理器外，还有（　　）。
   A. CPU 的时钟频率　　　　　　　　　B. CPU 所能提供的指令集
   C. CPU 的直接寻址能力　　　　　　　D. 以上都是

45. 十进制整数 100 转换为二进制数是（　　）。
    A. 1100100B　　　B. 1101000B　　　C. 1100010B　　　D. 1110100B
46. 微型计算机中使用的数据库属于（　　）。
    A. 科学计算方面的计算机应用　　　B. 过程控制方面的计算机应用
    C. 数据处理方面的计算机应用　　　D. 辅助设计方面的计算机应用
47. 下列叙述中，正确的是（　　）。
    A. 二进制正数的补码就是其本身
    B. 所有十进制小数都能准确地转换为有限位的二进制小数
    C. 存储器中存储的信息即使断电也不会丢失
    D. 汉字的机内码就是汉字的输入码
48. 微型计算机中 1 KB 表示的二进制位数是（　　）。
    A. 1 000　　　B. 8×1 000　　　C. 1 024　　　D. 8×1 024
49. 与十进制数 4 625 等值的十六进制数为（　　）。
    A. 1211H　　　B. 1121H　　　C. 1122H　　　D. 1221H
50. 下列 4 个无符号十进制整数中，能用 8 个二进制位表示的是（　　）。
    A. 257　　　B. 201　　　C. 313　　　D. 296
51. 下列叙述中，正确的是（　　）。
    A. 显示器既是输入设备又是输出设备
    B. 使用杀毒软件可以清除一切病毒
    C. 温度是影响计算机正常工作的重要因素
    D. 喷墨打印机属于击打式打印机
52. 二进制数 11000000B 对应的十进制数是（　　）。
    A. 384　　　B. 192　　　C. 96　　　D. 320
53. 通常以 KB 或 MB 或 GB 为单位来反映存储器的容量。所谓容量指的是存储器中所包含的字节数。1 KB 表示（　　）B。
    A. 1 000　　　B. 1 048　　　C. 1 024　　　D. 1 056
54. 在计算机内部，一切信息的存取、处理和传递都是以（　　）形式运行的。
    A. EBCDIC 码　　　B. ASCII 码　　　C. 十六进制数　　　D. 二进制数
55. 十六进制数的基数为 16，用到的数字符号是（　　）。
    A. 0,1,2,3,4,5,6,7,8,9,10,11,12,13,14,15
    B. 0,1,2,3,4,5,6,7,8,9,10,11,12,13,14,15,16
    C. A,B,C,D,E,F,G,H,I,J,K,L,M,N,0,P
    D. 0,1,2,3,4,5,6,7,8,9,A,B,C,D,E,F
56. 美国信息交换标准码的简称是（　　）。
    A. EBCDIC　　　B. ASCII　　　C. GB2312-80　　　D. BCD
57. 数字字符 2 的 ASCII 码为十进制数 50，数字字符 5 的 ASCII 码为十进制数（　　）。
    A. 52　　　B. 53　　　C. 54　　　D. 55

58. 已知大写字母 A 的 ASCII 码为十进制数 65,则大写字母 E 的 ASCII 码为十进制数（　　）。
    A. 67　　　　　B. 68　　　　　C. 69　　　　　D. 70
59. 下列可以进行换算的是（　　）。
    A. 简体字和繁体字　　　　　　　B. 汉字国标码和汉字机内码
    C. ASCII 和 EBCDIC　　　　　　 D. ASCII 码和汉字机内码
60. 汉字"川"的区位码为 2008,正确的说法是（　　）。
    A. 该汉字的区码是 20,位码是 08
    B. 该汉字的区码是 08,位码是 20
    C. 该汉字的机内码高位是 20,机内码低位是 08
    D. 该汉字的机内码高位是 08,机内码低位是 20
61. 汉字"灯"的区位码为 2138,该汉字的机内码表示为（　　）。
    A. B5C6H　　　B. C1D8H　　　C. B538H　　　D. 21C6H
62. 若要表示 0~99 999 的十进制数,使用二进制数最少需（　　）位。
    A. 16　　　　　B. 18　　　　　C. 17　　　　　D. 100 000
63. 将二进制数 01100100B 转换成十进制数是（　　）。
    A. 11　　　　　B. 100　　　　 C. 10　　　　　D. 99
64. 将二进制数 1100100B 转换成十六进制数是（　　）。
    A. 64H　　　　B. 63H　　　　C. ADH　　　　D. 100H
65. 将十进制 0.653 1 转换成二进制小数是（　　）。
    A. 0.101001B　B. 0.101101B　C. 110001B　　D. 0.111011B
66. 将十进制数 35 转换成二进制数是（　　）。
    A. 100011B　　B. 100111B　　C. 111001B　　D. 110001B
67. 下列数据中（　　）最小。
    A. 11011001B　B. 75　　　　　C. 37O　　　　D. 2A7H
68. 二进制数 00111001,若将其视为 ASCII 码值,则对应的数字字符是（　　）。
    A. 9　　　　　B. 5　　　　　C. 3　　　　　D. 8
69. 字符 0 对应的 ASCII 码值是（　　）。
    A. 47　　　　　B. 48　　　　　C. 46　　　　　D. 49
70. 与十进制数 56 等值的二进制数是（　　）。
    A. 111000B　　B. 111001B　　C. 101111B　　D. 110110B
71. 下列存储器中,访问速度最快的是（　　）。
    A. 磁带　　　　　　　　　　　　B. 磁盘
    C. USB　　　　　　　　　　　　 D. 内存储器
72. 硬件系统一般包括外部设备和（　　）。
    A. 运算器和控制器　　　　　　　B. 存储器
    C. 主机　　　　　　　　　　　　D. 主存储器

73. 微型计算机的运算器、控制器及主存储器的总称是（　　）。
    A. CPU　　　　　　B. ALU　　　　　　C. MPU　　　　　　D. 主机
74. 硬盘连同驱动器是一种（　　）。
    A. 主存储器　　　　B. 外存储器　　　　C. 只读存储器　　　D. 半导体存储器
75. 运算器和控制器的总称是（　　）。
    A. CPU　　　　　　B. ALU　　　　　　C. 集成器　　　　　D. 逻辑器
76. 通常说 128 GB 的 U 盘中的 128 GB 指的是（　　）。
    A. 厂家代号　　　　B. 商标号　　　　　C. U 盘标号　　　　D. U 盘容量
77. 裸机指的是（　　）。
    A. 没有软件系统的计算机　　　　　　B. 没有应用软件的计算机系统
    C. 放在露天的计算机　　　　　　　　D. 缺少外部设备的计算机
78. 计算机中对数据进行加工处理的部件，通常称为（　　）。
    A. 运算器　　　　　B. 控制器　　　　　C. 显示器　　　　　D. 存储器
79. 微型计算机内存容量的大小一般是对（　　）而言的。
    A. ROM　　　　　　B. RAM　　　　　　C. cache　　　　　　D. HDD
80. 具有多媒体功能的微型计算机系统中，常用的 CD-ROM 是（　　）。
    A. 只读型大容量软盘　　　　　　　　B. 只读型光盘
    C. 只读型硬盘　　　　　　　　　　　D. 半导体只读存储器
81. 计算机的内存是指（　　）。
    A. RAM 和 U 盘　　　　　　　　　　B. ROM
    C. ROM 和 RAM　　　　　　　　　　D. 硬盘和控制器
82. 下列各类存储器中，断电后其中信息会丢失的是（　　）。
    A. RAM　　　　　　B. ROM　　　　　　C. 硬盘　　　　　　D. U 盘
83. 高级语言源程序必须翻译成目标程序后才能执行，完成这种翻译过程的程序是（　　）。
    A. 汇编程序　　　　B. 编辑程序　　　　C. 解释程序　　　　D. 编译程序
84. 下面各组设备中，全部属于输入设备的一组是（　　）。
    A. 键盘、磁盘和打印机　　　　　　　B. 键盘、扫描仪和鼠标
    C. 键盘、鼠标和显示器　　　　　　　D. 硬盘、打印机和键盘
85. 内存和 CPU 之间增加高速缓冲存储器的目的是（　　）。
    A. 扩大内存的容量
    B. 扩大 CPU 中通用寄存器的数量
    C. 解决 CPU 和内存之间的速度匹配问题
    D. 既扩大内存容量又扩大 CPU 通用寄存器数量
86. 在计算机领域中通常用 MIPS 来描述（　　）。
    A. 计算机的运算速度　　　　　　　　B. 计算机的可靠性
    C. 计算机的可运行性　　　　　　　　D. 计算机的可扩充性

87. 在衡量微型计算机的性能指标中,(　　)表示微型计算机系统的稳定性能。
   A. 可用性　　　　　　　　　　　B. 兼容性
   C. 平均无障碍时间　　　　　　　D. 性能价格比

88. 在下列存储器中,访问周期最短的是(　　)。
   A. 硬盘存储器　　B. 外存储器　　C. 主存储器　　D. U 盘存储器

89. 下列不能用作存储容量单位的是(　　)。
   A. Byte　　　　　B. MIPS　　　　C. KB　　　　　D. GB

90. ROM 是(　　)。
   A. 随机存储器　　　　　　　　　B. 高速缓冲存储器
   C. 顺序存储器　　　　　　　　　D. 只读存储器

91. 在微型计算机主存储器中,不能用指令修改其存储内容的部分是(　　)。
   A. RAM　　　　　B. DRAM　　　C. ROM　　　　D. SRAM

92. SRAM 存储器是(　　)。
   A. 静态随机存储器　　　　　　　B. 静态只读存储器
   C. 动态随机存储器　　　　　　　D. 动态只读存储器

93. 下列计算机中整数的表示法中,可以直接做加减运算的是(　　)。
   A. 原码　　　　　B. 反码　　　　C. 补码　　　　D. 偏移码

94. SRAM 的特点是(　　)。
   A. 在不断电的情况下,其中的信息保持不变,因而不必定期刷新
   B. 在不断电的情况下,其中的信息不能长期保持,因而必须定期刷新才不至丢失信息
   C. 其中的信息只能读不能写
   D. 其中的信息断电后也不会丢失

95. 下列选项中,正确的是(　　)。
   A. 假若 CPU 向外输出 20 位地址,则它能直接访问的存储空间可达 1 MB
   B. 若使用过程中突然断电,SRAM 中存储的信息不会丢失
   C. 若使用过程中突然断电,DRAM 中存储的信息不会丢失
   D. 外存储器中的信息可以直接被 CPU 处理

96. 微型计算机的中央处理器每执行一条(　　),就完成一步基本运算或判断。
   A. 命令　　　　　B. 指令　　　　C. 程序　　　　D. 语句

97. 微型计算机存储器系统中的 cache 是(　　)。
   A. 只读存储器　　　　　　　　　B. 高速缓冲存储器
   C. 可编程只读存储器　　　　　　D. 可擦除可编程只读存储器

98. 微型计算机键盘上 Enter 键是(　　)。
   A. 输入键　　　　B. 回车换行键　C. 空格键　　　D. 换挡键

99. DOS 操作系统属于(　　)。
   A. 网络操作系统　　　　　　　　B. 16 位单用户多任务系统
   C. 32 位单任务操作系统　　　　　D. 16 位单用户单任务系统

100. 下列描述中不正确的是(　　)。
    A. 多媒体技术最主要的两个特点是集成性和交互性
    B. 所有计算机的字长都是固定不变的
    C. 通常计算机存储容量越大,性能越好
    D. 各种高级语言的翻译程序都属于系统软件
101. 在一般情况下,U 盘中存储的信息在断电后(　　)。
    A. 不会丢失　　B. 全部丢失　　C. 大部分丢失　　D. 局部丢失
102. 学校的学籍管理软件属于(　　)。
    A. 应用软件　　B. 系统软件　　C. 工具软件　　D. 字处理软件
103. 计算机字长取决于(　　)的宽度。
    A. 数据总线　　B. 地址总线　　C. 控制总线　　D. 通信总线
104. 下列设备中,既能向主机输入数据又能接收主机输出数据的是(　　)。
    A. CD-ROM　　B. 光笔　　C. 磁盘驱动器　　D. 触摸屏
105. 操作系统是计算机系统中的(　　)。
    A. 核心系统软件
    B. 关键的硬件部件
    C. 广泛使用的应用软件
    D. 外部设备
106. 下列叙述中,正确的是(　　)。
    A. 存储在任何存储器中的信息,断电后都不会丢失
    B. 操作系统只是对硬盘进行程序管理
    C. 硬盘装在主机箱内,因此硬盘属于内存
    D. 硬盘驱动器属于外部设备
107. 下列各选项中,都是硬件的是(　　)。
    A. CPU、RAM 和 DOS
    B. RAM、DOS 和 BASIC
    C. 硬盘驱动器和光驱
    D. 键盘、打印机和 WPS
108. CPU 不能直接访问的存储器是(　　)。
    A. ROM　　B. RAM　　C. cache　　D. 外存储器
109. 要使用外存储器中的信息,应先将其调入(　　)。
    A. 控制器　　B. 运算器　　C. 微处理器　　D. 主存储器
110. 微型计算机键盘上 Ctrl 键称为(　　)。
    A. 上挡键　　B. 控制键　　C. 回车键　　D. 强行退出键
111. 数据库系统的核心是(　　)。
    A. 操作系统　　B. 编译系统　　C. 数据库　　D. 数据库管理系统
112. 在微型计算机中,I/O 设备的含义是(　　)。
    A. 输入输出设备
    B. 通信设备
    C. 网络设备
    D. 控制设备
113. 在下列设备中,(　　)属于输出设备。
    A. 显示器　　B. 键盘　　C. 鼠标　　D. 软盘

114. 下列操作中,最易磨损硬盘的操作是( )。
    A. 在硬盘建立目录   B. 向硬盘复制文件
    C. 高级格式化   D. 低级格式化

115. 通常说的 24 针打印机属于( )。
    A. 击打式打印机   B. 激光打印机
    C. 喷墨打印机   D. 热敏打印机

116. 下列 4 种软件中属于应用软件的是( )。
    A. BASIC 解释程序   B. Windows NT
    C. 财务管理系统   D. C 语言编译程序

117. 在微型计算机中,VGA 的含义是( )。
    A. 微型计算机型号   B. 键盘型号
    C. 显示标准   D. 显示器型号

118. 设当前工作盘是硬盘,存盘命令中没有指明盘符,则信息将存放于( )。
    A. 内存   B. U 盘   C. 硬盘   D. 硬盘和 U 盘

119. 在微型计算机中与 VGA 密切相关的设备是( )。
    A. 针式打印机   B. 鼠标   C. 显示器   D. 键盘

120. CPU 与内存交换信息必须经过( )。
    A. 指令寄存器   B. 地址译码器
    C. 数据缓冲寄存器   D. 标志寄存器

121. 下列 4 种设备中,属于计算机输入设备的是( )。
    A. UPS   B. 服务器   C. 绘图仪   D. 鼠标

122. 若想将本系统的硬软件能推广到其他系统使用,需要考虑本系统的( )。
    A. 兼容性   B. 可靠性   C. 可扩充性   D. 可用性

123. 微型计算机系统采用总线结构对 CPU、存储器和外部设备进行连接,总线通常由 3 部分组成,它们是( )。
    A. 逻辑总线、传输总线和通信总线   B. 地址总线、运算总线和逻辑总线
    C. 数据总线、信号总线和传输总线   D. 数据总线、地址总线和控制总线

124. 下列 4 种软件中属于系统软件的是( )。
    A. PowerPoint   B. Word   C. UNIX   D. Excel

125. 一台计算机的字长是 4 B,这意味着它( )。
    A. 能处理的字符串最多由 4 个英文字母组成
    B. 能处理的数值最大为 4 位十进制数 9 999
    C. CPU 能一次同时处理的二进制数码最大为 32 b
    D. 在 CPU 中运算的结果最大为 2^{32}

126. 存储的内容被读出后并不被破坏,这是( )的特性。
    A. 随机存储器   B. 内存
    C. 磁盘   D. 存储器共同

127. 计算机的控制器不包括（   ）。
    A. 指令部件   B. 运算部件   C. 控制部件   D. 时序部件
128. （   ）是存储在计算机内的相关数据的集合。
    A. 数据库   B. 操作系统   C. 编译系统   D. 网络系统
129. 在主存储器中，需要对（   ）所存的信息进行周期性的刷新。
    A. PROM   B. EPROM   C. SRAM   D. DRAM
130. 通用寄存器是一个位数为（   ）的寄存器。
    A. 16 位   B. 32 位   C. 64 位   D. 计算机字长
131. 下面关于系统软件的叙述中，正确的是（   ）。
    A. 系统软件与具体应用领域无关
    B. 系统软件与具体硬件逻辑功能无关
    C. 系统软件是在应用软件的基础上开发的
    D. 系统软件不提供人机界面
132. 解释程序的功能是（   ）。
    A. 将汇编语言程序转换为目标程序   B. 解释执行汇编语言程序
    C. 将高级语言程序转换为目标程序   D. 解释执行高级语言程序
133. 在多级存储体系中，"cache－内存"结构的作用是解决（   ）的问题。
    A. 内存容量不足   B. CPU 与辅存速度不匹配
    C. CPU 与内存速度不匹配   D. 内存与辅存速度不匹配
134. 某 32 位微机内存容量为 1 MB，按字节编址，那么地址寄存器至少应有（   ）位。
    A. 20   B. 24   C. 32   D. 16
135. 在下列部件中，（   ）并不包含在运算器中。
    A. 标志寄存器   B. 累加器
    C. 指令寄存器   D. ALU
136. 下列关于显示器的叙述中，正确的是（   ）。
    A. 显示器是输入设备   B. 显示器是存储设备
    C. 显示器是输出设备   D. 显示器是输入输出设备
137. 下列两个软件都是系统软件的选项是（   ）。
    A. Windows 和 MIS   B. Windows 和 UNIX
    C. Word 和 UNIX   D. UNIX 和 Excel
138. 下列几种存储器中，存取周期最短的是（   ）。
    A. 硬盘存储器   B. 主存储器   C. 光盘存储器   D. 软盘存储器
139. WPS、Word 等字处理软件属于（   ）。
    A. 应用软件   B. 管理软件   C. 网络软件   D. 系统软件
140. 下列选项中，正确的是（   ）。
    A. 目前广泛使用的 Pentium 机，其字长为 5 个字节
    B. 字节通常用英文单词 bit 来表示，有时也可写成 b

C. 计算机的字长并不一定是字节的整数倍

D. 计算机中将 8 个相邻的二进制位作为一个单位,这种单位称为字节

141. 计算机指令中,规定该指令执行功能的部分称为(　　)。

　　A. 数据码　　　　B. 操作码　　　　C. 源地址码　　　　D. 目标地址码

142. 下列选项中错误的是(　　)。

　　A. 计算机系统可增加新的部件,扩充存储容量的能力,称为可扩充性

　　B. 计算机系统从故障发生到故障修复平均所需的时间称为平均修复时间

　　C. 计算机系统可靠性指标可用平均无故障时间来描述

　　D. 描述计算机执行速度的单位是 MB

143. 下列关于运算器功能的说法中,正确的是(　　)。

　　A. 分析指令并进行译码

　　B. 保存各种指令信息供系统其他部件使用

　　C. 实现算术运算和逻辑运算

　　D. 按主频指标规定发出时钟脉冲

144. 下面对软件特点的描述中不正确的是(　　)。

　　A. 软件是一种逻辑实体,具有抽象性

　　B. 软件开发、运行对计算机系统具有依赖性

　　C. 软件开发涉及软件知识产权、法律及心理等社会因素

　　D. 软件运行存在磨损和老化问题

145. 温彻斯特盘(温盘)是一种(　　)。

　　A. 光盘　　　　　B. 硬盘　　　　　C. 软盘　　　　　D. 硬盘驱动器

146. 下列选项中正确的是(　　)。

　　A. 若计算机配了 C 语言,就是说它一开机就可以用 C 语言编写和执行程序

　　B. 外存上的信息可以直接进入 CPU 并被处理

　　C. 用机器语言编写的程序可以由计算机直接执行,用高级语言编写的程序必须经过编译(解释)才能执行

　　D. 数据库管理系统是操作系统的一部分

147. 下列叙述中,错误的是(　　)。

　　A. 微型计算机键盘上的 Ctrl 键是起控制作用的,它必须与其他键同时按下才有作用

　　B. 微型计算机在使用过程中突然断电,内存 RAM 中保存的信息全部丢失,ROM 中保存的信息不受影响

　　C. 计算机指令是指挥 CPU 进行操作的命令,指令通常由操作码和操作数组成

　　D. 键盘属于输入设备,但显示器上显示的内容既有机器输出的结果,又有用户通过键盘输入的内容,所以显示器既是输入设备,又是输出设备

148. 目前计算机的基本工作原理是(　　)。

　　A. 存储程序　　　　　　　　　　　B. 程序设计

　　C. 程序设计与存储程序　　　　　　D. 存储程序控制

149. 现代计算机之所以能自动地连续进行数据处理，主要是因为（　　）。
    A. 采用了开关电路　　　　　　　　B. 采用了半导体器件
    C. 具有存储程序的功能　　　　　　D. 采用了二进制

150. 个人计算机简称 PC。这种计算机属于（　　）。
    A. 微型计算机　　　　　　　　　　B. 小型计算机
    C. 超级计算机　　　　　　　　　　D. 巨型计算机

151. 我国自行设计研制的银河二号计算机是（　　）。
    A. 微型计算机　　　　　　　　　　B. 小型计算机
    C. 中型计算机　　　　　　　　　　D. 巨型计算机

152. 汇编语言源程序须经（　　）翻译成目标程序才能在机器上运行。
    A. 监控程序　　　　　　　　　　　B. 汇编程序
    C. 机器语言程序　　　　　　　　　D. 诊断程序

153. 从第一代计算机到第四代计算机的体系结构都是相同的，都是由运算器、控制器、存储器及输入输出设备组成的。这种体系结构称为（　　）体系结构。
    A. 艾伦·图灵　　　　　　　　　　B. 罗伯特·诺依斯
    C. 比尔·盖茨　　　　　　　　　　D. 冯·诺依曼

154. 允许在一台主机上同时连接多台终端，且多个用户可以通过各自的终端同时交互地使用计算机的操作系统是（　　）。
    A. 分时操作系统　　　　　　　　　B. 网络操作系统
    C. 实时操作系统　　　　　　　　　D. 分布式操作系统

155. 软件与程序的主要区别是（　　）。
    A. 程序价格便宜，软件价格昂贵
    B. 程序是用户自己编写的，而软件是由厂家提供的
    C. 程序是用高级语言编写的，而软件是由机器语言编写的
    D. 软件是程序以及开发、使用和维护程序所需要的所有文档的总称，而程序是软件的一部分

156. 存储器中存放的信息可以是数据，也可以是指令，这要根据（　　）来判断。
    A. 最高位是 0 还是 1　　　　　　　B. 存储单元的地址
    C. CPU 执行程序的过程　　　　　　D. ASCII 码表

157. 计算机中的信息用二进制表示的主要原因是（　　）。
    A. 运算规则简单　　　　　　　　　B. 可以节约元器件
    C. 可以加快运算速度　　　　　　　D. 元器件性能所致

158. 下列叙述中，正确的是（　　）。
    A. 键盘上的 F1~F12 功能键，在不同的软件中其作用是一样的
    B. 计算机内部数据采用二进制表示，而程序则用字符表示
    C. 计算机汉字字模的作用是供屏幕显示和打印输出
    D. 微型计算机主机箱内的所有部件均由大规模、超大规模集成电路构成

159. 在微型计算机中,属于控制器功能的是(　　)。
    A. 存储各种控制信息　　　　　　B. 传输各种控制信号
    C. 产生各种控制信息　　　　　　D. 输出各种信息
160. 国际上对计算机进行分类的依据是(　　)。
    A. 计算机的型号　　　　　　　　B. 计算机的速度
    C. 计算机的性能　　　　　　　　D. 计算机生产厂家

参考答案

第 2 章
操作系统基础

2.1 实验指导

实验一 Windows 10 基础操作(一)

一、实验目的

1. 掌握查看计算机系统的硬件配置及主要技术指标的方法。
2. 掌握计算机的存储空间概念。
3. 初步认识 Windows 10:Windows 10 的启动和关闭、桌面、窗口操作、设置、用户账户管理等。

二、预备知识

(一) 计算机的四大组成部件

计算机由 CPU、存储器、输入设备和输出设备四大部件组成,这四大部件的性能决定了计算机的性能。鼠标右键单击 Windows 10 桌面上的"此电脑"图标,选择"属性"命令,在打开的"设置"窗口中可查看计算机的所有硬件配置信息。

(二) 存储器

存储器是计算机用来存放程序和数据的装置,是计算机中各种信息交流的中心。存储器通常分为主存储器(简称内存)和外存储器。主存储器用来存放程序和数据。外存储器主要用来长期存放用户的程序和数据,常用的外存有硬盘、光盘、U 盘。硬盘根据用户需求可分为多个区,如 C、D、E。

(三) 认识 Windows 10 桌面

启动计算机并成功登录 Windows 10 后,就进入 Windows 10 桌面工作环境,用户所有操作都由此开始。桌面如图 2.1 所示。

一) 图标

图标代表文件或程序的小图形,通常位于桌面左侧,桌面上最常见的图标有"此电脑""回收站"等,这些是系统的应用程序。

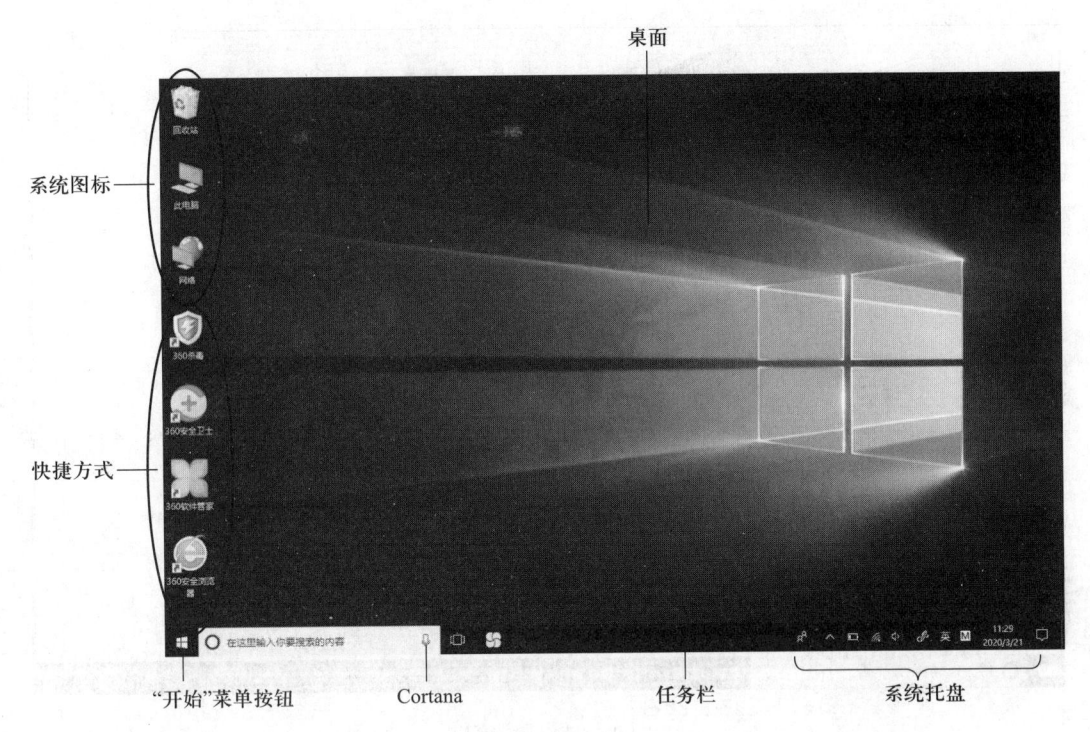

图 2.1 桌面布局

二）快捷方式

快捷方式是左下角有一个斜向上的箭头的小图形，它是指向某个已安装的应用程序的链接。

三）"开始"菜单按钮

一般而言，"开始"菜单按钮位于桌面底部。单击该按钮，弹出"开始"菜单列表，所有的计算机操作可以从此开始。

四）任务栏

任务栏默认位于桌面底部。当有应用程序启动后，任务栏会出现相应的应用程序图标，可以在此单击不同图标进行应用程序切换。

五）系统托盘

系统托盘位于桌面底部，用来显示时间日期、网络连接状况等，还有如杀毒软件等已经自动启动的监控程序的图标，该区域又称通知区域。

（四）"设置"工具集

"设置"是用来进行系统设置和设备管理的一个工具集。在"设置"窗口中，用户可以根据自己的喜好对鼠标、键盘、桌面、用户等进行设置和管理，还可以添加或删除程序等。

打开"设置"的方法有多种，其中一种方法是在"开始"菜单中单击"设置"按钮，打开"设置"窗口，其组成如图 2.2 所示。

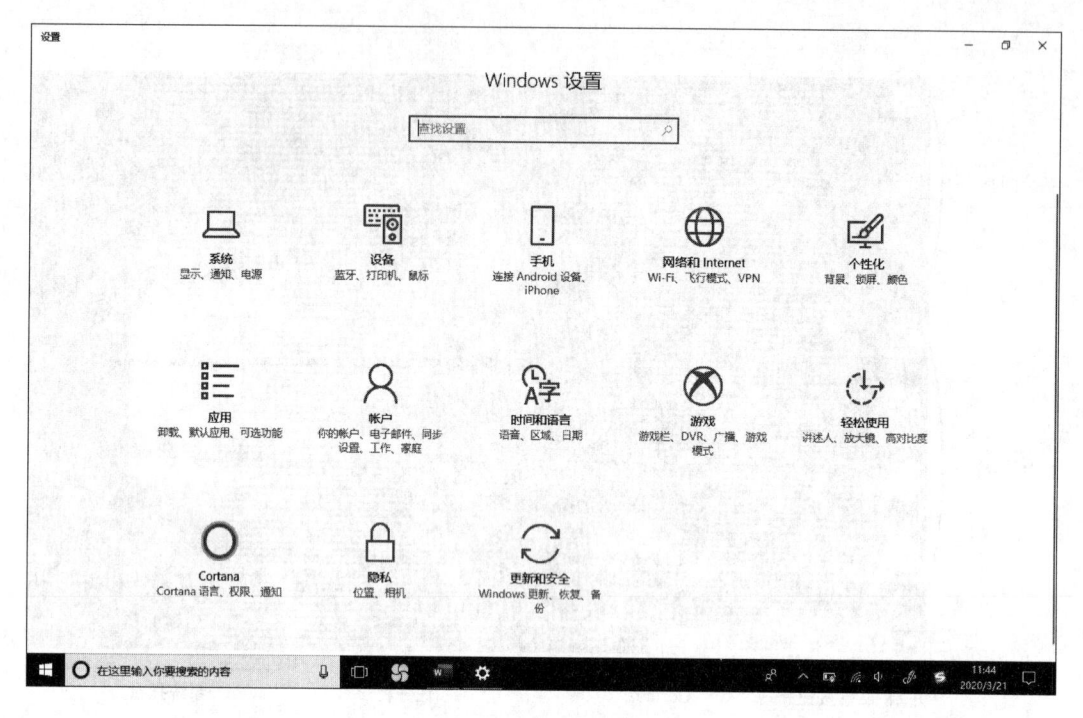

图 2.2 "设置"窗口

三、实验内容

1. 查看并记录系统信息。

（1）CPU 型号：＿＿＿＿＿＿＿＿＿＿＿＿＿＿＿＿＿＿＿＿＿＿＿＿＿＿。

（2）内存容量：＿＿＿＿＿＿＿＿＿＿＿＿＿＿＿＿＿＿＿＿＿＿＿＿＿＿。

（3）操作系统版本：＿＿＿＿＿＿＿＿＿＿＿＿＿＿＿＿＿＿＿＿＿＿＿＿。

（4）完整的计算机名称：＿＿＿＿＿＿＿＿＿＿＿＿＿＿＿＿＿＿＿＿＿。

（5）网络适配器型号：＿＿＿＿＿＿＿＿＿＿＿＿＿＿＿＿＿＿＿＿＿＿。

（6）显卡的型号：＿＿＿＿＿＿＿＿＿＿＿＿＿＿＿＿＿＿＿＿＿＿＿＿。

2. 查看并记录 C 盘以下信息。

文件系统类型：＿＿＿＿＿＿＿＿＿＿＿＿＿＿＿＿＿＿＿＿＿＿＿＿＿＿。

可用空间：＿＿＿＿＿＿＿＿＿＿＿＿＿＿＿＿＿＿＿＿＿＿＿＿＿＿＿＿。

已用空间：＿＿＿＿＿＿＿＿＿＿＿＿＿＿＿＿＿＿＿＿＿＿＿＿＿＿＿＿。

总空间：＿＿＿＿＿＿＿＿＿＿＿＿＿＿＿＿＿＿＿＿＿＿＿＿＿＿＿＿＿。

3. 查看桌面空间和文档空间。

每一个用户都有一个以自己用户名命名的、独立的文档空间和桌面空间，而且都对应一个文件夹，记录当前用户的文档和桌面对应的文件夹及其路径。

（1）桌面：＿＿＿＿＿＿＿＿＿＿＿＿＿＿＿＿＿＿＿＿＿＿＿＿＿＿＿。

（2）文档：＿＿＿＿＿＿＿＿＿＿＿＿＿＿＿＿＿＿＿＿＿＿＿＿＿＿＿。

【提示】

如果用户名是 administrator,在桌面上就有一个名为 administrator 的文件夹。

4. 初识 Windows 10 系统,完成以下操作。

(1) 启动计算机,模拟出现"死机"后用 Reset 复位实现热启动。

(2) 熟悉实验计算机桌面,填写计算机桌面的相关信息:

① 系统图标:_____;

② 快捷方式:_____;

③ 系统托盘中:_____。

(3) 定制个性化桌面:设置屏幕分辨率为 1 024×768;使用"画图"程序制作一幅图片,并用该图片作为桌面背景;隐藏桌面上的"administrator"文件夹。

【提示】在桌面空白处单击鼠标右键,在弹出的快捷菜单中选择"个性化"命令。

(4) Windows 10 操作系统是计算机最基本的系统软件,通常安装在 C 盘上,系统文件夹路径是_____。

(5) 设置任务栏为自动隐藏。

【提示】

在任务栏的快捷菜单中选择"任务栏设置"命令,在弹出的对话框中进行设置。

(6) "开始"菜单的使用。从"开始"菜单启动运行 Word 程序,创建一个文件"abc",然后删除该文件。

(7) "回收站"的使用和设置。打开"回收站",将"abc"文件还原;设置 D 盘"回收站"所占比例 5%;设置删除时不将文件移入"回收站",而是彻底删除。

(8) "设置"窗口的使用。创建一个标准用户 Test,并用自己的学号设置密码。然后切换为新创建的用户,观察其桌面上的图标。

(9) Cortana

在 Windows 10 的 Cortana 搜索框中输入"任务栏",了解有关"任务栏"的相关概念和操作。

【提示】

Cortana("微软小娜")是微软发布的全球第一款个人智能助理。它能够了解用户的喜好和习惯,提供帮助和支持,解答用户问题。Cortana 提供文本输入,支持语音问答等。

实验二 Windows 10 基础操作(二)

一、实验目的

1. 掌握中、英文输入法的使用方法。
2. 掌握任务管理器的使用方法。
3. 掌握文件和文件夹的管理方法。
4. 掌握管理磁盘驱动器的方法。

二、预备知识

1. 掌握输入法工具栏各个按钮的作用。输入法工具栏如图 2.3 所示。

中英文切换　全半角切换　中英文标点符号切换　软键盘(可代替键盘或输入特殊符号)

图 2.3　输入法工具栏

2. Windows 10 是一个多任务操作系统，允许同时运行多个应用程序，用户可以使用任务管理器对各个程序的运行加以控制。

任务管理器可以提供正在计算机上运行的程序和进程的相关信息。一般用户主要使用任务管理器来快速查看正在运行的程序的状态、终止已停止响应的程序、切换程序或者运行新的任务。利用任务管理器还可以查看 CPU 和内存使用情况等。

启动任务管理器的方法是在任务栏单击鼠标右键，在弹出的快捷菜单中单击"任务管理器"命令，打开"任务管理器"窗口，如图 2.4 所示。

图 2.4　"任务管理器"窗口

3. 快捷方式是 Windows 提供的一种快速启动程序、打开文件或文件夹的方法，它是文件或文件夹的链接，单击它即可打开文件和文件夹，通常可以将快捷方式放到桌面上，从而快速启动程序、打开文件或文件夹，而文件或文件夹本身存储位置不变。快捷方式可以和原文件或文件夹不同名。

三、实验内容

1. 启动"记事本"应用程序，输入以下内容，以"file.txt"文件名保存到桌面。

> 　　Microsoft Windows 是美国微软公司研发的一套操作系统，它问世于 1985 年，起初仅仅是 MS-DOS 模拟环境，后续的系统版本由于微软不断更新升级，不但易用，也逐渐成为人们喜爱的操作系统之一。
>
> 　　Windows 采用了图形用户界面，比起从前的 DOS 需要输入指令的方式更为人性化。随着计算机硬件和软件的不断升级，Windows 也在不断升级，架构从 16 位、16+32 位混合版（Windows 9x）、32 位再到 64 位，系统版本从最初的 Windows 1.0 到 Windows 95、Windows 98、Windows Me、Windows 2000、Windows 2003、Windows XP、Windows Vista、Windows 7、Windows 8、Windows 8.1 再到 Windows 10 和 Windows Server 服务器企业级操作系统，不断持续更新，微软一直在致力于 Windows 操作系统的开发和完善。现在最新的正式版本是 Windows 10。

2. 任务管理器的使用。

启动"计算器"应用程序，然后打开"任务管理器"窗口，在该窗口中关闭打开的"计算器"应用程序。

3. 文件和文件夹的管理。

(1) 创建文件、文件夹。

在 D 盘上创建一个文件夹，以"学号 + 姓名"形式命名，在该文件夹下创建 5 个子文件夹，分别命名为"程序""文档""表格""演示文稿"和"快捷方式"。

【提示】

创建文件（夹）的方法是打开桌面上的"此电脑"窗口，进入要创建文件（夹）的磁盘驱动器或文件夹，即定位到待存储位置，单击鼠标右键，在弹出的快捷菜单中选择"新建"命令，即可新建文件（夹）。

(2) 搜索文件，复制、重命名文件。

在 C 盘中搜索文件 calc.exe，将其复制到"程序"文件夹中，并重命名为"计算器"。

【提示】

搜索文件的方法是打开指定的搜索路径，在搜索窗口中输入搜索文件名，如图 2.5 所示。

(3) 创建快捷方式。

创建画图程序（mspaint.exe）的一个快捷方式，并将其复制到"快捷方式"文件夹中，并重命名为"画图"。

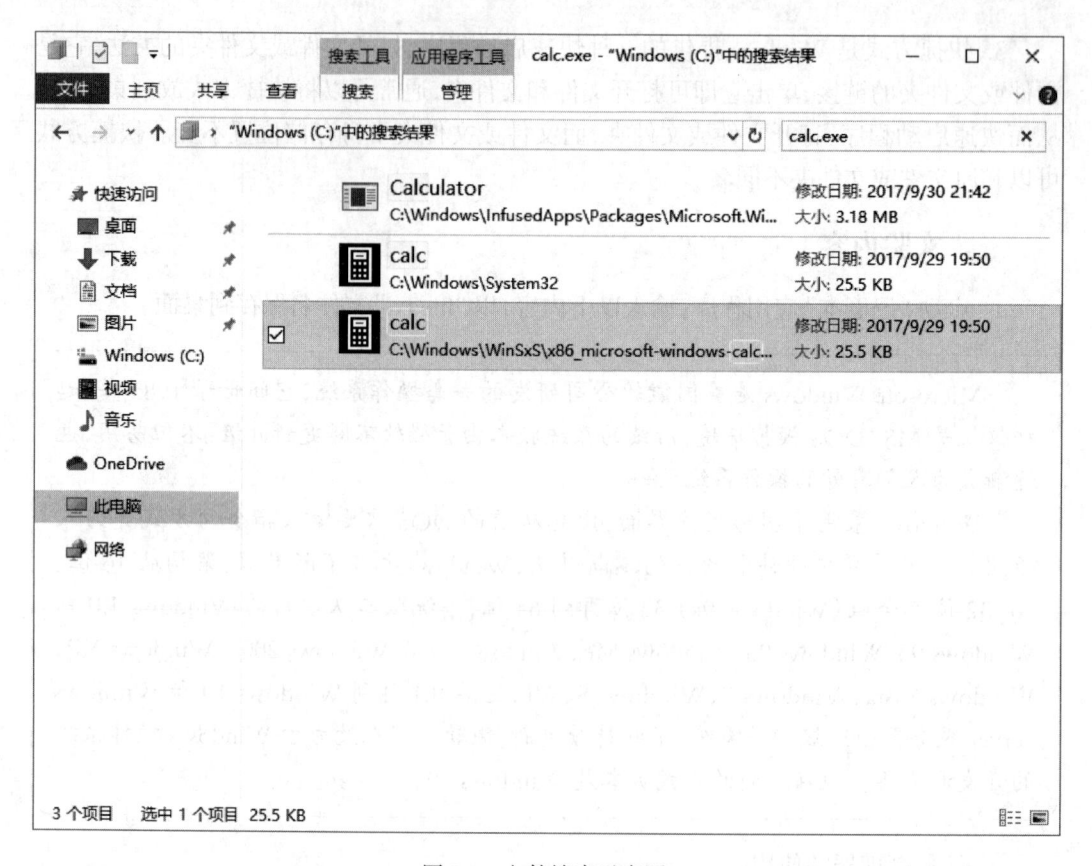

图 2.5 文件搜索示意图

【提示】

先找到要创建快捷方式的文件或文件夹,选中后,单击鼠标右键,在弹出快捷菜单中单击"创建快捷方式"命令。

(4) 文件夹选项的应用,修改文件扩展名。

在"文档"中创建一个记事本文件,命名为 letter.txt,在当前文件夹中复制这个文件,并将其改名为 newletter.doc。

【提示】

文件扩展名是操作系统用来标识文件格式的一种机制。通常来说,一个扩展名跟在主文件名后面,由一个分隔符分隔。如文件名"letter.txt",letter 是主文件名,txt 为扩展名,表示这个文件是一个纯文本文件。通常文件扩展名是隐藏的,但如果要显示或修改它,可以通过文件夹选项让扩展名显示出来。方法是在资源管理器窗口中单击"查看"选项卡,选中"文件扩展名"复选框,如图 2.6 所示。

(5) 设置文件属性。

将"文档"中的 letter 文件属性设置为"隐藏"。在文件夹选项里设置不显示隐藏文件。

【提示】

文件设置了"隐藏"属性,如果"文件夹选项"里的设置是显示隐藏文件,则该文件以

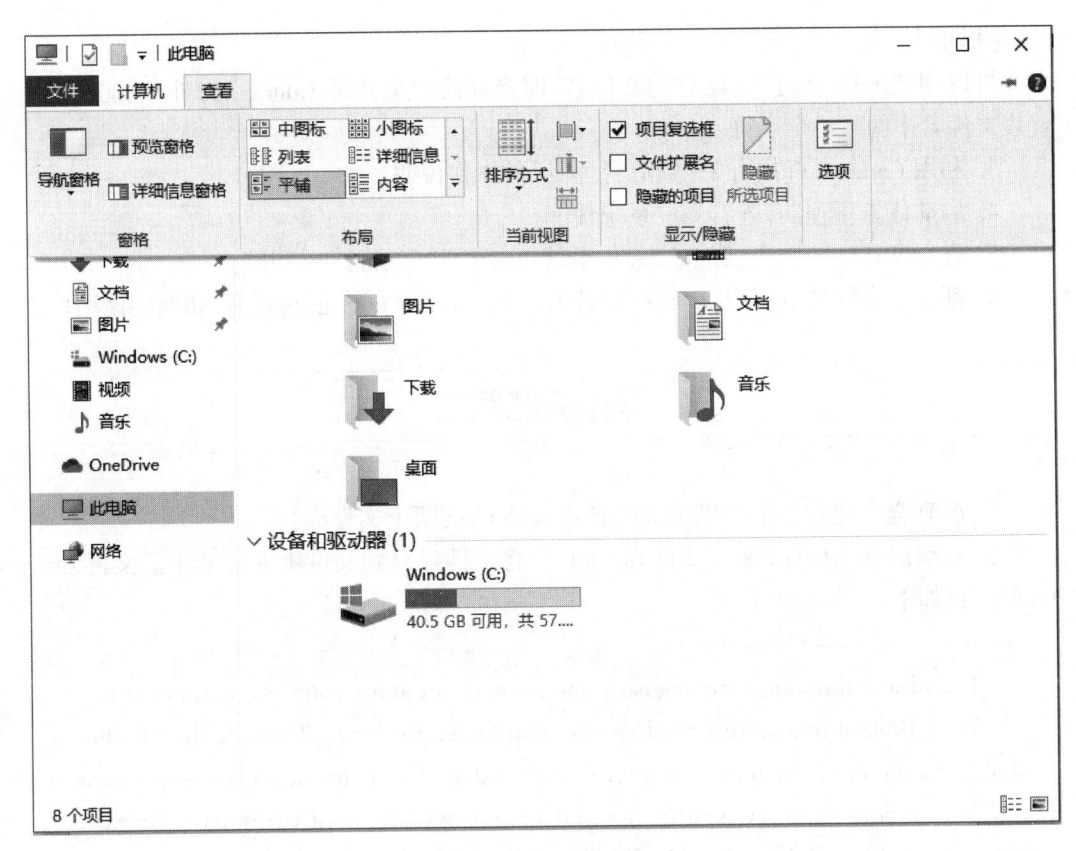

图 2.6 "查看"选项卡

灰色显示。

(6) 删除文件。

删除 newletter.doc 文件。

(7) 压缩文件夹。

将"学号 + 姓名"文件夹压缩,压缩文件名为"学号 + 姓名"。

(8) 创建一个文件夹的快捷方式。

在桌面上创建压缩文件的快捷方式。

2.2 操作测试题

操作测试题一

1. 设置个性化桌面:将桌面主题设为"鲜花",按名称排列桌面上的图标。
2. 查找 D 盘中扩展名为 docx 的所有文件。

【提示】

可以用通配符"*"代表任意的文件名,即要查找的文件是 *.docx。另外,通配符"?"代表文件名中的某一个字符。

3. 利用 Cortana,查找有关"资源管理器"的操作说明。

4. 启动任务管理器,查看当前系统性能。

5. 查看 Windows 防火墙的状态,如果是"关闭"状态,将其"打开"。

6. 创建一个管理员用户,以自己的姓名命名,密码为 666,创建好后,切换到该用户。

操作测试题二

1. 在 D 盘上建立名字分别为 folderl 和 folder2 的两个文件夹。

2. 启动记事本程序,建立文件 filel.txt,并将文件保存到文件夹 folderl 中。文件 filel.txt 的内容如下。

> The idea of drinking wine regularly and in moderation for your health, is not new.
>
> Since Biblical times, great thinkers, saints and scientists have all praised the benefits of wine, and even the Bible makes references to the value of wine for health and enjoyment.
>
> The middle Ages saw spirituality and knowledge confined to monasteries, where wines were grown and the benefits of their juices studied. In the 18th century wine was prescribed as an antibiotic and Louis Pasteur declared it to be the most hygienic and healthy of beverages.
>
> However, scientific proof of theory has been lacking until recently. A French survey of 34,000 men between 1978 and 1993 found that those who drank two or three glassed of wine per day had a 30 percent lower mortality rate due to heart disease, than those who didn't drink at all of were heavy drinkers.

【提示】

(1) 辨识文件和文件夹的不同图标。

(2) 文件的扩展名代表文件的类型,在 Windows 中以不同的图标表示。

(3) 在 Windows 默认设置下,对系统已知类型的文件不显示其扩展名。所以,在这种状态下,只需输入文件的主文件名,而不要输入扩展名。

(4) 了解文件名、扩展名和文件内容的含义。

3. 将文件 filel.txt 复制到文件夹 folder2 中,并将文件名改为 file2.txt。

【提示】

复制可使用剪贴板、鼠标左键拖曳、右键拖曳 3 种方法。

4. 删除文件夹 folderl 中的文件 filel.txt,然后再恢复到原位置。

【提示】

文件删除到"回收站"后并没有被彻底删除,可在"回收站"中选择该文件后单击鼠标右键,在弹出的快捷菜单中选择"还原"命令,将其恢复到原位置。

2.3 基础知识测试题

2.3.1 基础知识题解

1. Windows 操作系统的主要功能是( )。
   A. 实现软硬件转换　　　　　　　　B. 管理计算机系统所有的软硬件
   C. 把源程序转换为目标程序　　　　D. 进行数据处理

【答案 B】解析:操作系统属于系统软件,它的主要功能是管理系统所有的软件和硬件资源。

2. 正确关闭 Windows 10 系统的操作是( )。
   A. 按 Ctrl+Alt+Delete 键　　　　　B. 按 Reset 开关
   C. 关闭电源　　　　　　　　　　　D. 单击"开始"菜单按钮后再操作

【答案 D】解析:为了不丢失文件和破坏系统,应当正确关闭机器。关闭 Windows 10 系统的操作是单击"开始"菜单按钮,弹出"开始"菜单后,选择"关机"命令。

3. 在 Windows 10 的资源管理器窗口中,左部显示的内容是( )。
   A. 所有未打开的文件夹　　　　　　B. 系统的树形文件夹结构
   C. 打开的文件夹下的文件夹及文件　D. 所有已打开的文件夹

【答案 B】解析:Windows 10 的资源管理器左窗格是文件夹树窗格,显示文件夹树结构。

4. 下列操作中,能实现各种汉字输入法间切换的操作是按( )键。
   A. Alt+Shift　　　B. Shift+空格键　　　C. Ctrl+空格键　　　D. Ctrl+Shift

【答案 D】解析:Windows 10 系统提供了英文输入方式和几种汉字输入方法,用户也可以安装其他汉字输入方法。按 Ctrl+Shift 键在各种输入方法间切换,从中选定一种汉字输入方法。

5. 在 Windows 10 中,能弹出对话框的操作是( )。
   A. 选择带省略号的菜单项　　　　　B. 选择带向右三角形箭头的菜单项
   C. 选择颜色变灰的菜单项　　　　　D. 运行与对话框对应的程序

【答案 A】解析:在 Windows 10 的菜单操作中,有以下约定:灰色字符的命令表示此命令无效,当前不可用,用黑色字符显示的命令表示可用;带省略号的命令表示选择该命令后,将打开相应的对话框。

6. 实施粘贴操作后,剪贴板中的内容( )。
   A. 是空白的　　　　B. 不变　　　　C. 被替换　　　　D. 被清除

【答案 B】解析:实施粘贴操作后,剪贴板中的内容被复制到文档的插入点处,每进行一次粘贴操作,剪贴板中的内容被复制一次,剪贴板中的内容不变。

7. 插入光盘后,若需跳过"自动播放"则应按( )键。

  A. Alt   B. Ctrl   C. Shift   D. Esc

【答案 C】解析:在将光盘插入到 CD-ROM 驱动器后按 Shift 键可以阻止光盘自动播放。

8. 排在桌面上的图标有( )。

  A. 收件箱   B. 控制面板

  C. 计算机   D. Windows 资源管理器

【答案 B】解析:在安装 Windows 10 系统时,安装程序会自动将"控制面板"图标安排在桌面上。用户也可以将其他程序的图标放到桌面上。

9. 删除 Windows 桌面上某个应用程序的图标,意味着( )。

  A. 该应用程序连同图标一起被删除

  B. 只删除了应用程序,其对应的图标被隐藏

  C. 只删除了图标,其代表的应用程序仍被保留

  D. 该应用程序和图标一起被隐藏

【答案 C】解析:桌面上的应用程序图标实际上是该应用程序的一个快捷方式,并不是程序本身。因此,删除应用程序图标只是删除了该程序的快捷方式,并没有将其对应的应用程序也删除。

10. 在 Windows 10 中进行文件和文件夹管理的软件是( )。

  A. "控制面板"和"开始"菜单   B. "此电脑"和 Windows 资源管理器

  C. Windows 资源管理器和"控制面板"   D. "此电脑"和"控制面板"

【答案 B】解析:用户进行文件和文件夹管理是重要的操作。用户可以用"此电脑"或 Windows 资源管理器对文件和文件夹进行管理。

11. 在 Windows 10 中,要设置显示器的属性,下列操作中,正确的是( )。

  A. 用鼠标右键单击"任务栏"空白处,在弹出的快捷菜单中选择"属性"命令

  B. 用鼠标右键单击桌面空白处,在弹出的快捷菜单中选择"显示设置"命令

  C. 用鼠标右键单击"此电脑"窗口空白处,在弹出的快捷菜单中选择"属性"命令

  D. 用鼠标右键单击 Windows 资源管理器窗口空白处,在弹出的快捷菜单中选择"属性"命令

【答案 B】解析:在 Windows 10 中,用鼠标右键单击桌面空白处,在弹出的快捷菜单中选择"显示设置"命令,在弹出的窗口中进行显示参数设置。

12. 设 Windows 10 桌面上已经有某应用程序的图标,要运行该应用程序,可以( )。

  A. 用鼠标左键单击该图标   B. 用鼠标右键单击该图标

  C. 用鼠标左键双击该图标   D. 用鼠标右键双击该图标

【答案 C】解析:启动并运行应用程序的方法是,使用"开始"菜单,直接指名运行或用鼠标左键双击快捷方式图标。

13. Windows 10 对话框的复选框的形状为( )。

  A. 方形,若选中,中间加上圆点   B. 圆形,若选中,中间加上对钩

C. 方形,若选中,中间加上对钩   D. 圆形,若选择,中间加上圆点

【答案 C】解析:在 Windows 10 对话框中,有的选项前有方形或圆形的按钮。圆形按钮是单选按钮,一组单选按钮只能有一个被选中。方形按钮是复选框,一组复选框可以有多个被选中。复选框被选中时,其内有对钩。

14. 在 Windows 10 中打开一个文档一般就能同时打开相应的应用程序,因为(　　)。
    A. 文档就是应用程序   B. 必须通过这个方法来打开应用程序
    C. 文档与应用进行了关联   D. 文档是应用程序的附属

【答案 C】解析:文档是应用程序所建立的磁盘文件。打开一个文档就是把它从磁盘复制到内存中应用程序的工作区中,由该应用程序对之进行处理,所以打开文档总是与运行相应的应用程序联系在一起的。

15. 在 Windows 10 中进入 DOS 控制台,如果要返回 Windows 10,正确的操作是(　　)。
    A. 输入 WIN 后按 Enter 键   B. 输入 EXIT 后按 Enter 键
    C. 单击 MS-DOS 窗口的"最小化"按钮   D. 重新启动

【答案 B】解析:在 Windows 10 提供的 MS-DOS 方式窗口中,可以执行 DOS 命令和运行大多数的 DOS 应用程序,在 MS-DOS 提示符后面,输入 EXIT 命令可返回 Windows,或直接单击 MS-DOS 窗口的"关闭"按钮。

16. 在 Windows 10 中,若在某一文档中连续进行了多次剪切操作,当关闭了该文档后,剪贴板中存放的是(　　)。
    A. 第一次剪切的内容   B. 最后一次剪切的内容
    C. 所有剪切过的内容   D. 空白

【答案 B】解析:在 Windows 10 中,若在某一文档中连续进行多次剪切操作,剪贴板中存储的是最后一次剪切到剪贴板中的内容。关闭文档不能将剪贴板中的内容清除。

17. 在 Windows 资源管理器的右窗格中,先单击了第一个文件,按住 Ctrl 键后,又单击了第五个文件,则(　　)。
    A. 没有文件被选中   B. 有五个文件被选中
    C. 有一个文件被选中   D. 有两个文件被选中

【答案 D】解析:在先选中一个文件之后,如果按住 Ctrl 键,再单击其他文件,则每单击一个文件选中一个文件,这种方法用于选择不连续的多个文件。

18. 在 Windows 10 中,资源管理器窗口被分成两部分,其中右边那部分显示的内容是(　　)。
    A. 当前打开的磁盘或文件夹名称
    B. 当前打开的磁盘或文件夹中的文件和文件夹
    C. 系统的树形文件夹结构
    D. 桌面上所有的文件夹和文件

【答案 B】解析:在 Windows 10 中,资源管理器窗口右边那部分显示的是当前已打开的文件夹中的内容,可能有文件夹或文件。

19. 在 Windows 10 环境中,同时启动 4 个应用程序,只能有(　　)个应用程序在前台工作。

A. 1个　　　　　　B. 2个　　　　　　C. 3个　　　　　　D. 4个

【答案A】解析：Windows 10 提供多任务功能，可以同时运行多个程序，每个程序之间相互独立，互不影响，但一个时刻只能有一个应用程序为前台程序。

20. 在 Windows 10 中，下列关于"粘贴"操作描述正确的是（　　）。
　　A. "粘贴"是将已选择的内容移到"剪贴板"中
　　B. "粘贴"是将已选择内容复制到"剪贴板"中
　　C. "粘贴"是将"剪贴板"中的内容移动到指定的位置
　　D. "剪贴板"中的内容被复制到指定的位置

【答案D】解析："粘贴"操作是将"剪贴板"中的内容复制到指定的位置上。进行多次"粘贴"操作可以多次将"剪贴板"中的内容复制到指定的位置上。

21. 在 Windows 10 的许多应用程序的文件菜单中，都有"保存"和"另存为"两个命令，下列说法中正确的是（　　）。
　　A. "保存"命令只能用原文件名存盘，"另存为"不能用原文件名存盘
　　B. "保存"命令不能用原文件名存盘，"另存为"只能用原文件名存盘
　　C. "保存"命令只能用原文件名存盘，"另存为"也能用原文件名存盘
　　D. "保存"和"另存为"命令都能用任意文件名存盘

【答案C】解析：在 Windows 10 中，文件的"保存"命令只能用原文件名存盘，而"另存为"命令既可以用原文件名存盘，也能用其他文件名存盘。

22. 在 Windows 10 的资源管理器窗口中，当选定文件夹并按 Shift+Delete 键后，所选定的文件夹将（　　）。
　　A. 被删除但不放入"回收站"　　　　B. 不被删除但放入"回收站"
　　C. 被删除并放入"回收站"　　　　　D. 不被删除也不放入"回收站"

【答案A】解析：在 Windows 10 的资源管理器窗口中，当选定文件夹并按 Shift+Delete 键后，所选定的文件夹将被删除但不放入"回收站"，被删除的文件夹不能被恢复。

23. 下列关于对话框的说法中正确的是（　　）。
　　A. 有菜单栏　　　　　　　　　　　B. 有"最大化""最小化"按钮
　　C. 有标题栏　　　　　　　　　　　D. 可以任意改变大小

【答案C】解析：把对话框看作是一种特殊的窗口，有标题栏，四周有边框，可以移动位置，但没有菜单栏，也没有"最大化""最小化"按钮，只有"关闭"按钮，大小也不可以任意改变。

24. 用拼音输入法输入汉字时，使用的字母（　　）。
　　A. 必须是大写　　　　　　　　　　B. 必须是小写
　　C. 要么大写，要么小写　　　　　　D. 大写与小写均可

【答案B】解析：用拼音输入法输入汉字时，键盘应处于小写状态，在大写状态下不能输入汉字。

25. 在 Windows 10 中，用户同时打开多个窗口，可按堆叠式或并排式排列，要想改变窗口的排列方式，应进行的操作是（　　）。
　　A. 用鼠标右键单击任务栏空白处，然后在弹出的快捷菜单中选取要排列的方式

B. 用鼠标右键单击桌面空白处,然后在弹出的快捷菜单中选取要排列的方式

C. 先打开资源管理器窗口,选择"查看"菜单下的"排列图标"命令

D. 先打开"此电脑"窗口,选择"查看"菜单下的"排列图标"命令

【答案 A】解析:在 Windows 10 中,用户同时打开多个窗口,用鼠标右键单击"任务栏"空白处,然后在弹出的快捷菜单中选取要排列的方式(堆叠式或并排式),便可以改变窗口的排列方式。

26. 在下列操作中,可以启动应用程序的是( )。

    A. 用鼠标双击应用程序图标   B. 将该应用程序窗口最小化成图标

    C. 将该应用程序窗口还原   D. 将鼠标指向该应用程序图标

【答案 A】解析:双击某一对象的作用就是启动并执行,选项 B 和 C 只改变已经启动的程序所在的窗口,选项 D 用鼠标指向某一对象,不能启动并执行。

27. 在 Windows 10 中,终止应用程序执行的正确方法是( )。

    A. 用鼠标单击应用程序窗口右上角的"关闭"按钮

    B. 将应用程序窗口最小化成图标

    C. 用鼠标单击应用程序窗口右上角的"向下还原"按钮

    D. 用鼠标单击应用程序窗口中的标题栏的空白区

【答案 A】解析:选项 B 和 C 只改变窗口的大小,不能关闭程序;选项 D 的作用是激活对象。

28. 在 Windows 10 操作系统中,不同文档之间互相复制信息需要借助( )。

    A. 剪贴板   B. 记事本

    C. 写字板   D. 磁盘缓冲区

【答案 A】解析:不同文档之间互相复制信息时,先将要复制的内容复制到剪贴板上,然后再粘贴到指定的位置。选项 B 记事本用来编辑文本文件,选项 C 写字板用来编辑文档,选项 D 磁盘缓冲区用来打开文件或处理数据信息。

29. 在 Windows 10 操作系统中,( )。

    A. 同一时刻可以有多个活动窗口

    B. 同一时刻可以有多个应用程序在运行,但只有一个活动窗口

    C. 同一时刻只能有一个打开的窗口

    D. DOS 应用程序窗口与 Windows 应用程序窗口不能同时打开

【答案 B】解析:在 Windows 操作系统中,在同一时刻可以有多个应用程序在运行,但只有一个是活动窗口。DOS 应用程序可以与 Windows 窗口同时打开。

30. 在 Windows 10 环境下,若要将当前活动窗口存入剪贴板,可以按( )键。

    A. Ctrl+PrintScreen   B. Alt+PrintScreen

    C. Shift+PrintScreen   D. PrintScreen

【答案 B】解析:选项 A 和 C 中的组合键未定义,选项 D 中 PrintScreen 是将整个屏幕信息复制到剪贴板上,选项 B 中 Alt 键与 PrintScreen 键配合使用,是将当前活动窗口的信息存入剪贴板。

31. 在 Windows 中,单击当前应用程序窗口中的"关闭"按钮,其功能是( )。

A. 将当前应用程序转为后台运行　　　B. 退出 Windows 后再关机
　　C. 退出 Windows 后重新启动计算机　　D. 终止当前应用程序的运行

【答案 D】解析：关闭窗口的结果就是终止当前应用程序的执行。

32. 鼠标双击窗口的标题栏，则(　　)。
　　A. 关闭窗口　　　　　　　　　　　B. 最小化窗口
　　C. 移动窗口的位置　　　　　　　　D. 改变窗口的大小

【答案 D】解析：标题栏可以使窗口最大化或还原(如果窗口原来是最大化的，则双击标题栏可使之还原，否则正好相反)。

33. 下列关于回收站的叙述中，错误的是(　　)。
　　A. 回收站可以存放硬盘上被删除的文件或文件夹
　　B. 放在回收站中的信息可以恢复
　　C. 回收站占据的空间是可以调整的
　　D. 回收站可以存放 U 盘上被删除的文件或文件夹

【答案 D】解析：回收站的作用就是存放硬盘上被删除的文件或文件夹，同时保存在回收站中的信息可以恢复，回收站默认的大小为硬盘的 1/10，可以在回收站属性中设置适当的大小，从 U 盘中删除的内容是不被存放到回收站的。

2.3.2　基础知识同步练习

1. Windows 10 是一个(　　)。
　　A. 多用户多任务操作系统　　　　　B. 单用户单任务操作系统
　　C. 单用户多任务操作系统　　　　　D. 多用户分时操作系统
2. 在树状目录下，绝对路径是指从(　　)开始查找的路径。
　　A. 当前目录　　B. 子目录　　C. 根目录　　D. DOS 目录
3. 在"画图"程序中，选定了对象后，单击"复制"按钮，则选定的对象将被复制到(　　)。
　　A. 我的文档　　B. 桌面　　C. 剪贴板　　D. 其他的画图文档
4. 在 Windows 10 中，不能对对话框进行的操作是(　　)。
　　A. 关闭　　B. 移动　　C. 调整大小　　D. 粘贴
5. 在 Windows 10 中，要移动桌面上的图标，需要使用的鼠标操作是(　　)。
　　A. 单击　　B. 双击　　C. 拖曳　　D. 移动鼠标
6. 在 Windows 10 中，当一个应用程序窗口被最小化后，该应用程序将(　　)。
　　A. 终止运行　　B. 继续运行　　C. 暂停运行　　D. 以上都不正确
7. 下列有关 Windows 10 菜单命令的说法中，不正确的是(　　)。
　　A. 命令前有√符号的表示该命令有效
　　B. 带省略号的命令执行后会打开一个对话框
　　C. 命令呈暗淡的颜色，表示相应的程序被破坏
　　D. 当鼠标指向带黑三角符号的菜单项时，会弹出一个级联菜单

8. 在 Windows 10 中,任务栏右端的"通知区域"显示的是(　　)。
   A. 语言图标(即输入法切换图标)、音量控制图标、系统时钟等按钮
   B. 用于多个应用程序之间切换的图标
   C. 锁定在任务栏上的资源管理器图标按钮
   D. "开始"菜单按钮

9. 在 Windows 10 中,不能在"任务栏"内进行的操作是(　　)。
   A. 排列桌面图标　　　　　　　　B. 设置系统日期和时间
   C. 切换窗口　　　　　　　　　　D. 启动"开始"菜单

10. 关于"开始"菜单,说法正确的是(　　)。
    A. "开始"菜单的内容是固定不变的
    B. "开始"菜单中的常用程序列表是固定不变的
    C. 在"开始"菜单的"所有程序"菜单项中用户可以查到系统中安装的所有应用程序
    D. "开始"菜单可以删除

11. Windows 10 系统提供的用户界面是(　　)。
    A. 交互式的问答界面　　　　　　B. 显示器界面
    C. 交互式的字符界面　　　　　　D. 交互式的图形界面

12. 下列关于操作系统的叙述中,不正确的是(　　)。
    A. 管理计算机系统的硬件资源和软件资源
    B. 是用户与计算机的接口
    C. 是安装在计算机底层的软件
    D. PC 只能安装 Windows 操作系统

13. 装有 Windows 10 系统的计算机正常启动后,在屏幕上首先看到的是(　　)。
    A. Windows 10 的桌面　　　　　B. 关闭 Windows 的对话框
    C. 有关帮助的信息　　　　　　　D. 出错信息

14. 在 Windows 10 中,用鼠标左键单击"开始"菜单按钮,可以打开(　　)。
    A. 快捷菜单　　　　　　　　　　B. "开始"菜单
    C. 下拉菜单　　　　　　　　　　D. 对话框

15. 在 Windows 10 中,关于启动应用程序的说法,不正确的是(　　)。
    A. 通过双击桌面上的应用程序快捷图标,可启动该应用程序
    B. 在资源管理器中,双击应用程序名即可运行该应用程序
    C. 只需选中该应用程序图标,然后右击即可启动该应用程序
    D. 从"开始"菜单按钮中打开"所有程序"菜单项,选择应用程序项,即可运行该应用程序

16. 在 Windows 10 中,关于桌面上的图标,正确的说法是(　　)。
    A. 删除桌面上的应用程序的快捷方式图标,并未删除对应的应用程序文件
    B. 删除桌面上的应用程序的快捷方式图标,就是删除对应的应用程序文件
    C. 在桌面上只能建立应用程序快捷方式图标,而不能建立文件夹快捷方式图标

D. 以上都不对

17. 在 Windows 10 中,对桌面背景的设置可以通过( )实现。
   A. 鼠标右键单击"此电脑",选择"属性"命令
   B. 鼠标右键单击"开始"菜单按钮
   C. 鼠标右键单击桌面空白区,选择"个性化"命令
   D. 鼠标右键单击任务栏空白区,选择"属性"命令

18. 在 Windows 中,除了锁定在任务栏的程序图标外,任务栏上的程序按钮区( )。
   A. 只有程序当前窗口的图标   B. 只有已经打开的文件名
   C. 所有已打开窗口的图标   D. 以上说法都错

19. 在 Windows 10 桌面底部的任务栏中,可能出现的图标有( )。
   A. "开始"菜单按钮、打开应用程序窗口的最小化图标按钮、"此电脑"图标
   B. "开始"菜单按钮、锁定在任务栏上资源管理器图标按钮、"此电脑"图标
   C. "开始"菜单按钮、打开应用程序窗口的最小化图标按钮、位于通知区的系统时钟、音量等图标按钮
   D. 以上说法都错

20. 在 Windows 10 中,指定用记事本打开 SN.NO 后,如果用鼠标左键双击资源管理器中以 NO 为扩展名的文件,则 Windows 10 启动( )。
   A. 记事本   B. 写字板   C. Word   D. 画图

21. 下列叙述中,正确的是( )。
   A. "开始"菜单只能用鼠标单击"开始"菜单按钮才能打开
   B. Windows 任务栏的大小是不能改变的
   C. "开始"菜单是系统生成的,用户不能再设置它
   D. Windows 的任务栏可以放在桌面的 4 个边的任意边上

22. 在 Windows 10 资源管理器窗口右部,若已经选定了所有文件,如果要取消几个文件的选定,应进行的操作是( )。
   A. 用鼠标左键单击各个要取消选定的文件
   B. 按住 Ctrl 键,再用鼠标左键依次单击各个要取消选定的文件
   C. 单击各个要取消选定的文件
   D. 用鼠标右键单击各个要取消选定的文件

23. 在 Windows 10 中,用鼠标左键在不同驱动器之间拖曳某一对象,效果是( )。
   A. 移动该对象   B. 复制该对象   C. 删除该对象   D. 无任何效果

24. Windows 10 支持长文件名,一个文件名的最大长度可达( )个字符。
   A. 225   B. 256   C. 255   D. 128

25. 按住( )键配合鼠标可以在资源管理器中选择连续的文件或文件夹。
   A. Shift   B. Ctrl   C. Alt   D. Tab

26. 下列文件名中,( )是非法的 Windows 10 文件名。
   A. This is my file   B. 关于改进服务的报告

C. ＊帮助信息＊ D. student.dbf

27. 在同一时刻,Windows 10中活动窗口可以有(　　)。

　　A. 前台窗口和后台窗口各一个　　　B. 255个

　　C. 任意多个,只要内存足够　　　　　D. 唯一一个

28. 如果不小心删除桌面上的某应用程序图标,那么(　　)。

　　A. 该应用程序再也不能运行

　　B. 再也找不到该应用程序图标

　　C. 还能重新建立该应用程序的快捷方式

　　D. 该应用程序能在回收站中找到

29. 在Windows 10的"此电脑"窗口中,若已选定了文件或文件夹,可以打开"属性"对话框的操作是(　　)。

　　A. 用鼠标右键单击"文件"菜单中的"属性"命令

　　B. 用鼠标右键单击该文件名,然后在弹出的快捷菜单中选择"属性"命令

　　C. 用鼠标右键单击"任务栏"中的空白处,在快捷菜单中选择"属性"命令

　　D. 用鼠标右键单击"查看"菜单中的"工具栏"子菜单下的"属性"图标

30. 控制面板的作用是(　　)。

　　A. 控制所有程序执行　　　　　　　B. 对系统进行有关的设置

　　C. 设置"开始"菜单　　　　　　　　D. 设置硬件接口

31. 在Windows10中,不能打开资源管理器窗口操作的是(　　)。

　　A. 用鼠标右键单击"开始"菜单按钮

　　B. 用鼠标左键单击任务栏空白处

　　C. 用鼠标左键单击"开始"菜单中的"Windows 系统"子菜单下的"文件资源管理器"命令

　　D. 用鼠标双击"此电脑"图标

32. 按组合键(　　)可以打开"开始"菜单。

　　A. Ctrl+O　　　　　　　　　　　　　B. Ctrl+Esc

　　C. Ctrl+空格键　　　　　　　　　　D. Ctrl+Tab

33. 在Windows 10中要删除一个应用程序,可选用的操作方式是(　　)。

　　A. 打开资源管理器窗口,使用鼠标拖曳

　　B. 打开"控制面板"窗口,双击"程序"图标

　　C. 打开MS-DOS窗口,使用DEL命令

　　D. 打开"开始"菜单,选择"运行"命令,在弹出的"运行"对话框中使用DEL命令

34. 在Windows 10中,在全角方式下输入的数字应占用的字节数是(　　)。

　　A. 1　　　　　B. 2　　　　　C. 3　　　　　D. 4

35. Windows 10中的剪贴板是(　　)。

　　A. 硬盘中的一块区域　　　　　　　B. 软盘中的一块区域

　　C. 高速缓存中的一块区域　　　　　D. 内存中的一块区域

36. 在资源管理器的文件夹内容窗口中，如果需要选定多个非连续排列的文件，应按组合键(　　)。
    A. Ctrl+ 单击要选定的文件对象　　　　B. Alt+ 单击要选定的文件对象
    C. Shift+ 单击要选定的文件对象　　　 D. Ctrl+ 双击要选定的文件对象
37. 在 Windows 10 中,右击"开始"菜单按钮,弹出的快捷菜单中有(　　)。
    A. "新建"命令　　　　　　　　　　　B. "搜索"命令
    C. "关闭"命令　　　　　　　　　　　D. "属性"命令
38. 若 Windows 10 的菜单命令后面有省略号(...),就表示系统在执行此菜单命令时需要通过(　　)询问用户,获取更多的信息。
    A. 窗口　　　　　　B. 文件　　　　　　C. 对话框　　　　　　D. 控制面板
39. 在 Windows 10 中,任务栏的作用是(　　)。
    A. 显示系统的所有功能　　　　　　　B. 只显示当前活动窗口名
    C. 只显示后台工作窗口名　　　　　　D. 实现窗口之间的切换
40. 设 Windows 10 桌面上已经有某应用程序的图标,要运行该程序,可以(　　)。
    A. 用鼠标左键单击该图标　　　　　　B. 用鼠标右键单击该图标
    C. 用鼠标左键双击该图标　　　　　　D. 用鼠标右键双击该图标
41. 在 Windows 10 中,下列(　　)是中英文输入切换键。
    A. Ctrl+Alt　　　　B. Shift+ 空格　　　C. Ctrl+ 空格　　　　D. Ctrl+Shift
42. 在使用 Windows 10 时,如果要改变显示器的分辨率,应在桌面空白处单击鼠标右键,在弹出的快捷菜单中选择(　　)命令。
    A. 图形属性　　　　B. 图形选项　　　　C. 显示设置　　　　　D. 个性化
43. Windows 资源管理器中的窗口分隔条(　　)。
    A. 可以移动　　　　B. 不可以移动　　　C. 自动移动　　　　　D. 以上说法都不对
44. 关于快捷方式,以下叙述中不正确的是(　　)。
    A. 快捷方式是指向一个程序或文档的指针
    B. 快捷方式是该对象的本身
    C. 快捷方式指向对象的信息
    D. 快捷方式可以删除、复制和移动
45. 在 Windows 中,下列有关任务栏的描述中正确的是(　　)。
    A. 任务栏的大小不可以改变
    B. 任务栏的位置不可以改变
    C. 任务栏不可以自动隐藏
    D. 单击任务栏的任务按钮可以激活它所代表的应用程序
46. 在 Windows 10 的"画图"程序窗口中,"放大"工具可以(　　)。
    A. 改变被处理图形的绝对尺寸　　　　B. 改变被处理图形的显示比例
    C. 改变程序窗口的大小　　　　　　　D. 前面 3 项都不对
47. 在 Windows 10 中,对话框(　　)。

A. 是特殊的窗口 B. 是系统提供给用户的一种操作向导

C. 有各种各样的形态 D. 前面3项都对

48. 在 Windows 10 中,所谓的文档文件(　　)。

A. 只包括文本文件

B. 只包括 Word 文档

C. 包括文本文件和图形文件

D. 包括文本文件、图形文件、声音文件和 MPEG 文件等

49. 如果 Windows 10 的资源管理器底部没有状态栏,要增加状态栏,应实施的操作是(　　)。

A. 选择"编辑"菜单下的"状态栏"命令

B. 选择"查看"菜单下"文件夹选项"中的"显示状态栏"命令

C. 选择"工具"菜单下的"状态栏"命令

D. 选择"文件"菜单下的"状态栏"命令

50. 启动 Windows 10 后,出现在屏幕的整个区域称为(　　)。

A. 工作区域 B. 桌面

C. 文件管理器 D. 程序管理器

51. 在下列有关 Windows 10 菜单命令的说法中,不正确的是(　　)。

A. 带省略号的命令被执行后会打开一个对话框,要求用户输入信息

B. 命令前有对钩√代表该命令有效

C. 当鼠标指向带有黑色箭头符号▶的命令时,会弹出一个子菜单

D. 用灰色字符显示的菜单命令表示相应的程序被破坏

52. 在 Windows 10 中,选定一个文件夹后,复制应使用的快捷键是(　　)。

A. Ctrl+C B. Ctrl+A C. Ctrl+Q D. Ctrl+X

53. 在 Windows 中将信息传送到剪贴板,不正确的方法是(　　)。

A. 用"复制"命令把选定的对象送到剪贴板

B. 用"剪切"命令把选定的对象送到剪贴板

C. 按 Ctrl+V 键把选定的对象送到剪贴板

D. 按 Alt+PrintScreen 键把当前窗口送到剪贴板

54. 在 Windows 10 中,如果应用程序在运行过程中出现"死机"的现象,为保证系统不受损害,正确的操作是(　　)。

A. 打开"开始"菜单,选择"关机"命令 B. 按 Reset 键

C. 按 Ctrl+Break 键 D. 按 Ctrl+Delete+Alt 键

55. 在 Windows 10 资源管理器中,在按住 Shift 键的同时执行删除某文件的操作,其效果是(　　)。

A. 将文件放入回收站 B. 将文件直接删除

C. 将文件放入上一层文件夹 D. 将文件放入下一层文件夹

56. 对于 Windows 10,下列叙述中正确的是(　　)。

A. Windows 10 的操作只能用鼠标

B. Windows 10 为每个任务自动建立一个显示窗口,其位置和大小不能移动

C. 在不同的磁盘之间不能用鼠标拖曳文件名的方法实现文件的移动

D. Windows 10 打开的多个窗口,既可平铺也可层叠

57. 在 Windows 10 中,要改变屏幕保护程序的设置,应首先双击"控制面板"窗口类别中的( )。

A. "程序"图标
B. "系统和安全"图标
C. "外观和个性化"图标
D. "硬件和声音"图标

58. 当一个文档窗口保存后被关闭,该文档将( )。

A. 保存在外存中
B. 保存在内存中
C. 保存在剪贴板中
D. 既保存在外存中也保存在内存中

59. 在 Windows 10 的回收站中,可以恢复( )。

A. 从硬盘中删除的文件或文件夹
B. 从 U 盘中删除的文件或文件夹
C. 剪切掉的文档
D. 从光盘中删除的文件或文件夹

60. 在某个文档窗口中进行了多次剪切操作,并关闭了该文档窗口后,剪贴板中的内容为( )。

A. 第一次剪切的内容
B. 最后一次剪切的内容
C. 所有剪切的内容
D. 空白

61. 在"此电脑"或资源管理器中,剪切选中的文件或文件夹,以下操作中错误的是( )。

A. 在"编辑"菜单中选择"剪切"命令

B. 用鼠标在快速访问工具栏中单击"复制"图标

C. 在键盘上按 Ctrl+X 键

D. 在选中的文件或文件夹上单击右键,在快捷菜单中选择"剪切"命令

62. 在选定文件或文件夹后,下列的( )操作不能修改文件或文件夹的名称。

A. 在"文件"菜单中选择"重命名"命令,然后输入新文件名再按 Enter 键

B. 按 F2 键,然后输入新文件名再按 Enter 键

C. 用鼠标左键单击文件或文件夹的名称,然后输入新文件名再按 Enter 键

D. 用鼠标右键单击文件或文件夹的图标,然后输入新文件名再按 Enter 键

63. 中文 Windows 10 的"桌面"是指( )。

A. 整个屏幕
B. 某个窗口
C. 全部窗口
D. 活动窗口

64. 下列操作中,能在各种输入法间切换的操作是按( )。

A. Ctrl+Shift 键
B. Ctrl+ 空格键
C. Shift+ 空格键
D. Alt+Shift 键

65. Windows 10 的窗口与对话框的差别是( )。

A. 两者都能改变大小,但对话框不能移动

B. 对话框既不能移动,也不能改变大小

C. 两者都能移动和改变大小

D. 两者都能移动,但对话框不能改变大小

66. Windows 10 操作系统(　　)。
    A. 只能运行一个应用程序　　　　B. 最少同时运行两个应用程序
    C. 最多同时运行两个应用程序　　D. 可以同时运行多个应用程序

67. 下列可以实现在中文状态下输入大写英文字符的方法是(　　)。
    A. 按住 Shift 键的同时输入英文　　B. 按住 Alt 键的同时输入英文
    C. 锁定 CapsLock 键后输入英文　　D. 按住 Ctrl+Alt 键的同时输入英文

68. 图标是 Windows 的一个重要元素,下列有关图标的描述中,错误的是(　　)。
    A. 图标只能代表某个应用程序或应用程序组
    B. 图标可以代表快捷方式
    C. 图标可以代表包括文档在内的任何文件
    D. 图标可以代表文件夹

69. 在 Windows 10 中不能删除文件的操作是(　　)。
    A. 用鼠标右键单击文件名,然后选择"删除"命令
    B. 用鼠标左键单击文件名,然后按 Delete 键
    C. 用鼠标左键单击文件名,然后按 Shift+Delete 键
    D. 用鼠标左键单击文件名,然后按 Alt+Delete 键

70. 在 Windows 10 中,在完成系统安装后通常出现在桌面上的图标是(　　)。
    A. 资源管理器　　B. 计算机　　C. 控制面板　　D. 收件箱

71. 下列创建文件夹的操作中,错误的是(　　)。
    A. 在 MS-DOS 方式下用 MD 命令
    B. 在资源管理器的"文件"菜单中选择"新建"命令
    C. 用"此电脑"确定磁盘或上级文件夹,然后选择"文件"菜单中的"新建"命令
    D. 鼠标右键单击"开始"菜单按钮,选择"运行"命令,再在对话框中输入"MD"

72. 使用 Windows 10 的"开始"菜单可以实现 Windows 10 系统的(　　)。
    A. 主要功能　　　　　　　　　　B. 全部功能
    C. 部分功能　　　　　　　　　　D. 初始化功能

73. 有下面 3 种叙述:
    ① 对于打开的菜单,用鼠标单击其菜单栏名称,则关闭该菜单
    ② Windows 10 鼠标的主键只能是左键,不能切换为右键
    ③ 在 Windows 10 中也可以运行原来在 DOS 开发的应用程序
    下列说法中正确的是(　　)。
    A. ①②错误,③正确　　　　　　B. ①正确,②③错误
    C. ①③正确,②错误　　　　　　D. ①错误,②③正确

74. 在 Windows 10 中可以进行文件和文件夹管理的是(　　)。
    A. "此电脑"和"控制面板"　　　B. 资源管理器和"控制面板"
    C. "此电脑"和资源管理器　　　　D. "控制面板"和"开始"菜单

75. 在 Windows 10 中,用户可以同时打开多个窗口,这些窗口可以堆叠式或并排式排列,要想改变窗口的排列方式,应进行的操作是(　　)。
    A. 用鼠标右键单击桌面空白处,然后在弹出的快捷菜单中选择要排列的方式
    B. 用鼠标右键单击任务栏空白处,然后在弹出的快捷菜单中选择要排列的方式
    C. 先打开"此电脑"窗口,选择"查看"菜单下的"排列图标"命令
    D. 先打开资源管理器窗口,选择"查看"菜单下的"排列图标"命令

76. 在 Windows 10 中,不能用图标表示在桌面上的是(　　)。
    A. 菜单   B. 文件
    C. 程序   D. 文件的快捷方式

77. 在 Windows 10 的窗口中,标题栏右侧的"最大化""最小化""向下还原"和"关闭"按钮不可能同时出现的两个按钮是(　　)。
    A. "最大化"和"最小化"   B. "最小化"和"向下还原"
    C. "最大化"和"向下还原"   D. "最小化"和"关闭"

78. 当一个文件更名后,该文件的内容(　　)。
    A. 完全消失   B. 部分消失   C. 完全不变   D. 部分不变

79. 利用 Windows 10 的"记事本"应用程序可以编辑(　　)。
    A. 汉字、图表、英文   B. 数字、图形、汉字
    C. 图形、图表、文字   D. 英文、汉字、数字

80. 在 Windows 10 中,按 PrintScreen 键,使整个桌面上的内容(　　)。
    A. 打印到打印纸上   B. 打印到指定文件上
    C. 复制到指定文件上   D. 复制到剪贴板上

81. 在 Windows 10 中,为了实现全角和半角字符的切换,应按的键是(　　)。
    A. Shift+空格   B. Ctrl+空格   C. Shift+Ctrl   D. Ctrl+F9

82. 在 Windows 10 中,用于对系统进行设置和控制的程序组是(　　)。
    A. 回收站   B. 资源管理器
    C. 此电脑   D. 控制面板

83. 在 Windows 10 中关于打印管理器的叙述,不正确的是(　　)。
    A. 用户可以随意改变打印队列的顺序,但正在被打印的文件除外
    B. 用户可以随时暂停打印操作,但正在被打印的文件除外
    C. 在没有连接打印机的情况下,用户也可以将文档送入打印队列去排队
    D. 用户可以随时暂停打印操作,也可以随时继续打印操作

84. 在 Windows 10 的资源管理器窗口中,为了查看某个被选择的文件夹所占的磁盘空间大小,应进行的操作是(　　)。
    A. 列出该文件夹中的所有文件,再将各文件的字节数相加
    B. 选择"文件"菜单下的"属性"命令
    C. 打开"控制面板"窗口,双击其中的"系统"图标
    D. 选择"查看"菜单下的"详细资料"命令

85. 在"此电脑"窗口中,删除( )中的文件时不把被删除的文件送入回收站,而是直接删除。

   A. C 盘 B. D 盘
   C. U 盘 D. Windows 安装目录

86. 在 Windows 10 的资源管理器或"此电脑"窗口中,当选定了文件或文件夹后,下列( )操作删除的文件或文件夹不能被恢复。

   A. Delete 键
   B. 用鼠标左键直接将它们拖曳到桌面上的"回收站"图标中
   C. 按 Shift+Delete 键
   D. 用"文件"菜单中的"删除"命令

87. 在 Windows 10 中完成某项操作的共同特点是( )。

   A. 将操作项拖曳到对象处 B. 先选择操作项,后选择对象
   C. 同时选择操作项及对象 D. 先选择操作对象,后选择操作项

88. 在资源管理器中,文件夹树中某个文件夹左边的"▷"表示( )。

   A. 该文件夹中含有文件 B. 该文件夹中含有子文件夹
   C. 该文件夹中一定含有文件和文件夹 D. 该文件夹中含有隐藏属性的文件

89. 在桌面上要移动任何 Windows 10 窗口,可用鼠标指针拖曳该窗口的( )。

   A. 标题栏 B. 边框 C. 滚动条 D. 控制菜单

90. Windows 10 的"回收站"占用的是( )。

   A. 内存中的一块区域 B. 硬盘上的一块区域
   C. 软盘上的一块区域 D. 高速缓存中的一块区域

91. 在 Windows 10 中,欲将整个屏幕内容复制到剪贴板上,应使用( )键。

   A. Shift+PrintScreen B. Ctrl+PrintScreen
   C. Alt+PrintScreen D. PrintScreen

92. Windows 10 中的"画图"应用程序编辑的图片文件可以用( )格式保存。

   A. bmp、mov、gif、wav B. bmp、gif、jpeg、png
   C. avi、wav、gif、png D. png、bmp、gif、wav

93. 在 Windows 10 中,各个应用程序之间交换和共享信息的实现方式是( )。

   A. "此电脑"窗口中的调度 B. 资源管理器的操作
   C. "剪贴板"查看程序 D. 剪贴板

94. 在 Windows 10 环境下,非法的文件名是( )。

   A. <COM B. LPr3 C. LFT4 D. ACD

95. 如果鼠标突然失灵,则可结束一个正在运行的应用程序的组合键是( )。

   A. Alt+F4 B. Ctrl+F4 C. Shift+F4 D. Alt+Shift+F4

96. 操作系统的 5 项基本功能是( )。

   A. 主机管理、外设管理、输入管理、输出管理、设备管理
   B. CPU 管理、磁盘管理、打印机管理、显示器管理、软件管理

C. 作业管理、文件管理、处理器管理、存储管理、设备管理

D. CPU 管理、软盘管理、硬盘管理、CD-ROM 管理、显示器管理

97. 下面是关于 Windows 10 文件名的叙述,错误的是(　　)。

　　A. 文件名中允许使用汉字　　　　　B. 文件名中允许使用空格

　　C. 文件名中允许使用多个圆点分隔符　D. 文件名中允许使用竖线(|)

98. 在 Windows 10 的资源管理器中,为文件和文件夹提供了(　　)种浏览方式。

　　A. 4　　　　　　　　　　　　　　B. 5

　　C. 6　　　　　　　　　　　　　　D. 8

99. 在 Windows 10 环境中,鼠标是重要的输入工具,而键盘(　　)。

　　A. 只能配合鼠标,在输入中起辅助作用(如输入字符)

　　B. 只能在菜单操作中使用,不能在窗口操作中使用

　　C. 根本不起作用

　　D. 也能完成几乎所有操作

100. 在 Windows 10 中,使用软键盘可以快速输入各种特殊符号,为了撤销弹出的软键盘,正确的操作为(　　)。

　　A. 用鼠标左键单击软键盘上的 Esc 键

　　B. 用鼠标右键单击软键盘上的 Esc 键

　　C. 用鼠标右键单击中文输入法状态窗口中的"关闭软键盘"命令

　　D. 用鼠标左键单击中文输入法状态窗口中的"关闭软键盘"命令

101. 在 Windows 10 的"画图"程序窗口中,铅笔工具留下的痕迹,其(　　)。

　　A. 粗细和颜色都是可以调整的　　　B. 粗细和颜色都不可以调整

　　C. 粗细可以调整,颜色不可以调整　D. 粗细不可以调整,颜色可以调整

102. 在 Windows 10 中,下列叙述不正确的是(　　)。

　　A. 窗口主要由边框、标题栏、菜单栏、工作区、状态栏、滚动条等组成

　　B. 单击并拖曳标题栏,可以移动窗口的位置

　　C. 用户可以在屏幕上移动窗口和改变窗口的大小

　　D. 每一个窗口都有工具栏,位于菜单栏的下面

103. 在 Windows 10 中,从功能上看,(　　)。

　　A. "写字板"程序比"记事本"程序强

　　B. "记事本"程序比"写字板"程序强

　　C. "写字板"程序和"记事本"程序各有长处

　　D. "写字板"程序和"记事本"程序完全不同

104. 下面关于文档窗口的叙述中正确的是(　　)。

　　A. 只能打开一个文档窗口

　　B. 可以同时打开多个文档窗口,但其中只有一个是活动的

　　C. 可以同时打开多个文档窗口,被打开的窗口都是活动的

　　D. 可以同时打开多个文档窗口,但在屏幕上只能见到一个文档窗口

105. 在 Windows 10 中,对同时打开的多个窗口进行层叠式排列,这些窗口的显著特点是( )。
    A. 每个窗口的内容全部可见   B. 每个窗口的标题栏全部可见
    C. 部分窗口的标题栏不可见   D. 每个窗口的标题栏部分可见

106. 关于 Windows 10 的文件组织结构,下列说法中错误的是( )。
    A. 每个子文件夹都有一个父文件夹
    B. 不同文件夹下的子文件夹不能重名
    C. 每个文件夹都可以包含若干子文件夹和文件
    D. 同一文件夹下的子文件夹不能重名

107. 下列关于 Windows 10 窗口的叙述中,错误的是( )。
    A. 窗口是应用程序运行后的工作区   B. 同时打开的多个窗口可以重叠排列
    C. 窗口的位置和大小都可以改变   D. 窗口的位置可以移动,但大小不能改变

108. 下列关于 Windows 10 对话框的描述中,错误的是( )。
    A. 对话框可以由用户选中菜单中带有省略号的选项后弹出
    B. 对话框是由系统提供给用户输入信息或选择某项内容的矩形框
    C. 对话框的大小是可以调整改变的
    D. 对话框是可以在屏幕上移动的

109. 在 Windows 10 环境中,屏幕上可以同时打开若干个窗口,但是其中只能有一个是当前活动窗口。指定当前活动窗口的方法是( )。
    A. 把其他窗口都关闭,只留下一个窗口,即成为当前活动窗口
    B. 按 Tab 键
    C. 用鼠标指向该窗口
    D. 用鼠标在该窗口内任意位置上单击

110. 在 Windows 10 中,在不同的应用程序之间切换的快捷键是( )。
    A. Ctrl+Tab   B. Alt+Tab   C. Shift+Tab   D. Ctrl+Break

参考答案

第 3 章
Word 文字处理

3.1 实 验 指 导

实验一　文档建立及基本操作

一、实验目的

1. 熟悉 Word 2016 窗口的基本组成。
2. 掌握建立文档的方法。
3. 掌握文档的基本编辑方法。
4. 掌握文字格式的设置方法。
5. 掌握段落格式的设置方法。

二、实验内容

1. 新建立一个空白文档,输入以下内容,将文档保存到桌面上以"学号 + 姓名"命名的文件夹中,命名为"体育运动 .docx"。

> **大学生与体育运动**
>
> 　　大学生受益于体育运动,与国家重视体育、大力发展体育教育密不可分。2020 年中共中央办公厅、国务院办公厅印发《关于全面加强和改进新时代学校体育工作的意见》,强调学校体育是实现立德树人根本任务、提升学生综合素质的基础性工程,是加快推进教育现代化、建设教育强国和体育强国的重要工作。"建设体育强国"也写入"十四五"规划纲要。
>
> 　　近日,中国青年报社中青校媒面向全国 1 000 名大学生发起问卷调查,结果显示,92.97% 受访大学生认为体育运动是重要的,其中 48.25% 认为参与运动非常重要。81.02% 受访者认为运动带来的收获是增强体质,66.18% 期待通过运动控制体重,58.15% 会通过运动休闲放松、缓解压力。

2. 将标题段文字("大学生与体育运动")设置为三号、楷体、加粗、居中,将正文文字设置为小四号、宋体。

3. 将文中"运动"替换为"sport"。

4. 设置各段落左、右各缩进 1.2 厘米[①],首行缩进 0.8 厘米,段后间距 12 磅,行距 1.5 倍。将标题段的段后间距设置为 16 磅。

三、预备知识

(一) Word 2016 窗口的组成

Word 2016 窗口如图 3.1 所示。

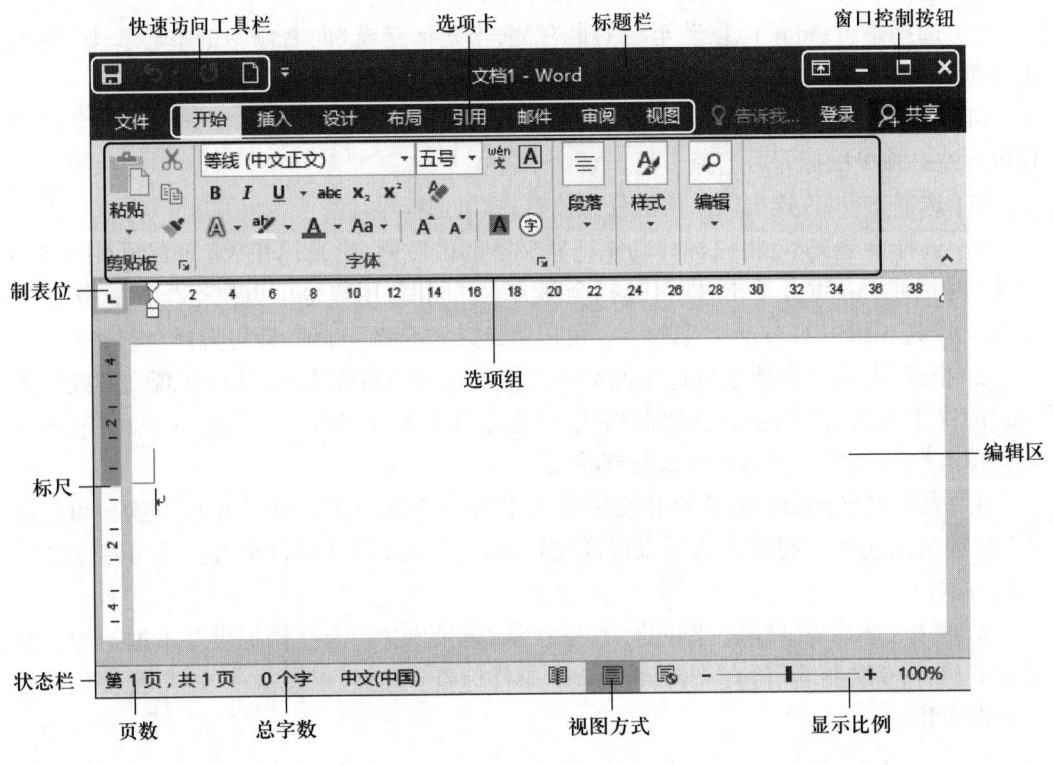

图 3.1 Word 2016 窗口

该窗口由标题栏、功能区、编辑区、状态栏等部分组成。

1. 标题栏:位于窗口的最上方,由 Word 图标、快速访问工具栏、当前文档名称、窗口控制按钮组成。

2. 功能区:包含"文件"菜单及其后各选项卡和相应选项组,位于标题栏的下方,相当于旧版本中的各项菜单。通过选项卡与选项组来展示各级命令,用户可以通过双击选项卡的方法展开或隐藏选项组。

---

① 为与软件界面一致,相关章节采用"厘米""磅"等描述。

3. 编辑区:位于窗口的中间位置,可以进行输入文本、插入表格、插入图片等操作,并对文档内容进行删除、移动、设置格式等编辑操作。编辑区分为制表位、滚动条、标尺与文档编辑区 4 个部分。

4. 状态栏:位于窗口的最底端,主要用来显示文档的页数、字数、视图与显示比例。

(二) Word 2016 的基本概念

1. 文本的选定:编辑文档时,首先要利用键盘或鼠标选择文本,然后再对选定的文本进行各种编辑操作。使用鼠标选择文本是最常用的操作方法,主要是通过拖曳或单击鼠标的方法来选择任意文本、单词、整行、整篇文本。

(1) 选择任意文本:移动鼠标至文本的开始点,再拖曳鼠标即可选择任意文本。

(2) 选择单词:双击单词的任意位置,即可选择单词。

(3) 选择整行:将鼠标移动至行的最左侧,当光标变成"向右倾斜的空心箭头"时单击即可选择整行。

(4) 选择多行:将鼠标移动至行的最左侧,当光标变成"向右倾斜的空心箭头"时按住鼠标左键拖曳鼠标即可选择多行。

(5) 选择整段:三连击段落中的任意位置,即可选择整段。

(6) 选择全部文本:将鼠标移动至任意文本的最左侧,当光标变成"向右倾斜的空心箭头"时按住 Ctrl 键并单击,即可选择全部文本。同时,用户也可以执行"开始"选项卡下"编辑"选项组中的"选择"项的下三角按钮,选择"全选"选项,即可选择全部文本。

2. 格式刷:可以方便地将选定源文本的格式复制给目标文本,从而实现文本或段落格式的快速格式化。要想多次复制格式,可选定源文本并双击"格式刷"工具,复制多次后再单击"格式刷"工具取消格式复制状态。

3. 样式:是已经命名的字符和段落格式,供用户直接引用,通过"开始"选项卡的"样式"选项组来实现。利用样式可以提高文档排版的一致性。通过更改样式可建立个性化的样式。

4. 模板:是系统已经设计好的、扩展名为 dotx 的文档,为文档提供基本框架和一整套样式组合,例如报告、传真、出版物、信函、邮件标签、备忘录以及 Web 文档等,在创建新文档时套用。

四、实验步骤

1. 新建立一个空白文档,输入相关内容,将文档保存到桌面中相应文件夹下,命名为"体育运动.docx"。

【提示】

启动 Word 2016,应用程序会同时新建一个空白文档,在文档的编辑区中输入内容,再单击快速访问工具栏上的"保存"按钮或选择"文件"菜单下的"保存"(对于新建文档)或"另存为"(对于已保存过的文档)选项,即可弹出如图 3.2 所示的"另存为"对话框,在对话框中选择保存位置与保存类型,在"文件名"中输入"体育运动"即可。

2. 将标题段文字("大学生与体育运动")设置为三号、楷体、加粗、居中,将正文文字

图 3.2 "另存为"对话框

设置为小四号、宋体。

【提示】

在编辑文档时,往往需要根据文档的性质设置文本的字体格式。

方法一:用户可以在"开始"选项卡中的"字体"选项组中设置文本的字体、字形、字号与效果等格式。

方法二:单击"字体"选项组区域右下角的"字体设置"按钮,弹出如图 3.3 所示的"字体"对话框。在对话框中,不仅可以设置字体、字形与字号,还可以在"所有文字"与"效果"选项组中设置字体的效果。

在"所有文字"选项组中,可以设置文字颜色、下画线线型、下画线颜色与着重号 4 种格式。

在"效果"选项组中,可以设置文字的删除线、阴影、空心等效果。

3. 将文中"运动"替换为"sport"。

【提示】

使用 Word 2016 中的"查找与替换"功能,可以查找和替换文档中的文本、格式、段落标记、分页符和其他项目,还可以使用通配符和代码扩展搜索。

单击"开始"选项卡,在"编辑"选项组中单击"替换"选项,可弹出如图 3.4 所示的"查找和替换"对话框。

"查找"选项卡用于快速搜索文档中的内容,在"查找内容"框中输入要查找的内容,再单击"查找下一处"按钮即可。

"替换"选项卡用于快速替换文档中文本、格式等信息,在"查找内容"与"替换为"框

图 3.3 "字体"对话框

图 3.4 "查找和替换"对话框

中分别输入查找文本与替换文本,单击"替换"或"全部替换"按钮即可。

在"搜索选项"中可以设置查找条件、搜索范围等内容。在"搜索"下拉列表中的三个选项是用于设置搜索范围:

(1) "向上":从光标处搜索到文档的开头;

(2) "向下":从光标处搜索到文档的结尾;

(3) "全部":搜索整篇文档。

若要替换文本的格式,除了在"查找内容"和"替换为"框中输入查找内容和替换内容外,还要在保证插入点在替换内容文本框中的前提下,单击"格式"按钮进行各项格式设置。

4. 设置各段落左、右各缩进1.2厘米,首行缩进0.8厘米,段后间距12磅,行距1.5倍。将标题段的段后间距设置为16磅。

【提示】

段落格式是指以段落为单位,设置段落的对齐方式、段间距、行距与段落符号及编号。

方法一:用户可以利用"开始"选项卡"段落"选项组来设置段落的对齐方式、行间距与段落符号及编号。

方法二:单击"开始"选项卡下"段落"选项组右下角的"段落设置"按钮,弹出如图3.5所示的对话框。在"段落"对话框中,可以设置对齐方式、大纲级别、缩进量、特殊格式、段间距和行距。

段落缩进有以下两种设置方法。

(1) 标尺法:在水平标尺上拖动左侧上方滑块,可进行"首行缩进"设置;拖曳左侧下方滑块,可进行"悬挂缩进"设置;同时拖曳左侧上下滑块,可进行"左缩进"设置;拖曳右侧滑块,可进行"右缩进"设置。首行缩进表示只缩进段落中的第一行,悬挂缩进表示缩进除第一行之外的其他行,左缩进表示将段落整体向右缩进一定的距离,右缩进表示将段落整体向左缩进一定的距离。

(2) "段落"对话框:在对话框中的"缩进"选项组的"特殊格式"的下拉列表中按要求设置首行缩进和悬挂缩进,在"左侧"与"右侧"微调框中设置缩进值。当用户选中"对称缩进"复选框时,"左侧"与"右侧"

图3.5 "段落"对话框

微调框将变为"内侧"与"外侧"微调框,两者的作用类似。

五、样张

本实验样张效果见图3.6。

大学生与体育 sport

　　大学生受益于体育 sport,与国家重视体育、大力发展体育教育密不可分。2020年中共中央办公厅、国务院办公厅印发《关于全面加强和改进新时代学校体育工作的意见》,强调学校体育是实现立德树人根本任务、提升学生综合素质的基础性工程,是加快推进教育现代化、建设教育强国和体育强国的重要工作。"建设体育强国"也写入"十四五"规划纲要。

　　近日,中国青年报社中青校媒面向全国1000名大学生发起问卷调查,结果显示,92.97%受访大学生认为体育 sport 是重要的,其中48.25%认为参与 sport 非常重要。81.02%受访者认为 sport 带来的收获是增强体质,66.18%期待通过 sport 控制体重,58.15%会通过 sport 休闲放松、缓解压力。

图3.6　实验一样张

实验二　设置版式与背景

一、实验目的

1. 掌握边框与底纹的设置方法。
2. 掌握首字下沉的设置方法。
3. 掌握文档背景的设置方法。

二、实验内容

1. 打开文档"体育运动.docx"。
2. 将标题文字加边框,设置黄色底纹。
3. 对第一段设置首字下沉,要求:下沉4行,楷体,距正文0.8厘米。
4. 将文档背景设置为"白色大理石"纹理。

三、预备知识

Word 2016默认的背景色是白色,用户可以根据需要设置纯色背景、填充背景或水印背景。

（一）设置纯色背景

单击"设计"选项卡下"页面背景"选项组中的"页面颜色"选项，在弹出的下拉列表中选择某一纯色背景颜色，来设置文档的背景。还可以选择"其他颜色"选项，在弹出的"颜色"对话框的"自定义"选项卡中，用户可以设置 RGB 和 HSL 颜色模式。

1. RGB 颜色模式：主要基于红色、蓝色与绿色 3 种颜色，利用混合原理组合新的颜色。在"颜色模式"下拉列表中选择"RGB"选项后，在"红色""绿色"与"蓝色"微调框中设置颜色值即可。

2. HSL 颜色模式：主要基于色调、饱和度与亮度 3 种效果来调整颜色。在"颜色模式"下拉列表中选择"HSL"选项后，在"色调""饱和度"与"亮度"微调框中设置数值即可。各数值的取值范围为 0~255。

（二）设置填充背景

单击"页面背景"选项组中的"页面颜色"选项，再选择"填充效果"选项，弹出如图 3.7 所示的"填充效果"对话框，在对话框中可设置渐变、纹理、图案与图片 4 种效果，使文档更加美观。

1. 渐变：是一种颜色向一种或多种颜色过渡的填充效果。在"填充效果"对话框中的"渐变"选项卡中的"颜色"选项组中可以设置单色填充、双色填充或预设填充效果。在"底纹样式"选项组中可以设置颜色渐变的样式，包含水平、垂直、中心辐射等。

2. 纹理："纹理"选项卡为用户提供了大理石、布纹、纸袋、画布等 24 种纹理图案。

3. 图案：是由点、线或图形组合而成的一种填充效果。Word 2016 为用户提供了 48 种图案填充效果。用户在"图案"框中选择某种图案后，可以单击"前景"与"背景"下三角按钮来设置图案的前景与背景颜色。其中，前景表示图案的颜色，背景则表示图案下方的背景颜色。

4. 图片：将图片以填充的效果显示在文档背景中。

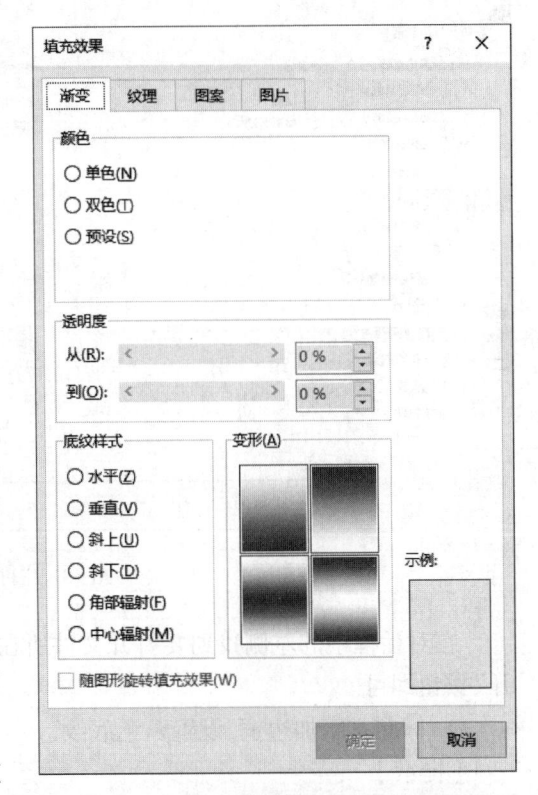

图 3.7 "填充效果"对话框

（三）设置水印背景

水印是位于文档背景中的一种文本或图片。添加水印后，用户可以在页面视图、全屏阅读视图下或在打印的文档中看见水印。

单击"设计"选项卡下"页面背景"选项组中的"水印"选项，可以通过系统预设样式或自定义样式的方法来设置水印效果。

1. 系统预设样式：Word 2016 中已经预设了机密、紧急与免责声明 3 种类型共 12 种水印样式，用户可以根据文档内容设置不同的水印效果。

2. 自定义样式：选择"自定义水印"选项将弹出"水印"对话框，可以设置无水印、图片水印与文字水印 3 种水印效果。

四、实验步骤

1. 打开文档"体育运动 .docx"。

【提示】

单击快速访问工具栏上的"打开"按钮或单击"文件"菜单项下的"打开"选项，会弹出如图 3.8 所示的"打开"对话框。

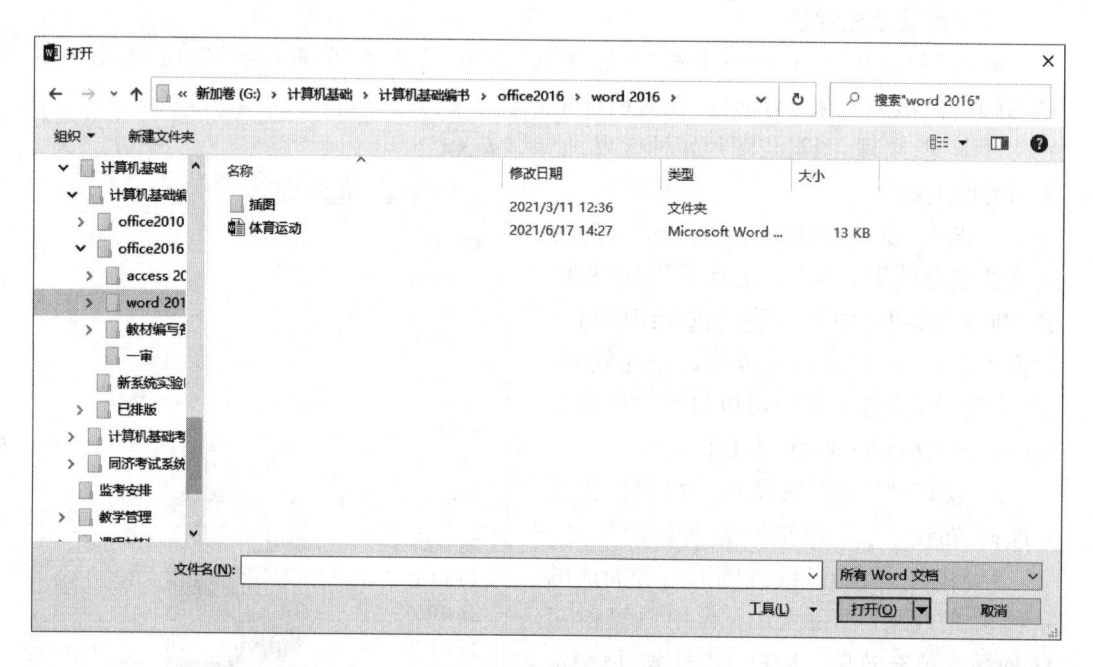

图 3.8 "打开"对话框

在对话框中的左侧找到要打开文件所在的文件夹，在右侧选定相应文件名，单击"打开"按钮即可。

2. 标题文字加边框，设置黄色底纹。

【提示】

选中标题文字，用以下两种方法中的任何一种即可设置边框和底纹。

方法一：单击"开始"选项卡，在"段落"选项组中单击"边框"旁边的下拉按钮，在打开的下拉列表中选择"外侧框线"选项，即可设置文字边框。单击"底纹"旁边的下拉按钮，在打开的下拉列表中选择相应的颜色，即可为文字设置底纹。

方法二：单击"开始"选项卡，在"段落"选项组中单击"边框"旁边的下拉按钮，在打开的下拉列表中选择"边框和底纹"选项,弹出如图 3.9 所示的"边框和底纹"对话框,在"边框"选项卡中选择相应的框线样式,在"底纹"选项卡中选择相应的颜色即可为标题设置边框和底纹。

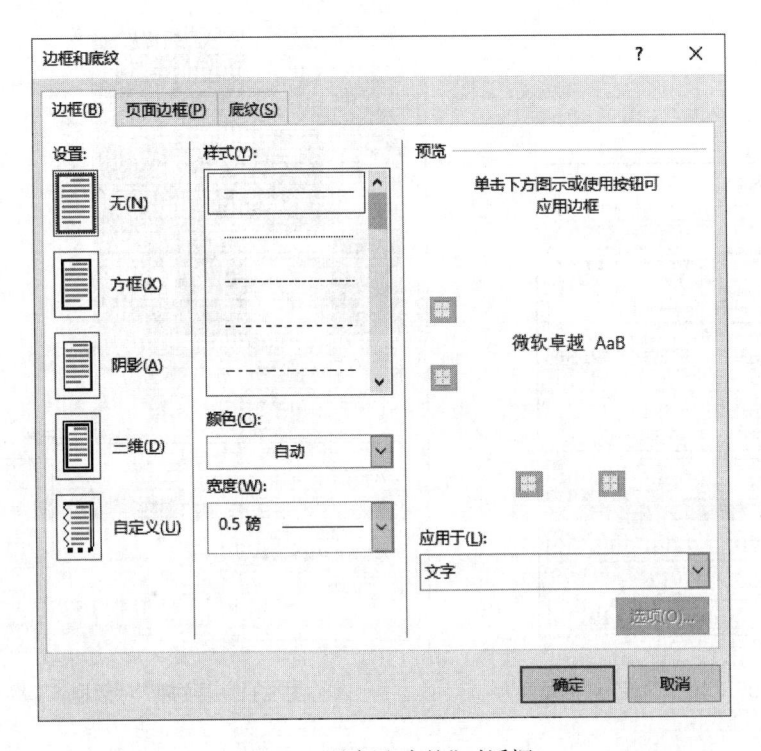

图 3.9 "边框和底纹"对话框

3. 对第一段设置首字下沉,要求:下沉 4 行,楷体,距正文 0.8 厘米。

【提示】

将光标放在要设置首字下沉的段落中,单击"插入"选项卡下"文本"选项组中的"首字下沉"选项,在打开的下拉列表中选择"下沉"选项,则可依据程序默认的参数设置首字下沉。若要更改参数,可选择"首字下沉选项",打开如图 3.10 所示的"首字下沉"对话框。

在"首字下沉"对话框中的"字体"框中选择要设置的字体,在"下沉行数"微调框中输入首字要下沉的行数,在"距正文"微调框中输入首字离正文的距离。

4. 将文档背景设置为"白色大理石"纹理。

【提示】

在"设计"选项卡下,选择"页面背景"选项组中的"页面颜色"选项,再选择"填充效果",弹出如图 3.11 所示的"填充效果"对话框,在对话框中单击"纹理"选项卡,选择"白色大理石"图案。

五、样张

本实验样张效果见图 3.12。

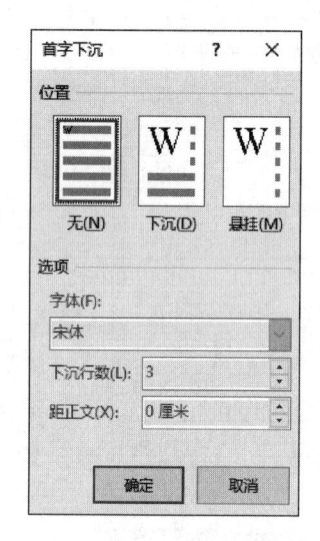

图 3.10 "首字下沉"对话框

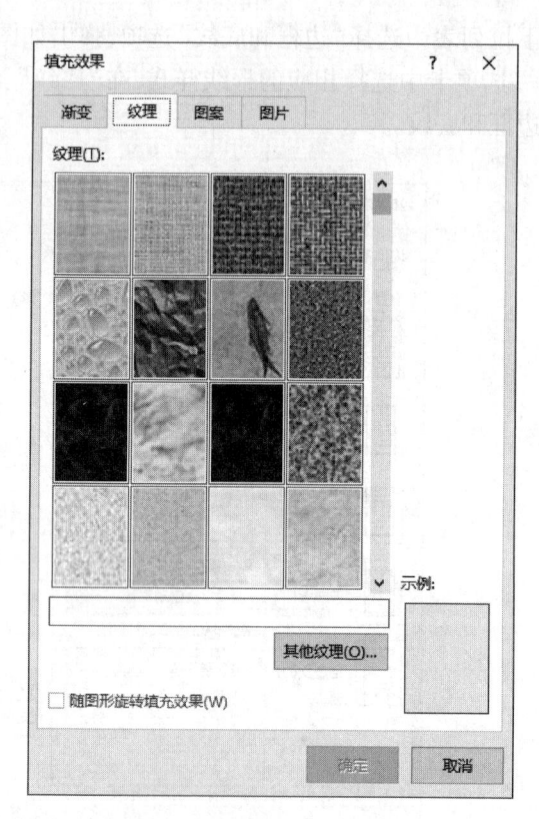

图 3.11 "纹理"对话框

图 3.12 实验二样张

实验三　格式的编排

一、实验目的

1. 掌握文档分栏的设置方法。
2. 掌握页眉和页脚的设置方法。
3. 掌握页面的设置方法。
4. 掌握项目符号和编号的设置方法。

二、实验内容

1. 打开文档"体育运动.docx"。
2. 将文档的第二段落设置为两栏,栏间距设为 3 厘米,设分隔线。
3. 在文档的页眉处输入"计算机文化基础",居中排列;在页脚的中间插入页码。
4. 设置页面为:纸张大小为 A4,上、下边距为 2 厘米,左边距为 2.5 厘米,右边距为 2 厘米。
5. 在文档的第二段后插入下列文字,将第二行至第五行设置为项目符号。

计算机的分类:
高性能计算机
微型计算机(个人计算机)
工作站
服务器
嵌入式计算机

三、预备知识

(一)页眉与页脚

页眉与页脚分别位于页面的顶部与底部,可以设置文档页码、日期、公司名称、作者姓名、公司徽标等内容。

Word 2016 为用户提供了空白、边线型、传统型、年刊型、条纹型、现代型等 20 多种页眉和页脚样式。

一)插入页眉与页脚

单击"插入"选项卡下"页眉和页脚"选项组中的"页眉"选项,在下拉列表中选择合适的选项即可为文档插入页眉。同样,单击"页脚"选项,在下拉列表中选择合适的选项即可为文档插入页脚。单击"页码"命令,在下拉列表中选择合适的页码格式。

二)编辑页眉与页脚

插入页眉与页脚之后,用户还可以根据实际情况自定义页眉与页脚,即更改页眉与页脚的样式、更改显示内容及删除页眉与页脚。

1. 更改样式：与插入的操作一致，可以在"插入"选项卡中单击"页眉和页脚"选项组中的"页眉"或"页脚"选项，在列表中选择需要更改的样式即可。

2. 更改显示内容：选择"插入"选项卡下"页眉与页脚"选项中的"页眉"选项，再选择"编辑页眉"，即可更改页眉内容。同样，在"页脚"选项中选择"编辑页脚"即可更改页脚内容。

3. 删除页眉与页脚：选择"插入"选项卡下"页眉与页脚"选项组中的"页眉"选项，再选择"删除页眉"，即可删除页眉。同样，单击"页脚"选项中的"删除页脚"即可删除页脚。

（二）页面设置

页面设置是指在文档打印之前，对文档进行页面版式、页边距、文档网格等格式的设置。有两种方法进行设置。

方法一：在"布局"选项卡下"页面设置"选项组中，对页边距、纸张大小等进行相应的设置。

方法二：用"页面设置"对话框设置。单击"布局"选项卡下"页面设置"选项组区域右下角的"页面设置"按钮，弹出如图3.13所示的"页面设置"对话框。

一）"页边距"选项卡

页边距是文档中页面边缘与正文之间的距离。在此选项卡中可以设置上、下、左、右页边距的数值，若打印后的文档要进行装订，还要设置装订线的位置与装订线距离页边距的距离。

Word 2016默认的纸张方向为纵向，用户可以单击"横向"按钮更改方向。

页码范围用于设置页码的范围格式，主要包括普通、对称页边距、拼页、书籍折页与反向书籍折页等范围格式，单击"多页"旁的下三角按钮，即可选择相应的页码范围。

"应用于"下拉列表用于确定页面设置参数所应用的对象，主要包括整篇文档、本节、插入点之后3种对象，但在书籍折页与反向书籍折页页码范围下，该选项将不可用。

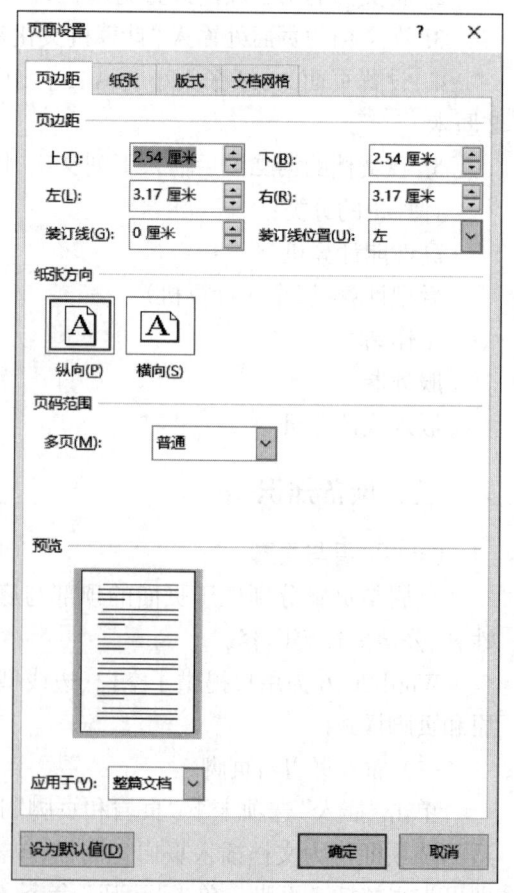

图 3.13 "页面设置"对话框

二）"纸张"选项卡

"纸张"选项卡主要用于设置纸张大小和纸张来源。

纸张大小可以设置为 A4、A3、B5 等纸张类型，还可以同时设置纸张的宽度值与高度值。

纸张来源主要用于设置"首页"与"其他页"纸张来源。

三）"版式"选项卡

在"版式"选项卡中，可设置节的起始位置、页眉和页脚、对齐方式等格式。

四）"文档网格"选项卡

"文档网格"选项卡用于设置文档中文字的排列行数、排列方向、每行的字符数及行与字符之间的跨度值等格式。

四、实验步骤

1. 打开文档"体育运动 .docx"。
2. 将文档的第二段落设置为两栏，栏间距设为 3 厘米，设分隔线。

【提示】

设置分栏可调整文档的布局，使文档排版格式更灵活。Word 2016 对文档设置分栏有两种方法。

方法一：使用默认选项。

选定要设置分栏的内容，单击"布局"选项卡下"页面设置"选项组中的"分栏"选项，在下拉列表中选择"一栏""两栏""三栏""偏左"或"偏右"。

方法二：使用对话框设置分栏。

单击"页面设置"选项中的"分栏"选项下"更多分栏"，弹出如图 3.14 所示的"分栏"对话框。在对话框中可以设置栏数、分隔线、栏宽和分栏范围。

3. 在文档的页眉处输入"计算机文化基础"，居中排列；在页脚的中间插入页码。

【提示】

单击"插入"选项卡下"页眉和页脚"选项组中的"页眉"选项，在下拉列表中选择"空白"选项，输入"计算机文化基础"。

单击"页码"选项，在下拉列表中选择"页面底端"中的"普通数字 2"选项，即可在文档页脚的中部插入页码。

4. 设置页面为：纸张大小为 A4，上、下边距为 2 厘米，左边距为 2.5 厘米，右边距为 2 厘米。

【提示】

单击"布局"选项卡下"页面设置"选项组中的"页边距"选项，在下拉列表中选择"自定义边距"，弹出"页面设置"对话框，在

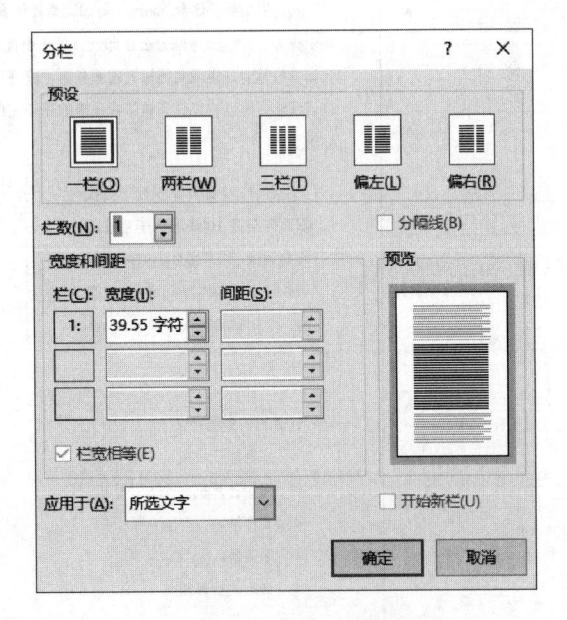

图 3.14 "分栏"对话框

"页边距"选项卡中的上、下、左、右边距中分别按要求设置,再单击"纸张"选项卡,在下拉列表中选择"A4"即可。

5. 在文档的第二段后插入下列文字,将第二行至第五行设置为项目符号。

计算机的分类:
高性能计算机
微型计算机(个人计算机)
工作站
服务器
嵌入式计算机

【提示】

选定要设置项目符号的内容,单击"开始"选项卡下"段落"选项组中的"项目符号",在下拉列表中选择一种选项即可设置项目符号,或者选择"定义新项目符号"选项,在弹出的对话框中设置项目符号字符与对齐方式。

五、样张

本实验样张效果见图 3.15。

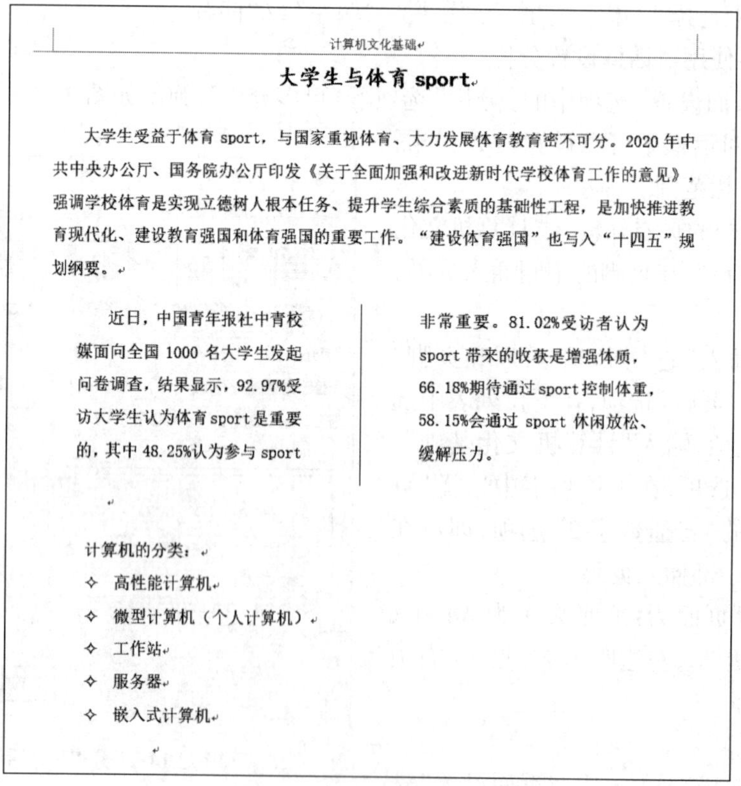

图 3.15　实验三样张

实验四 表 格

一、实验目的

1. 掌握表格的基本操作方法。
2. 掌握表格格式的设置方法。
3. 掌握表格数据的处理方法。

二、实验内容

1. 新建一空白文档,插入一个 7 列 6 行的表格,以文件名"表格.docx"保存到"学号+姓名"文件夹中。

2. 合并第一行和第二行的第一个和第二个共 4 个单元格。合并第一行的第 3、4、5、6 共 4 个单元格,合并第一列的第 3、4、5、6 共 4 个单元格。

3. 调整表格的大小:将第一行高度调整为 1.6 厘米,其他几行高度调整为 0.8 厘米,第一列列宽调整为 3 厘米。

4. 在第一个单元格中绘制一斜线表头。

5. 设置表格的外框线为 1.5 磅双实线的框线,内框线为 0.75 磅的单实线。

6. 在文档中输入如下文字:

系别,1 系,2 系,3 系,4 系,合计
奖学金,5520,5400,5280,5160
学生数,600,550,500,450
生均值

将上述的文本转换为表格,对转换之后的表格分别用公式计算"合计"和"生均值"两项。

三、预备知识

(一)创建表格

在 Word 2016 中创建表格,可采用插入表格、绘制表格、表格模板创建和插入 Excel 表格等多种方法。

一)"表格"菜单法

将光标定位在需要插入表格的位置,单击"插入"选项卡下"表格"选项。在"插入表格"下直接选择需要插入表格的行数和列数,单击即可。

二)"插入表格"命令法

单击"插入"选项卡下"表格"选项下的"插入表格",弹出如图 3.16 所示的"插入表格"对话框。在对话框中设置"表格尺寸"与"'自动调整'操作"选项即可。

三）插入 Excel 表格

单击"插入"选项卡下"表格"选项中的"Excel 电子表格",即可在文档中插入一个 Excel 表格。

四）使用表格模板

Word 2016 为用户提供了表格式列表、带副标题 1、日历 1 和双表等 9 种表格模板,为了直观地显示模板效果,在每个表格模板中都自带了表格数据。

单击"表格"选项卡下"快速表格"选项,在弹出的下拉列表中选择相应的表格样式即可。

五）绘制表格

Word 2016 还为用户提供了运用铅笔工具手动绘制不规则表格的方法。

单击"插入"选项卡下"表格"选项中的"绘制表格",当光标变成铅笔形状时,拖曳鼠标绘制表格。

拖曳鼠标绘制虚线框后,松开左键即可绘制表格的矩形边框,从矩形边框的左边界开始拖曳鼠标,当表格边框内出现水平虚线后松开鼠标,即可绘制出表格的一条横线,按此方法可绘制出所需的表格。

表格创建好后,会出现"表格工具"功能区,包含"设计"和"布局"两个选项卡,用于对表格进行编辑。

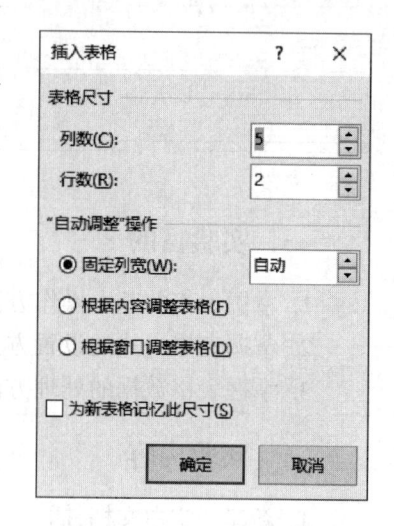

图 3.16 "插入表格"对话框

（二）表格的编辑

在对表格进行操作之前,需要先选中相应的单元格或行或列,方法如下。

1. 选择当前单元格:将光标移动到单元格左边界附近,当光标变成向右倾斜的黑色实心箭头时单击即可。

2. 选择后(前)一个单元格:按 Tab 或 Shift+Tab 键,可选择插入符所在的单元格后面或前面的单元格。

3. 选择一整行:移动光标到该行左边界的外侧,当光标变成空心箭头时单击即可。

4. 选择一整列:移动光标到该列的顶端,当光标变成黑色的向下箭头时单击即可。

5. 选择多个单元格:单击要选择的第一个单元格,按住 Ctrl 键的同时单击需要选择的所有单元格即可。

6. 选择整个表格:单击表格左上角的按钮即可。

调整行高和列宽,有以下两种方法。

方法一:使用鼠标调整。

（1）移动光标到行高或列宽的边框线上,当光标变成"双线带双向箭头"形状时,拖曳鼠标即可调整行高与列宽。

（2）将光标移到"水平标尺"栏或"垂直标尺"栏上,拖曳标尺栏中的"调整表格行"或"移动表格列"滑块,可调整表格的行高或列宽。

方法二:使用"表格属性"对话框调整。

选择需要调整的行,单击"布局"选项卡下"表"选项组中的"属性",弹出如图3.17所示的"表格属性"对话框。

在"表格属性"对话框中选择"行"选项卡,调整"尺寸"与"选项"即可。单击"上一行"与"下一行"按钮,可以快速地选择上一行与下一行单元格,然后进行调整即可。

选择需要调整的列,选择"列"选项卡,调整"字号"等选项即可。单击"前一列"与"后一列"按钮,可以快速地选择前一列与后一列单元格,然后进行调整即可。

选择"单元格"选项卡,可以设置指定的或光标所在的单元格的宽度,以及单元格内文字的垂直对齐方式。

选择"表格"选项卡,可以设置整个表格的宽度、水平对齐方式和文字环绕效果。

(三)表格的合并与拆分

表格插入后,可以通过合并与拆分单元格与表格,更改表格内行列的设置。

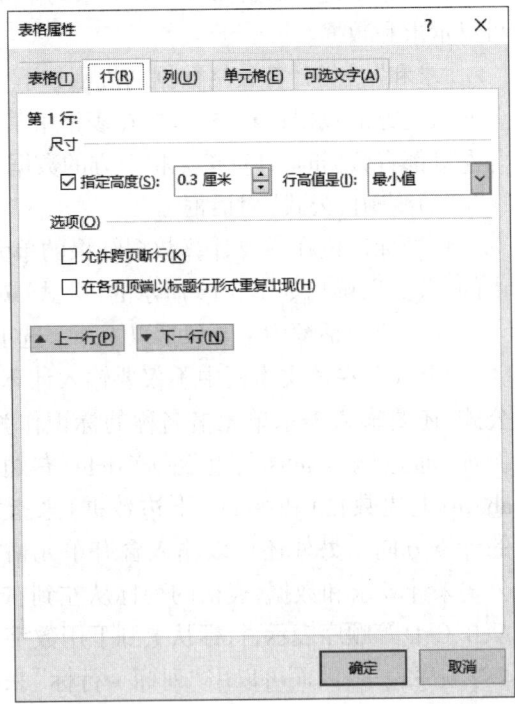

图3.17 "表格属性"对话框

一)合并单元格

选择需要合并的单元格区域,单击"布局"选项卡下"合并"选项组中的"合并单元格",即可将所选单元格区域合并为一个单元格。

二)拆分单元格

选择需要拆分的单元格,单击"布局"选项卡下"合并"选项组中的"拆分单元格",弹出如图3.18所示的"拆分单元格"对话框,在对话框中设置拆分的行数和列数即可。若选中对话框中的"拆分前合并单元格"复选框,可在拆分单元格之前先合并该单元格区域。

三)拆分表格

拆分表格是指将一个表格从指定的位置拆分成两个或多个表格。将光标定位在需要拆分的表格位置,单击"布局"选项卡下"合并"选项组中的"拆分表格"即可。

(四)表格中的数据计算

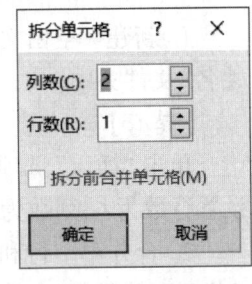

图3.18 "拆分单元格"对话框

在 Word 2016 文档的表格中,用户可以运用"求和"按钮与"公式"对话框对数据进行加、减、乘、除、求总和等运算。

一)使用"求和"按钮

在使用"求和"按钮之前,需要在快速访问工具栏中添加该按钮。单击"文件"菜单中的"选项",选择"快速访问工具栏"选项卡,将"从下列位置选择命令"设置为"所有命令",在其列表框中选择"求和"选项,单击"添加"按钮。

在表格中选择需要插入求和结果的单元格,单击快速访问工具栏中的"求和"按钮即可显示求和数据。

"求和"按钮计算表格数据的规则如下。当光标定位在表格中某一列的底端时,计算单元格上方的数据;当光标定位在表格中某一行的右侧时,计算单元格左侧的数据;上方与左侧都有数据时,计算单元格上方的数据。

二)使用"公式"对话框

将光标定位在需要计算数据结果的单元格上,单击"布局"选项卡下"数据"选项组中的"公式",弹出如图 3.19 所示的"公式"对话框。

"公式"对话框中主要包括以下 3 个选项。

"公式":在该文本框中不仅要输入计算数据的公式,还要输入表示单元格名称的标识作为参数。例如,通过输入 left(左边数据)、right(右边数据)、above(上边数据)和 below(下边数据)来指定数据的计算方向。另外还可以输入含有单元格标识的公式来计算求和数据,表格的列标从左到右用字母 A、B、C、D 等顺序表示,行标从上到下用数字 1、2、3、4 等顺序表示,因而可以用"列标 + 行标"来标识单元格,如 A1 表示每一行的第一个单元格。

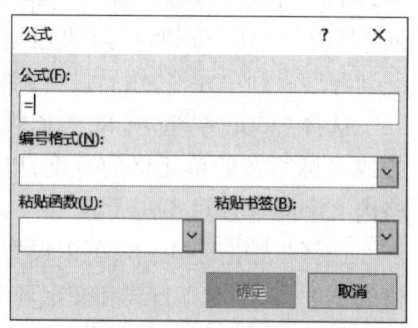

图 3.19 "公式"对话框

"编号格式":用于设置计算结果内容中的格式,单击右侧下三角按钮就可以选定所需的格式。

"粘贴函数":用于设置要进行计算的常用的简单的函数,单击右侧下三角按钮选择即可。

四、实验步骤

1. 新建一空白文档,插入一个 7 列 6 行的表格,以文件名"表格.docx"保存在"学号 + 姓名"文件夹中。

【提示】

单击"插入"选项卡下"表格"选项中的"插入表格",在弹出的"插入表格"对话框中设置行数为 6,列数为 7。

2. 合并第一行和第二行的第一个和第二个共 4 个单元格。合并第一行的第 3、4、5、6 共 4 个单元格,合并第一列的第 3、4、5、6 共 4 个单元格。

【提示】

选中第一行的第 3、4、5、6 单元格,单击"布局"选项卡下"合并"选项组中的"合并单元格",同理,合并第一列的第 3、4、5、6 单元格。

3. 调整表格的大小:将第一行高度调整为 1.6 厘米,其他几行高度调整为 0.8 厘米,第一列列宽调整为 3 厘米。

【提示】

选择第一行,单击"布局"选项卡下"表"选项组中的"属性",在弹出的"表格属性"对话框选中"行"选项卡,将"指定高度"的值设为 1.6 厘米,再单击"下一行"按钮,依次设置其他几行的高度为 0.8 厘米。

选择第一列,在弹出的"表格属性"对话框选中"列"选项卡,将"指定宽度"的值设为 3 厘米。

4. 在第一个单元格中绘制一斜线表头。

【提示】

为了清晰地显示行与列的字段信息,通常需要在表格中绘制斜线表头。可用以下两种方法实现。

方法一:插入斜线表头。

当需要在表格中绘制一条斜线时,可以单击"插入"选项卡下"形状"选项,在弹出的下拉列表中选择"线条"类型中的"直线"形状,拖曳鼠标在表格中绘制斜线即可。

方法二:绘制斜线表头。

单击"插入"选项卡下"表格"选项,选择"绘制表格",当光标变成铅笔形状时,在第一个单元格中拖曳光标绘制斜线,松开左键即可。

或者先定位到要插入斜线表头的单元格,单击"设计"选项卡下"绘图边框"选项组中的"绘制表格",当光标变成铅笔形状时,按住鼠标左键拖曳光标绘制斜线,松开左键即可。

5. 设置表格的外框线为 1.5 磅双实线的框线,内框线为 0.75 磅的单实线。

可为表格设置边框与底纹来对表格进行美化。边框是表格中的横竖线条,底纹是显示表格中的背景颜色与图案。

【提示】

设置表格的边框和底纹有以下两种方法。

方法一:利用选项组添加。

(1) 添加边框:Word 2016 为用户提供了 13 种边框样式。选择需要添加边框的单元格,单击"表格工具"功能区"设计"选项卡下"边框"选项组中的"边框"选项,在弹出的下拉列表中选择相应的样式即可。

(2) 添加底纹:选择需要添加底纹的单元格,单击"表格工具"功能区"设计"选项卡下"表格样式"中的"底纹"选项,在弹出的下拉列表中选择相应的样式即可。

方法二:利用对话框添加。

单击"表格工具"功能区"设计"选项卡下"边框"选项组右下角"边框和底纹"按钮,弹出如图 3.9 所示的"边框和底纹"对话框,在对话框中可设置相应的边框和底纹的样式。

6. 输入相应文字,并将上述的文本转换为表格,对转换之后的表格分别用公式计算"合计"和"生均值"。

【提示】

(1) 将文本转换成表格。

Word 2016为用户提供了文本与表格的转换功能，不仅能将文本直接转换成表格形式，还可以通过使用分隔符标识文字分隔位置的方法，将表格转换成文本。

① 表格转换成文本。选择需要转换的表格，单击"表格工具"功能区"布局"选项卡下"数据"选项组中的"转换为文本"，弹出如图3.20所示的"表格转换成文本"对话框，在对话框中选择相应的文字分隔符即可。

② 文字转换成表格。选择要转换成表格的文本段落，单击"插入"选项卡下"表格"选项组中的"文本转换成表格"，弹出如图3.21所示的"将文字转换成表格"对话框，在对话框中设置各项选项即可。

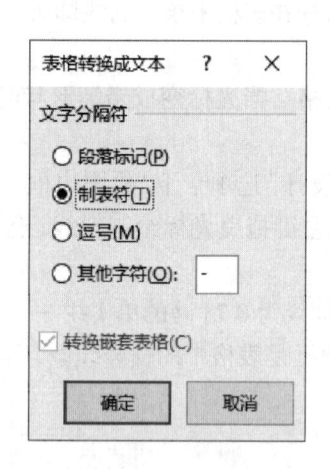

图3.20 "表格转换成文本"对话框 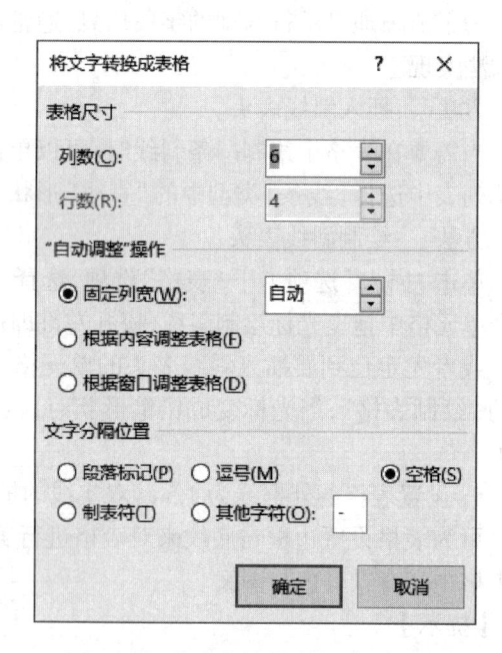　　图3.21 "将文字转换成表格"对话框

➢ "表格尺寸"：设置转换后表格的行数和列数，其中行数在默认情况下不可调整，由系统根据所选文本的段落行数决定。

➢ "'自动调整'操作"：设置转换后表格的列宽。

➢ "文字分隔位置"：设置转换前文本中的文字之间的分隔符，一般在转换表格之前，需要在文本之间使用统一的一种分隔符。

(2) 计算数据。

将光标定位在最后一列的第一个单元格上，单击"表格工具"功能区"布局"选项卡下"数据"选项组中的"公式"，在"公式"文本框中默认出现的是求和函数，默认是对左侧数据求和，单击"确定"按钮即可。第一列的其他几个单元格的操作相似，但要把函数的变量改为左侧的数据（其默认的是上边的数据）。

将光标定位在最后一行的第一个单元格上，单击"布局"选项卡下"数据"选项组中的"公式"，删除"公式"文本框中默认的函数，输入"=B2/B3"，单击"确定"按钮。

其他几个单元格也相同,但要按单元格的列数不同,分别为输入"=C2/C3""=D2/D3""=E2/E3"。

五、样张

本实验样张效果见图 3.22。

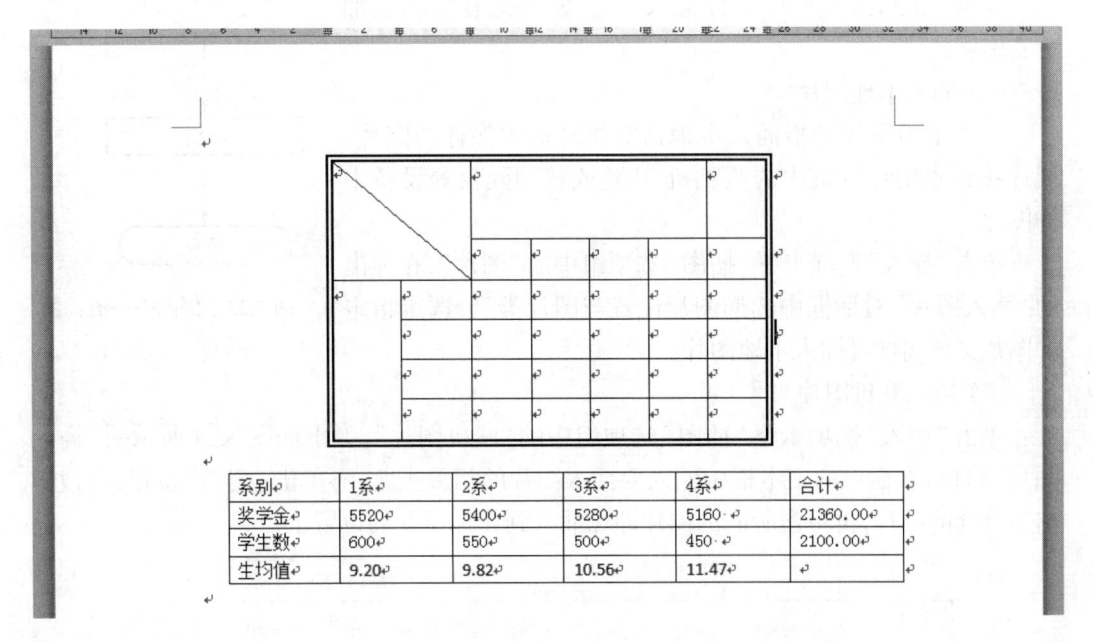

图 3.22　实验四样张

实验五　图 文 混 排

一、实验目的

1. 掌握图片的设置方法。
2. 掌握艺术字的设置方法。
3. 掌握文本框的设置方法。
4. 掌握自选图形的设置方法。

二、实验内容

1. 打开文档"体育运动.docx"。
2. 在文档的第一段和第二段间插入任意一幅图片,水平居中,高度缩放 80%,锁定纵横比,四周型文字环绕效果。

3. 将标题"大学生与体育运动"设置成艺术字,样式为"渐变填充 – 蓝色,着色1,反射"。
4. 在文档中插入如图 3.23 所示流程图。

三、预备知识

(一)图片的插入及编辑

在 Word 2016 文档中可以插入照片或图片,让文档更加丰富多彩。

一)插入本地图片

插入本地图片是指插入本地计算机硬盘中保存的图片,或连接到本地计算机中的照相机、U 盘或移动硬盘等设备中的图片。

单击"插入"选项卡下"插图"选项组中的"图片",在弹出的"插入图片"对话框中选择图片位置与图片类型,选定指定的图片文件名即可插入本地图片。

图 3.23 例图——流程图

二)插入联机图片

单击"插入"选项卡下"插图"选项组中的"联机图片",弹出如图 3.24 所示的"插入图片"窗口,在窗口的文本框中输入要插入图片的相关主题,再单击"搜索"按钮,可搜索出所符合的图片,再单击所需的图片即可插入到光标所在的位置上。

图 3.24 "插入图片"窗口

三)设置图片格式

插入图片后,可通过调整图片的大小、排列方式、亮度、对比度与样式等操作来改变图片的效果。

1. 调整图片尺寸:若用户需要根据文档布局调整图片的尺寸,可以使用下面三种方法实现。

方法一:通过鼠标调整。选中图片,将光标移至图片四周的 8 个控制点处,当光标变成双向箭头时,按住左键拖曳图片控制点即可调整图片的大小。

方法二:输入调整值调整。在"图片工具"功能区中的"格式"选项卡中,在"大小"选项组中直接输入"高度"与"宽度"值来调整图片的尺寸。或者单击"大小"选项组右下角的"高级版式:大小"按钮,弹出如图 3.25 所示的"布局"对话框,在"大小"选项卡中输入"高度"与"宽度"值即可调整图片尺寸。

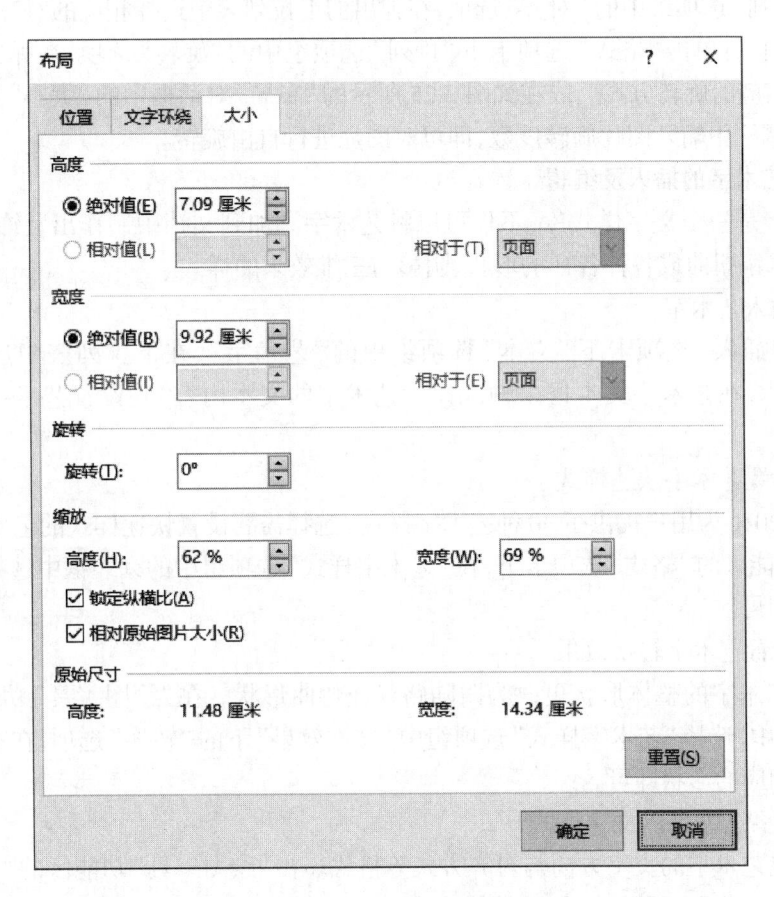

图 3.25 "布局"对话框

方法三:裁剪图片调整。裁剪图片即拖曳鼠标删除图片的某个部分。选中要裁剪的图片,在"图片工具"功能区的"格式"选项卡中,选择"大小"选项组中的"裁剪",光标会变成"裁剪"形状,图片周围会出现黑色的断续边框,将鼠标放置于尺寸控制点上,拖曳鼠标即可。

2. 排列图片:用户可以根据不同的文档内容与工作需求排列图片,即更改图片的位置、设置图片的层次、设置文字环绕、设置对齐方式等操作。

(1) 设置图片的位置：单击"格式"选项卡下"排列"选项组中的"位置"选项，在下拉列表中选择相应的图片位置排列方式。

(2) 设置环绕效果：单击"格式"选项卡下"排列"选项组中的"自动换行"选项，在下拉列表中选择相应的环绕方式。

(3) 设置图片的层次：当文档中存在多幅图片时，可单击"格式"选项卡下"排列"选项组中的"上移一层"或"下移一层"来设置图片的叠放次序，即可将所选图片设置为置于顶层、上移一层、浮于文字上方、下移一层、置于底层或衬于文字下方等。

(4) 设置对齐方式：为使多个图形在水平或垂直方向上精确定位，可单击"格式"选项卡下"排列"选项组中的"对齐"选项，在弹出的下拉列表中选择相应的对齐方式即可。

旋转图片：单击"格式"选项卡下"排列"选项组中的"旋转"选项，在弹出的下拉列表中选择相应的旋转方式。或在如图 3.25 所示的"布局"对话框中的"大小"选项卡中的"旋转"微调框中输入图片旋转度数，即可对图片进行自由旋转。

（二）艺术字的插入及编辑

艺术字是一个文字样式库，不仅可以将艺术字添加到文档中制作出装饰性效果，还可以将艺术字扭曲成各种各样的形状、阴影与三维效果的样式。

一）插入艺术字

单击"插入"选项卡下"文本"选项组中的"艺术字"，在下拉列表中选择相应的艺术字样式，在艺术字文本框中输入作为艺术字的文本内容，并设置艺术字的字体与字号。

二）设置艺术字快速样式

Word 2016 为用户提供了 30 种艺术字样式。选择需要设置快速样式的艺术字，在"绘图工具"功能区的"格式"选项卡下，在"艺术字样式"选项组中的列表框中选择所需的艺术字样式即可。

三）设置艺术字转换效果

即将艺术字的整体形状更改为跟随路径或弯曲形状。在"绘图工具"功能区的"格式"选项卡中，选择"艺术字样式"选项组中"文本效果"下的"转换"选项，在下拉列表中选择一种相应的形状即可。

四）设置艺术字的文字格式

即设置艺术字的文字方向与对齐方式等格式。在"绘图工具"功能区的"格式"选项卡中，选择"文本"选项组中的"文字方向"选项，可以将文字方向更改为横向或纵向。

单击"格式"选项卡下"文本"选项组中的"对齐文本"选项，可以指定多行艺术字的单行对齐方式。

（三）自选图形的编辑

在 Word 2016 中，不仅可以通过使用图片和艺术字来改变文档的美观，还可以通过使用形状来组合成完整的图形，用来说明文档内容中的流程、步骤等内容。

一）插入形状

Word 2016 为用户提供了线条、矩形基本形状、箭头总汇、流程图、标注、星与旗帜等类型的形状。单击"插入"选项卡下"插图"选项组中的"形状"选项,在下拉列表中选择相符的形状,此时光标将会变成十字形,拖曳鼠标即可开始绘制相符的形状,释放鼠标即可停止绘制。

二)设置阴影效果

在 Word 2016 中,可以将形状的阴影效果设置为无阴影效果、外部阴影、透视阴影、内部阴影样式等效果,同时还可以设置阴影与形状之间的距离。

在"绘图工具"功能区的"格式"选项卡下,单击"形状样式"选项组中的"形状效果"选项,在"阴影"下拉列表中选择所需的阴影样式即可。

三)组合形状

为了方便文档的排版,通常需要将多个形状组合在一起,使其成为一个形状。

首先选定其中一个形状,然后在按住 Ctrl 键或 Shift 键的同时选择另外的形状,所有的形状都选择好后,单击"格式"选项卡下"排列"选项组中的"组合"选项,在下拉列表中选择"组合"即可将选择的形状组合在一起。

若要取消组合,先选择已组合的形状,单击"格式"选项卡下"排列"选项组中的"组合"选项,在下拉列表中选择"取消组合"即可。

四)添加文字

在文档中添加形状后,可以向形状中添加文字以说明形状的用途或作用。

首先右键单击需要添加文字的形状,然后选择"添加文字"命令即可。文字格式的设置与文档内文字的设置相似。

五)文本框的使用

文本框是用于存放文本或者图形的对象,可以放置在页面的任何位置,而且还可以进行更改文字方向、设置文字环绕等特殊处理。

四、实验步骤

1. 打开文档"体育运动 .docx"。

2. 在文档的第一段和第二段间插入任意一幅图片,水平居中,高度缩放 80%,锁定纵横比,四周型文字环绕效果。

【提示】

将光标放在第一段的尾部,单击"插入"选项卡下"插图"选项组中的"图片",在弹出的对话框中选择相应的图片,在图片上单击鼠标右键,在弹出的快捷菜单中选择"大小和位置"命令,在弹出的"布局"对话框的"大小"选项卡中,设置高度的缩放为 80%,选中"锁定纵横比"复选框;在"文字环绕"选项卡中,选择"环绕方式"为"四周型";在"位置"选项卡中,设置水平对齐方式为"居中"。

3. 将标题"大学生与体育运动"设置成艺术字,样式为"渐变填充 – 蓝色,着色 1,反射"。

【提示】

单击"插入"选项卡下"文本"选项组中的"艺术字"选项,在下拉列表中选择第二行第二列的艺术字样式,在艺术字文本框中输入"大学生与体育运动",并设置艺术字的字体与字号。

4. 在文档中插入流程图。

【提示】

在文档的后部按题目的要求分别插入所需的各自选图形,再将所有的图形全部选中,单击"格式"选项卡下"排列"选项组中的"组合"选项,组合成一个图形。

对如图 3.23 所示的流程图,箭头旁的"N"和"Y"用文本框实现。单击"插入"选项卡下"文本"选项组中的"文本框"选项,在弹出的下拉列表中选择所需的文本框样式,输入相应的文本,然后设置文本框的框线颜色为无即可。

五、样张

本实验样张效果见图 3.26。

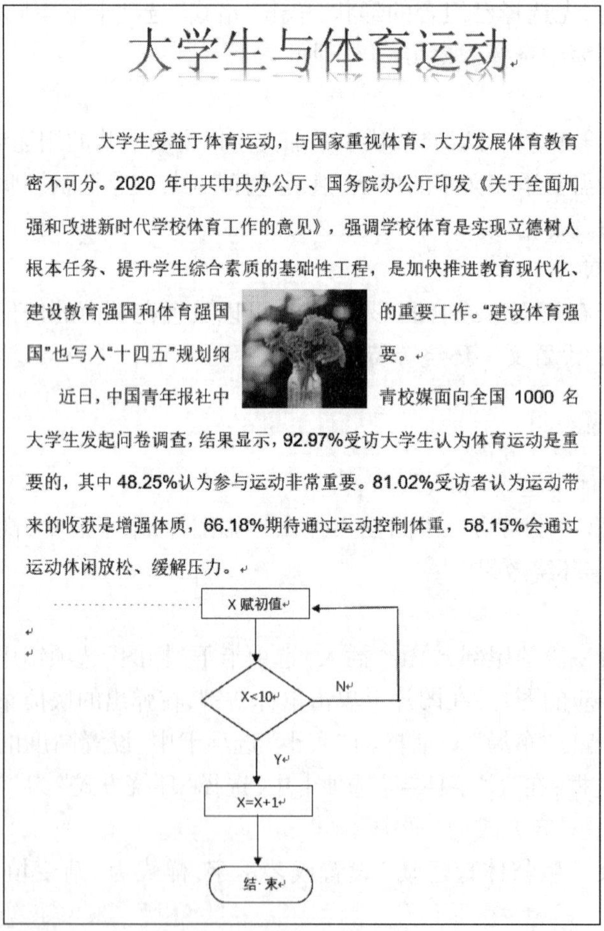

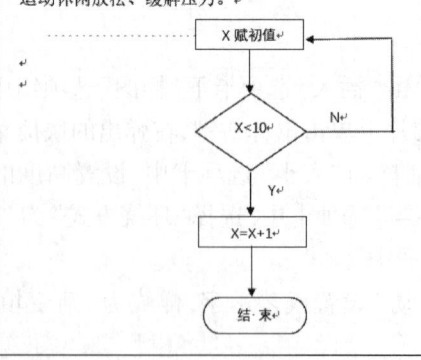

图 3.26 实验五样张

实验六　长文档的排版

一、实验目的

1. 掌握书签的设置方法。
2. 掌握目录的设置方法。
3. 掌握索引的设置方法。

二、实验内容

1. 打开文档"毕设论文.docx"。
2. 在文档的第三页正文的第二段段末插入一个书签。
3. 为此文档创建目录。
4. 为词汇"人脸"创建索引。

三、预备知识

（一）书签的插入及定位、编辑

在查看一篇长文档时，一次看不完，再次打开该文档时要找到上次看到的部分比较麻烦，这时就可以利用书签来进行定位。

一）插入书签

将插入点定位在需要加入书签的位置，单击"插入"选项卡下"链接"选项组中的"书签"选项，弹出如图3.27所示的"书签"对话框，在"书签名"文本框中输入书签名"书签1"，再单击右侧的"添加"按钮。

二）定位书签

按上述方法打开图3.27所示的"书签"对话框，在"书签名"下的列表中选择所需的书签名，再单击右侧的"定位"按钮，页面就会跳转到该书签所标记的位置。

三）编辑书签

当不需要书签时，可以删除。在图3.27所示的"书签"对话框中，选取需删除的书签名，再单击右侧的"删除"按钮即可。

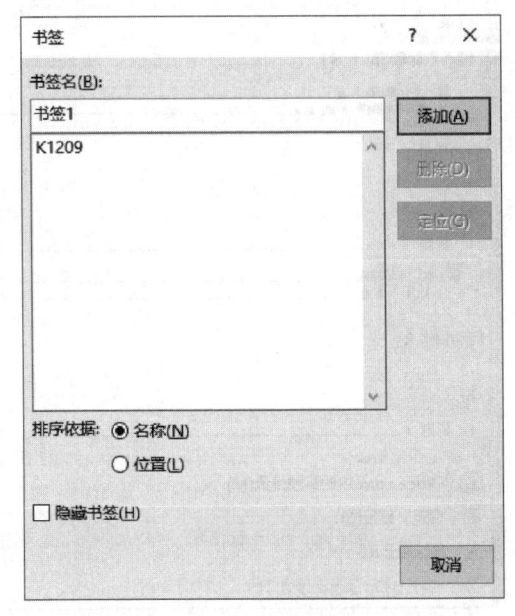

图 3.27　"书签"对话框

（二）目录的创建及编辑

Word提供了目录自动生成的功能，不用手动输入。在生成目录前，要确保所有的章节内容都已经设置成了不同级别的标题样式。

一）创建目录

将插入点定位在正文的最前面，单击"引用"选项卡下"目录"选项组中的"目录"选项，在弹出的下拉列表（如图3.28所示）中选择一个目录样式，目录会自动生成在插入点所在的地方。

目录创建完成后，若要快速跳转到相应的内容页面，只需按住Ctrl键单击目录中相应的内容即可。

二）更新文档目录

在插入目录后，可能还会修改正文内容，导致目录与正文不符，这时需要更新目录。具体操作如下。

选择目录，单击目录上方的"更新目录"，弹出如图3.29所示的"更新目录"对话框，选中"更新整个目录"单选按钮，再单击"确定"按钮，就能完成整个目录的更新。

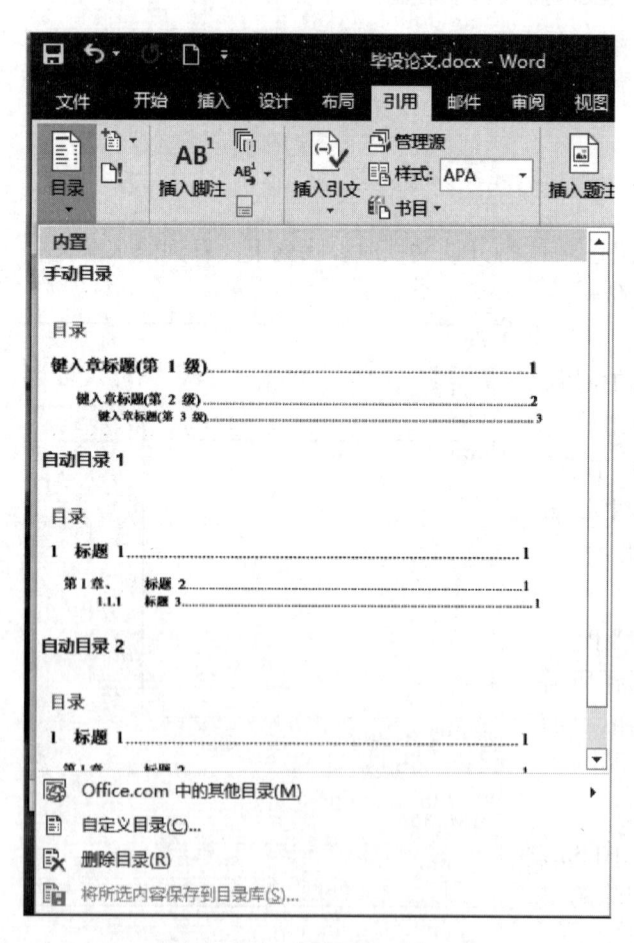

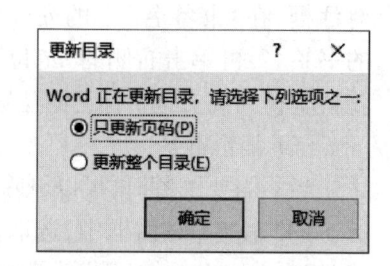

图3.28 "创建目录"下拉列表

图3.29 "更新目录"对话框

三）取消目录的链接功能

在自动生成目录时,系统默认会创建目录的链接功能,若要取消此功能,可执行如下操作。

单击"引用"选项卡下"目录"选项组中的"目录"选项,在弹出的下拉列表中,选择"自定义目录"选项,弹出如图 3.30 所示的"目录"对话框,单击右侧的"使用超链接而不使用页码"复选框,再单击"确定"按钮,在随后弹出的确认对话框中单击"是"按钮即可。

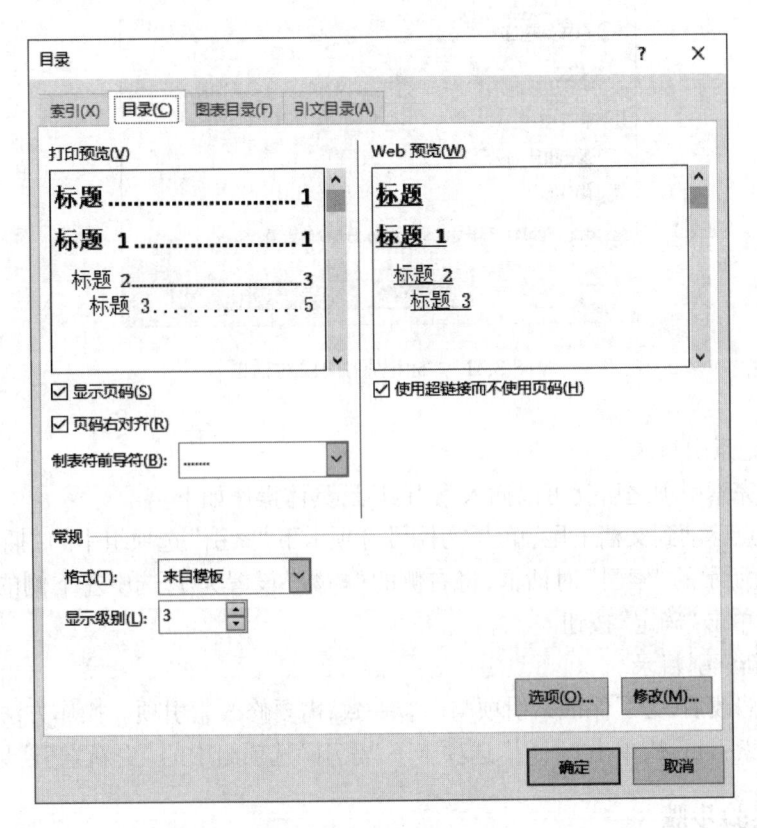

图 3.30 "目录"对话框

（三）索引的创建及编辑

索引是把文章中一些重点词汇整理在一起,并标明词汇所在页码,方便读者快速找到这些词汇。

一）标记索引项

索引项指的是希望出现在索引目录中的词汇。具体的操作如下。

选中要添加的索引项词汇,再单击"引用"选项卡下"索引"选项组中的"标记索引项",弹出如图 3.31 所示的"标记索引项"对话框。若单击"标记全部"按钮,就会将文档中的所有该词汇都标记为索引项;若单击"标记"按钮则只会标记选中的那一个词。

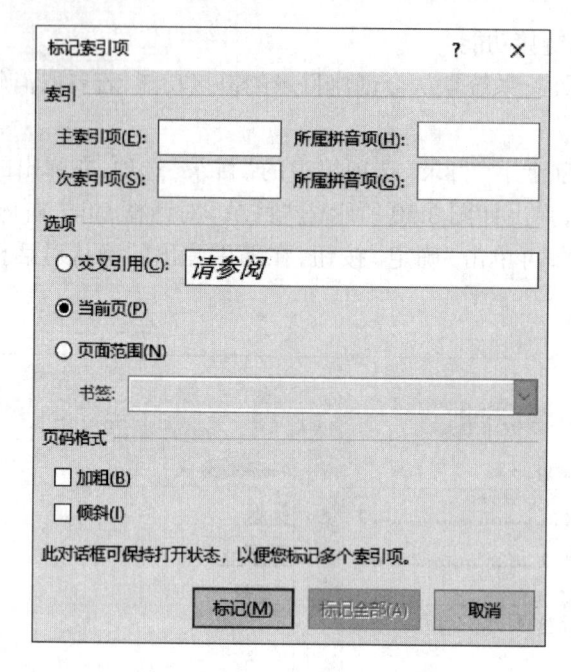

图 3.31 "标记索引项"对话框

二）标记索引目录

在标记完索引项之后就可以插入索引目录，具体操作如下。

将插入点移动到文档末尾，单击"引用"选项卡下"索引"选项组中的"插入索引"，弹出如图 3.32 所示的"索引"对话框，将右侧的"栏数"设置为 1，选中左下侧的"页码右对齐"复选框，单击"确定"按钮。

三）更新索引目录

当文档修改后，为了保证索引项与内容一致，需要修改索引项。操作方法如下。

选择某索引目录，单击"引用"选项卡下"索引"选项组中的"更新索引"即可。

四、实验步骤

1. 打开文档"毕设论文.docx"。
2. 在文档的第三页正文的第二段段末插入一个书签。

【提示】

将插入点定位在需要加入书签的第三页第二段段末处，选择"插入"选项卡下"书签"选项，在弹出的"书签"对话框中"书签名"处输入相应的书签名，再单击"添加"按钮。

3. 为此文档创建目录。

【提示】

将插入点定位在论文正文的最前面，选择"引用"选项卡下"目录"选项，再选择一个目录样式，目录会自动生成在插入点所在的地方，效果如图 3.33 所示。

图 3.32 "索引"对话框

图 3.33 目录效果

4. 为词汇"人脸"创建索引。

【提示】

选中要添加的索引项词汇"人脸",选择"引用"选项卡下"标记索引项"选项,单击"标记全部"按钮,将文档中所有"人脸"都标记为索引项。

3.2 操作测试题

操作测试题一

1. 创建文档:输入以下文本内容,保存为 E:\test\ 测试题一 .docx。

可怕的无声环境

  科学家曾做过一个实验,让受试者进入到一个完全没有声音的环境。结果发现,在这种极度安静的环境中,受试者不仅可以听到自己的心跳声、行动时衣服的摩擦声,甚至还可以听到关节的摩擦声和血液的流动声。半小时后,受试者的听觉更加敏锐,只要轻吸一下鼻子,就像听到一声大喝,甚至一根针掉在地上,也会感到像一记重锤敲在地面上。一个小时后,受试者开始极度恐惧;三四个小时后,受试者便会失去理智,逐渐走向死亡的陷阱。

  平常,不少人也可能有这样的体验:从一个熟悉的音响环境进入一个相对安静的环境时,听觉便会处于紧张状态,大脑思维也会一下子变得杂乱无章。

  因此,在经济飞速发展的今天,人们既要减轻噪声的污染,也要创造一个和谐优美的音响环境,这样才有利于人体的身心健康。

2. 对文档做如下设置。

(1) 将标题段("可怕的无声环境")设置为三号、红色、仿宋、加粗、居中,段后间距设置为 12 磅。

(2) 给全文中所有"环境"一词添加下画线(波浪线);将正文各段文字("科学家曾做过……身心健康。")设置为小四号、宋体;各段落左、右各缩进 0.4 厘米;首行缩进 0.8 厘米,1.5 倍行距。

(3) 将正文第 1 段("科学家曾做过……逐渐走向死亡的陷阱。")分为等宽 2 栏,栏宽 6.8 厘米,栏间加分隔线。

(4) 在文本内容正文后插入一个6行5列表格,设置表格列宽为2.5厘米,行高20磅,表格居中;设置外框线为红色、1.5磅双线,内框线为红色、0.75磅单实线,第2、3行间的表格线为红色、1.5磅单实线。

(5) 再对表格进行如下修改:合并第1、2行第1列单元格,并在合并后的单元格中添加一条红色0.75磅单实线对角线;合并第1行第2、3、4列单元格;合并第6行第2、3、4列单元格,并将合并后的单元格均匀拆分为2列;设置表格第1、2行为青绿色底纹。

3. 样张(见图3.34)。

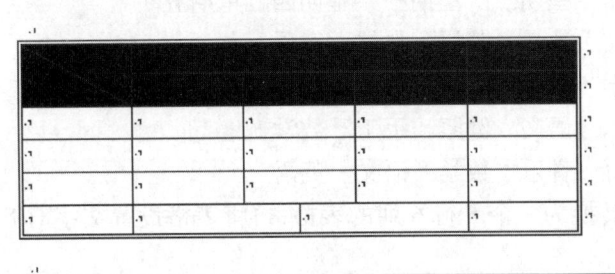

图3.34 操作测试题一样张

操作测试题二

1. 创建文档:输入以下文本内容,保存为 E:\test\ 测试题二.docx。

> **质量法实施不力,地方保护仍是重大障碍**
>
> 　　为规范和整顿市场经济秩序,安徽省人大常委会组成 4 个检查组,今年上半年用两个月的时间,重点就食品和农资产品的质量状况问题,对合肥、淮北、宣州三市和省质监局、经贸委、供销社、工商局、卫生厅 5 个省直部门进行了重点检查。检查中发现,严重的地方保护主义问题已成为质量法贯彻实施的重大障碍。
>
> 　　安徽的一些执法部门反映,地方保护主义已经阻碍了质量法的有效实施,尤其给当前正在开展的联合打假工作带来极大困难。其根源是有些地方领导从局部利益出发,将打击假冒伪劣产品、整顿市场秩序与改善投资环境、发展经济对立起来,片面追求短期经济效益和局部利益,对制假、售假活动打击不力,甚至假打、不打、打击"打假"者。
>
> 　　大量事实说明,地方保护主义已成为质量法实施的重大障碍。为此,记者呼吁,有关领导切不可为局部的或暂时的利益所驱使而护假,要从全局的或长远的利益出发,扫除障碍,让假冒伪劣产品没有容身之地。

2. 对文档做如下设置。

(1) 将标题段设置为艺术字,样式为"渐变填充 – 金色,着色 4,轮廓 – 着色 4",居中,段后间距设置为 12 磅。

(2) 将文中所有"质量法"替换为"产品质量法"。

(3) 将正文的第三段文字("大量事实说明……没有容身之地。")设置为小四号、宋体、加粗,段落左、右各缩进 1 厘米,悬挂缩进 0.8 厘米,行距为 2 倍行距。

(4) 在文本内容最后输入以下内容:

星期　　星期一　　星期二　　星期三　　星期四　　星期五
第一节　　语文　　数学　　英语　　自然　　音乐
第二节　　数学　　体育　　语文　　数学　　语文
第三节　　音乐　　语文　　健康　　手工　　数学
第四节　　体育　　音乐　　数学　　语文　　英语

将以上文字转换为一个 5 行 6 列的表格,再将表格设置文字对齐方式为底端对齐,水平对齐方式为右对齐。

(5) 在表格的最后增加一行,设置不变,其行标题为"午休",再将"午休"两个字设置成黄色底纹,表格内实单线设置成 0.75 磅实线,外框实单线设置成 1.5 磅实线。

3. 样张(见图 3.35)。

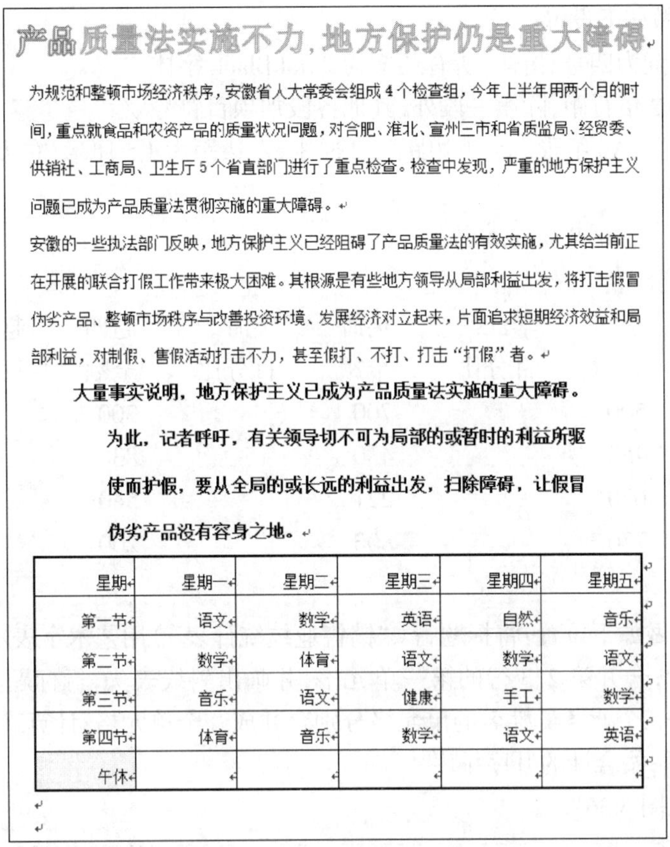

产品质量法实施不力，地方保护仍是重大障碍

为规范和整顿市场经济秩序，安徽省人大常委会组成4个检查组，今年上半年用两个月的时间，重点就食品和农资产品的质量状况问题，对合肥、淮北、宣州三市和省质监局、经贸委、供销社、工商局、卫生厅5个省直部门进行了重点检查。检查中发现，严重的地方保护主义问题已成为产品质量法贯彻实施的重大障碍。

安徽的一些执法部门反映，地方保护主义已经阻碍了产品质量法的有效实施，尤其给当前正在开展的联合打假工作带来极大困难。其根源是有些地方领导从局部利益出发，将打击假冒伪劣产品、整顿市场秩序与改善投资环境、发展经济对立起来，片面追求短期经济效益和局部利益，对制假、售假活动打击不力，甚至假打、不打、打击"打假"者。

大量事实说明，地方保护主义已成为产品质量法实施的重大障碍。

为此，记者呼吁，有关领导切不可为局部的或暂时的利益所驱使而护假，要从全局的或长远的利益出发，扫除障碍，让假冒伪劣产品没有容身之地。

星期	星期一	星期二	星期三	星期四	星期五
第一节	语文	数学	英语	自然	音乐
第二节	数学	体育	语文	数学	语文
第三节	音乐	语文	健康	手工	数学
第四节	体育	音乐	数学	语文	英语
午休					

图 3.35　操作测试题二样张

操作测试题三

1. 创建文档：输入以下文本内容，保存为 E:\test\测试题三 .docx。

下面解释以下几个常用的 Telnet 命令选项：
close：关闭与远端主机的连接。
open hostname：与主机 hostname 建立连接。
quit：退出 Telnet。
set escape character：设置 escape 字符。
set echo：如果是 echo on，那么从键盘上输入的字符将显示在屏幕上，如果是 echo off，将看不到键盘输入的字符。
Z：从 Telnet 状态回到 Shell，此时两主机的连接不断开。
fg：从 Shell 回到 Telnet 状态。

2. 对文档做如下设置。

(1) 全文设置为四号、楷体,所有英文为 Arial Black 字体。

(2) 全文为 2 倍行距,除第一段外,其他各段加项目符号√。

(3) 页面设置:A4 纸张,上、下边距为 2 厘米,左边距为 1.5 厘米,右边距为 2 厘米,左侧装订线为 1 厘米。

(4) 在文本内容正文后插入以下内容:

销售业绩统计表

	李江	李江	吴海	吴海	赵四	赵四	
	金额	百分比	金额	百分比	金额	百分比	合计
产品一	500		700		300		
产品二	450		430		830		
产品三	670		221		540		
产品四	770		800		200		
小计							

(5) 对表格做如下设置:将标题行("销售业绩统计表")用艺术字表示,样式自选,行高设为 1.6 厘米;合并第 2、3 行的第一单元格,并画出斜线表头,行标题为"业务员",列标题为"产品";三个业务员姓名的单元格分别合并成一个单元格;计算表格中的小计、合计和百分比数据;按合计的升序排序。

3. 样张(见图 3.36)。

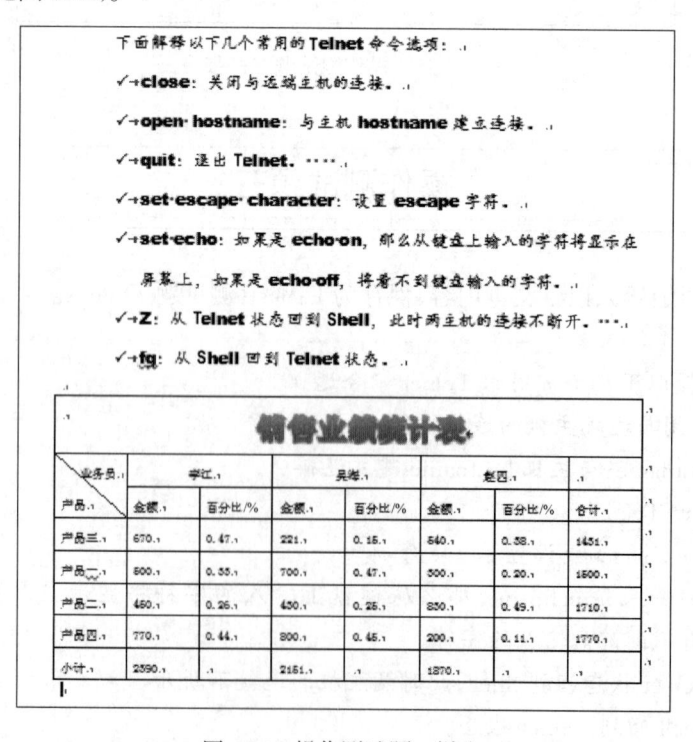

图 3.36 操作测试题三样张

操作测试题四

1. 创建文档：输入以下文本内容，保存为 E:\test\ 测试题四 .docx。

信息与计算机

　　在进入新世纪的时候，让我们回过头来看一看，什么是20世纪最重要的技术成果？人们可以列举出许许多多，但是相信最具一致的看法是：电子计算机堪称20世纪人类最伟大、最卓越、最重要的技术发明之一。

　　人类过去所创造和发明的工具或机器都是对人类四肢的延伸，用于弥补人类体能的不足；而计算机则是对人类大脑的延伸，它开辟了人类智力的新纪元。

　　计算机的出现和迅速发展，不仅使计算机成为现代人类活动中不可缺少的工具，而且使人类的智慧与创造力得以充分发挥，使全球的科学技术以磅礴的气势和人们难以预料的速度改变着整个社会的面貌。

　　计算机要处理的是信息，由于信息的需要出现了计算机，又由于有了计算机，使信息的数量和质量急剧增长和提高，反过来更加依赖计算机并进一步促进了计算机技术的发展，信息与计算机就是这样互相依存和发展着。

---

2. 对文档做如下设置。

（1）将标题（"信息与计算机"）文字设置为四号、黑体、居中并添加黄色底纹。

（2）将正文各段文字设置为五号、宋体；各段落左、右各缩进1厘米，首行缩进0.7厘米，并设置为1.5倍行距。

（3）第一段设置首字下沉2行，字体为隶书，距正文0.4厘米。

（4）设置水印背景：文字为"计算机文化基础"，字体设置为"华文彩云"，颜色为"茶色"，半透明状态。

3. 样张（见图3.37）。

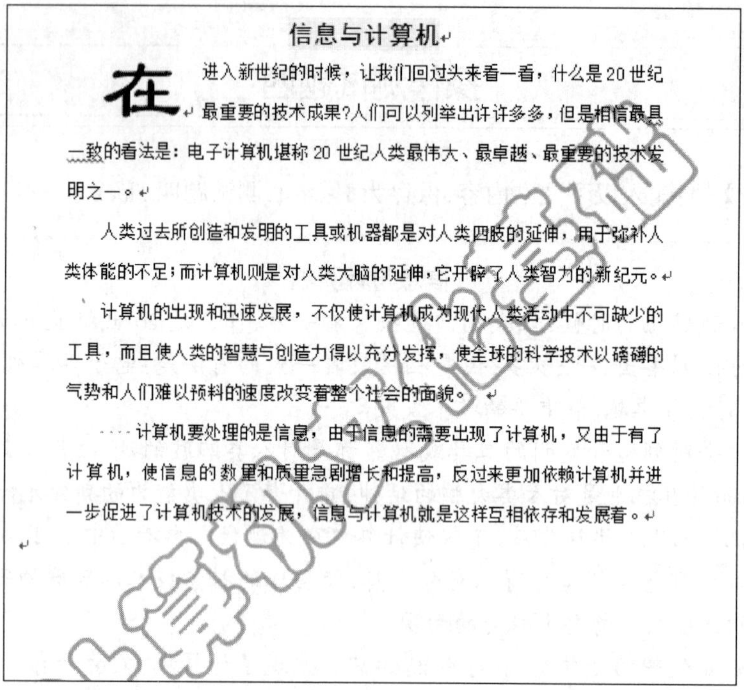

图 3.37　操作测试题四样张

3.3　基础知识测试题

3.3.1　基础知识题解

1. 将 Word 2016 的文档窗口最小化,文档的状态是(　　)。
　　A. 对文档进行压缩　　　　　　　　B. 文档的窗口和文档都没关闭
　　C. 关闭了文档及其窗口　　　　　　D. 当前的文档被关闭

【答案 B】解析:对 Word 2016 文档窗口实施最小化操作并没有关闭文档也没有关闭窗口,只是将窗口缩小并显示在任务栏中。

2. 启动 Word 2016 后,空白文档的文档名为(　　)。
　　A. untitled　　　　B. 新文档 .docx　　　　C. 文档 1.docx　　　　D. 我的文档 .docx

【答案 C】解析:启动 Word 后,系统会自动建一个新文档"文档 1.docx"。

3. 在 Word 的编辑状态下,单击"粘贴"按钮后,(　　)。
　　A. 将剪贴板中的内容复制到当前插入点处
　　B. 将剪贴板中的内容移到当前插入点处
　　C. 将文档中被选中的内容复制到剪贴板
　　D. 将文档中被选择的内容复制到当前插入点处

【答案 A】解析:在 Word 的编辑状态下,当"粘贴"按钮不是灰色时,说明在此之前已经进行过"复制"或"剪切"操作,剪贴板中有内容,可以进行"粘贴"操作。每"粘贴"一次,剪贴板中的内容被复制到文档中,剪贴板中的内容不变,除非进行了新的"复制"或"剪切"操作,使剪贴板中的内容换成新的内容。

4. 艺术字对象实际是(　　)。
    A. 文字对象　　　　B. 图形对象　　　　C. 特殊对象　　　　D. 链接对象

【答案 B】解析:在 Word 中,艺术字是以图形对象形式显示的。

5. 在 Word 2016 中,若要计算表格中的某行数值的总和,可使用的统计函数是(　　)。
    A. SUM( )　　　　　　　　　　B. TOTAL( )
    C. COUNT( )　　　　　　　　　D. AVERAGE( )

【答案 A】解析:SUM( )为求和函数。SUM(LEFT|RIGHT)为求左边或右边的值之和。

6. 在 Word 文档编辑区中,把鼠标光标放在某一字符处连续单击 3 次左键,将选取该字符所在的(　　)。
    A. 一个词　　　　B. 一个句子　　　　C. 一行　　　　D. 一个段落

【答案 D】解析:在 Word 文档编辑区中,把鼠标光标放在某一字符处连续击两次左键,将选取该字符所在的一个词,而连续击 3 次左键,将选取该字符所在的一个段落。

7. 在 Word 2016 的编辑状态下,文档中的一部分内容被选中,单击"开始"选项卡下"剪贴板"选项组中的"剪切"选项后(　　)。
    A. 光标所在的段落内容被复制到剪贴板中
    B. 被选择内容被复制到剪贴板中
    C. 被选择内容被移到剪贴板中
    D. 被选择内容被复制到插入点处

【答案 C】解析:在 Word 2016 的编辑状态下,对文档的所有格式设置都是对设置前已经被选中的那部分文字起作用。

8. 以下关于 Word 操作及功能的叙述,不正确的是(　　)。
    A. 进行段落格式设置时,不必先选定整个段落
    B. 设置字符格式不仅对所选文本有效,对在该处后续输入的文本也有效
    C. 文档输入过程中,可设置每隔 10 分钟自动保存文件
    D. Word 2016 中文版是一个纯中文处理软件

【答案 D】解析:中文 Word 2016 是基于 Windows 环境下的文字和表格处理软件,属于应用软件,是 Office 2016 套装软件的成员之一。

9. 在 Word 2016 的编辑状态下,字号被设定为四号后,按新设置的字号显示的文字是(　　)。
    A. 文档的全部文字　　　　　　　B. 插入点所在行中的文字
    C. 文档中被选定的文字　　　　　D. 插入点所在的段落中的文字

【答案 C】解析:在 Word 2016 的编辑状态下,对已有文字的所有格式设置都是对在设置前已经被选定的那部分文字起作用。

10. 在 Word 文档中,每个段落都有段落标记,段落标记的位置在(　　)。
    A. 段落的首部　　　　　　　　　　　B. 段落的结尾处
    C. 段落的中间位置　　　　　　　　　D. 段落中,但用户找不到的位置

【答案 B】解析:在 Word 文档中,段落是指文本、图形和其他项目的集合,其后跟着一个段落标记。段落标记不仅标识一个段落的结束,它还包含有该段落的格式信息。每个段落标记的位置在段落的结尾处。

11. 当前插入点在表格中某行的最后一个单元格右边(外边),按 Enter 键后(　　)。
    A. 对表格没起作用　　　　　　　　　B. 在插入点所在的行的下边增加了一行
    C. 插入点所在的列加宽　　　　　　　D. 插入点所在的行加宽

【答案 B】解析:当插入点在表格中某行的最后一个单元格右边(外边),按 Enter 键后,则在其下一行增加一行,这是插入行的简单操作。

12. 在 Word 的编辑状态下,若选定文字块中包含的文字有多种字号,在工具栏的"字号"框中将显示(　　)。
    A. 空白　　　　　　　　　　　　　　B. 块首字符的字号
    C. 块中最小的字号　　　　　　　　　D. 块中最大的字号

【答案 A】解析:在 Word 的编辑状态下,若选定文字块中包含的文字有多种字号,在工具栏的"字号"框中将显示空白。

13. 在 Word 的编辑状态下,当前文档中有一个表格,选定表格后,按 Delete 键后,(　　)。
    A. 表格中插入点所在的行被删除
    B. 表格被删除,但表格中的内容未被删除
    C. 表格和内容全部被删除
    D. 表格中的内容全部被删除,但表格还存在

【答案 D】解析:当选定文档中的表格后,按 Delete 键后表格中的内容被删除,但表格还在。如果想删除表格,应当选择"删除表格"命令。

14. 在 Word 的编辑状态下,文档中有一行被选中,按 Delete 键后(　　)。
    A. 删除了插入点所在的行　　　　　　B. 删除了被选择的一行
    C. 删除了被选择行及其后的所有内容　D. 删除了插入点及其之前的所有内容

【答案 B】解析:在 Word 的编辑状态下,文档中有一行被选择,按 Delete 键,或单击"剪切"按钮,则被选择的一行被删除了。

15. 在 Word 的编辑状态下,当前文档中有一个表格,选定表格中的一行后,单击"拆分表格"按钮后,表格被拆分成上、下两个表格,被选中的行(　　)。
    A. 被删除　　　　　　　　　　　　　B. 不在这两个表格中
    C. 在下边的表格中　　　　　　　　　D. 在上边的表格中

【答案 C】解析:选定表格中的一行后,单击"拆分表格"按钮后,表格被拆分成上、下两个表格,被选择的行位于下边的表格中。

16. 下列操作中,不能打开已有文档进行编辑的操作是(　　)。
    A. 启动 Word

B. 双击"此电脑"中任意一个扩展名为 docx 的文件

C. 在"文件"菜单中选择"打开"命令

D. 双击桌面上任意一个 Word 文件

【答案 A】解析:启动 Word 的方法很多,但有的方法是在启动 Word 后创建一个新文档,而不是打开一个已有的文档,其中选项 A 的操作不保证一定可以打开一个已有的文档。

17. 在 Word 2016 中,"粘贴"命令呈灰色,表明(   )。

    A. 剪贴板有内容,但不是 Word 能够使用的内容

    B. 因特殊原因,该"粘贴"命令永远不能被使用

    C. 没有执行"复制"命令或"剪切"命令

    D. 没有执行"剪切"命令

【答案 C】解析:剪贴板为各个运行的软件所共享,所以可利用剪贴板在不同的软件间传递数据。在 Word 2016 中"粘贴"命令呈灰色时,说明剪贴板中没有内容。在 Word 的编辑状态下,执行"复制"或"剪切"命令可以向剪贴板中存入内容。

18. 如果要求文档中某一段与其前后两段之间留有较大的间隔,最好的解决方法是(   )。

    A. 在每两行之间用按 Enter 键的办法添加空行

    B. 调整段落格式来增加段间距

    C. 在每两段之间用按 Enter 键的办法添加空行

    D. 调整字符格式来增加间距

【答案 B】解析:采用选项 A 的办法也能增加段间距,但这样做只能一行一行地变化,不能连续变化,增加了编辑和格式设置的困难。最好的方法是通过设定段落格式来增加段距。

19. 在 Word 2016 中,要取消文档中某行文字的加粗格式,应当(   )。

    A. 先选择该行,再单击"加粗"按钮   B. 直接单击"加粗"按钮

    C. 使用以上两种方法的任意一种   D. 使用"字体"框中的"黑体"格式

【答案 A】解析:"加粗"按钮是对文字进行加粗和取消加粗的按钮。当文字已经加粗时,单击"加粗"按钮取消加粗。

20. 在文档中插入特殊符号的方法是(   )。

    A. 单击"布局"选项卡中的"页面设置"按钮

    B. 单击快速访问工具栏中的"新建"按钮

    C. 从键盘上可直接输入特殊符号

    D. 单击"插入"选项卡中的"符号"选项组中的"符号"选项

【答案 D】解析:在 Word 中,要在文档中插入特殊符号,可以单击"插入"选项卡的"符号"选项组中的"符号"选项,从列表中选取所需符号。或单击"其他符号",从"符号"对话框中选择所需的特殊符号,单击"插入"按钮即可。

21. 在 Word 2016 中,打开一个文档后,想用新的文件名保存该文档应当(   )。

    A. 选择"文件"菜单中的"保存"命令或"另存为"命令

    B. 单击快速访问工具栏的"保存"按钮

C. 只能选择"文件"菜单中的"保存"命令

D. 只能选择"文件"菜单中的"另存为"命令

【答案D】解析:"文件"菜单中的"保存"命令是按原名保存文档,而"另存为"命令可以用新名保存文档,文档的旧名文件还存在,文档的内容还是原内容。经常使用"另存为"命令来备份。

22. 在 Word 2016 编辑状态下,单击"开始"选项卡下"剪贴板"中的"复制"选项后,( )。

    A. 被选择内容被复制到插入点处

    B. 被选择内容被复制到剪贴板中

    C. 插入点所在的段落内容被复制到剪贴板中

    D. 光标所在的段落内容被复制到剪贴板中

【答案B】解析:复制操作是将文档中被选择的内容复制到剪贴板中。文档中的内容没有变化。剪贴板中的内容为文档中被选择的内容。复制操作后文档中已经选择的内容仍然存在。

23. Word 文档文件的扩展名是( )。

    A. txt   B. docx   C. dot   D. wri

【答案B】解析:Word 文档就是 Word 工作过程中建立、处理的磁盘文件,其默认的文件扩展名是 docx,txt 是文本文件的扩展名,dot 是 Word 模板的扩展名,wri 是写字板文件的扩展名。

24. 使用 Word 2016"绘图工具"功能区的"矩形"或"椭圆"工具按钮绘制正方形或圆形时,应同时使用( )键。

    A. Tab   B. Shift   C. Alt   D. Ctrl

【答案B】解析:单击 Word 2016"绘图工具"功能区中的"矩形"或"椭圆"工具按钮后,拖曳鼠标时可以绘制矩形或椭圆。当同时按住 Shift 键拖曳鼠标后绘制的是正方形或圆形。

25. Word 字处理软件属于( )。

    A. 管理软件   B. 网络软件   C. 应用软件   D. 系统软件

【答案C】解析:本题考查计算机软件的知识。应用软件中的通用软件是为解决某一类很多人都要遇到和解决的问题而设计的,Word 处理软件是为帮助人们解决输入文字、编辑文字和排版问题而设计的,属于应用软件。

26. 在 Word 的编辑状态下,可以同时显示水平标尺和垂直标尺的视图方式是( )。

    A. 草稿方式   B. 页面方式   C. 大纲方式   D. 全屏显示方式

【答案B】解析:标尺有水平标尺和垂直标尺两种,水平标尺用来设置制表符、缩进方式、表格中单元格的宽度,垂直标尺可以调整页边距、调整表格中单元格的高度,只有在页面视图下,才可以在文档编辑区上方显示水平标尺,同时在左侧显示垂直标尺。

27. 在 Word 中要显示分页效果,应切换到( )视图方式下。

    A. 草稿   B. 大纲   C. 页面   D. 主控文档

【答案C】解析:Word 中有自动分页的功能,根据用户设定的页面大小自动进行分页,在普通视图下用一条虚线表示自动分页的位置,在页面视图中可以直观地看到与实际打印相同的分页效果。

28. 在 Word 中,选择"文件"菜单中的"保存"命令后,(　　)。
    A. 将所有打开的文档存盘
    B. 只能将当前文档存储在原文件夹内
    C. 可以将当前文档存储在已有的任意文件夹内
    D. 可以先建立一个新文件夹,再存储在该文件夹内

【答案 B】解析:选择"文件"菜单中的"保存"命令后,如果当前编辑的文档是新建的文档,则相当于选择了"另存为"命令。如果当前编辑的文档是原来已经存在的,则按原来位置、原来文件名保存,不出现对话框。如果要将当前文档存储在已有的任意文件夹内,要选择"文件"菜单的"另存为"命令。

29. 在 Word 编辑状态下,连续进行了两次"插入"操作,这时,单击一次"撤销"按钮后,(　　)。
    A. 将两次插入的内容全部取消
    B. 将第一次插入的内容取消
    C. 将第二次插入的内容取消
    D. 两次插入的内容都不取消

【答案 C】解析:单击一次"撤销"按钮,可以将最后一次执行的编辑操作取消,恢复到该操作之前的状态,如果连续单击"撤销"按钮,则将执行过的编辑操作命令依次从后向前逐个取消。

30. 在 Word 2016 编辑状态下,执行两次"剪切"操作,在剪贴板中(　　)。
    A. 仅有第一次被剪切的内容
    B. 仅有第二次被剪切的内容
    C. 两次被剪切的内容都有
    D. 内容被消除

【答案 C】解析:Word 2016 中的剪贴板与 Windows 中的剪贴板有些不同,Windows 中的剪贴板只能保存最后一次剪切或复制的内容,而 Word 2016 中的剪贴板最多可以临时保存最近 24 次剪切或复制的内容。

31. 在 Word 2016 编辑状态下,当前编辑文档中字符的字体全部是宋体,选中其中一部分文字后,先设置为楷体,再设定为仿宋体,则(　　)。
    A. 文档中全部文字都是楷体
    B. 被选择的内容仍为宋体
    C. 被选择的内容变为仿宋体
    D. 文档的全部文字字体不变

【答案 C】解析:字体的设置属于字符格式,设置的字符格式只对选中的文字有效,只要选择的文字没有被取消选择,可以进行多次字体设置,但只有最后一次的设置有效。

32. 在编辑状态下,有 4 种字号:四号、五号、16 磅和 18 磅,关于它们大小的比较,正确的说法是(　　)。
    A. "四号"大于"五号"
    B. 16 磅大于 18 磅
    C. "四号"小于"五号"
    D. 字的大小一样,字体不同

【答案 A】解析:Word 中,字号的大小可采用"号"和"磅"两种单位,用"号"做单位时,字符从大到小依次是"初号""小初""一号""二号"……"八号",用"磅"做单位时,字符从小到大依次是"5""6.5"……"72",字号的大小与字体无关。

33. 在 Word 的编辑状态下修改打开的文档,选择"文件"菜单下的"关闭"选项后,(   )。

   A. 文档被关闭,并自动保存修改后的内容
   B. 文档不能关闭,并提示出错
   C. 文档被关闭,修改后的内容不能保存
   D. 弹出对话框,询问是否保存对文档的修改

【答案 D】解析:在 Word 编辑状态下对打开的文档做修改,之后选择"文件"菜单的"关闭"选项,会弹出对话框,询问是否保存对文档的修改,这时单击"保存"按钮,则将文档存盘后关闭文档窗口,如果单击"不保存"按钮,则放弃存盘并关闭文档窗口。

34. 在 Word 编辑状态下打开文档 W1.docx,将当前文档以 W2.docx 为名实施"另存为"操作,则(   )。

   A. 当前文档是 W1.docx   B. 当前文档是 W2.docx
   C. 当前文档是 W1.docx 和 W2.docx   D. 这两个文档全被关闭

【答案 B】解析:在编辑状态下,可以对当前文档以新的文件名保存,方法是选择"文件"菜单的"另存为"命令,执行后原文档被关闭,修改后的文档以新的文件名存储,并且新文档变为当前文档。

35. 在 Word 编辑状态下先后打开文档 W1.docx 和 W2.docx,则(   )。

   A. 可以使两个文档的窗口都显示出来
   B. 只能显示 W1.doc 文档
   C. 只能显示 W2.doc 文档
   D. 打开第二个文档后两个窗口自动并列显示

【答案 A】解析:已打开一个文档后,再打开第二个文档,则第二个文档窗口成为当前窗口,但原来打开的文档窗口并未关闭,可以使用"横向平铺窗口"或"纵向平铺窗口"使两个文档窗口都显示出来,但两个窗口不会自动并列显示。

3.3.2 基础知识同步练习

1. Word 程序启动后就自动打开一个名为(   )的文档。
   A. Noname   B. Untitled   C. 文件 1   D. 文档 1

2. Word 2016 程序允许打开多个文档,用(   )选项卡可以实现文档之间的切换。
   A. 布局   B. 审阅   C. 视图   D. 开始

3. 要将文档中一部分选定文字移动到指定的位置,首先对它进行的操作是(   )。
   A. 单击"开始"选项卡中的"复制"选项   B. 单击"开始"选项卡中的"清除"选项
   C. 单击"开始"选项卡中的"剪切"选项   D. 单击"开始"选项卡中的"粘贴"选项

4. 要将文档中一部分选定文字的中文及英文字体、字形、字号、颜色等各项同时进行设置,应使用(   )。
   A. "开始"选项卡中的"字体"选项组中右下角的"字体设置"按钮

B. "开始"选项卡中的"字体"列表框选择字体

C. "布局"选项卡

D. "开始"选项卡中的"字号"列表框选择字号

5. 删除一个段落标记后,将前后两段文字合并成一个段落,则段落内容的字体格式( )。

   A. 变成前一段的格式   B. 变成后一段的格式

   C. 没有变化   D. 两段的格式变成一样

6. 在( )视图下可以插入页眉和页脚。

   A. 草稿   B. 大纲   C. 页面   D. 阅读版式

7. 要对文档的某一段落设置段落边界,首先应做的操作是( )。

   A. 将光标移到此段落的任意处

   B. 单击"开始"选项卡的"段落"选项组右下角的"段落设置"按钮

   C. 单击"开始"选项卡的"边框"选项

   D. 单击"开始"选项卡的"居中"选项

8. 在Word编辑状态下,对当前文档的窗口实施还原操作,则该文档标题栏右边显示的按钮是( )。

   A. "最小化""向下还原"和"最大化"按钮

   B. "向下还原""最大化"和"关闭"按钮

   C. "最小化""最大化"和"关闭"按钮

   D. "向下还原"和"最大化"按钮

9. 在Word 2016编辑状态下,当前文档中有一个表格,当鼠标在表格的某一个单元格内变成向右的箭头时,双击鼠标,则( )。

   A. 整个表格被选中   B. 鼠标所在的一行被选中

   C. 鼠标所在的一个单元格被选择   D. 表格内没有被选择的部分

10. 段落的标记是在( )之后产生的。

   A. 输入句号   B. 按Enter键

   C. 按Shift+Enter键   D. 插入分页符

11. 在Word 2016编辑状态下,仅有一个文档wd.doc,单击"视图"选项卡中的"新建窗口"选项后,( )。

   A. wd.doc文档有两个窗口

   B. wd.doc文档旧窗口一定会被关闭,仅在新的窗口中编辑

   C. wd.doc文档只能在一个窗口进行编辑,不能打开新窗口

   D. 打开了两个文档

12. 在Word 2016编辑状态下,当前文档中有一个表格,选定表格内部的部分数据后,单击"段落"选项组中的"居中对齐"选项后,( )。

   A. 表格中的数据全部按居中对齐格式编排

   B. 表格中被选择的数据全部按居中对齐格式编排

C. 表格中的数据没按居中对齐格式编排

D. 表格中未被选择的数据按居中对齐格式编排

13. 在 Word 2016 中选择某语句后,连续单击两次"字体"选项组中的"加粗"选项,则(   )。

    A. 该语句呈粗体格式   B. 该语句呈细体格式

    C. 该语句格式不变   D. 产生出错报告

14. 艺术字的颜色可以利用"格式"选项卡中的(   )命令按钮进行更改。

    A. 形状填充   B. 文本填充   C. 形状效果   D. 文本效果

15. 文本编辑区内有一个闪动的竖线,它表示(   )。

    A. 插入点,可在该处输入字符   B. 文章结尾符

    C. 字符选取标志   D. 鼠标光标

16. 在 Word 2016 编辑状态下,单击快速访问工具栏中的 按钮的操作是(   )。

    A. 打开一个已有的文档   B. 打开一个新文档

    C. 为当前文档打开一个新窗口   D. 打印新窗口

17. 在 Word 2016 中,若要使一行文字居中,应先(   )。

    A. 单击"居中"选项   B. 单击"加粗"选项

    C. 选中文字   D. 选择"段落"选项组

18. 在 Word 2016 编辑状态下,若要调整左、右边界,利用(   )实现更直接、快捷。

    A. 工具栏   B. 格式栏   C. 选项卡   D. 标尺

19. 选择"编辑"选项组中的"替换"选项,在对话框内指定了"查找内容",但在"替换为"框内未输入任何内容,此时单击"全部替换"按钮,将(   )。

    A. 不能执行

    B. 只能查找,不做任何替换

    C. 把所查找的内容全部删除

    D. 每查找到一个,就询问用户,让用户指定"替换为什么"

20. Word 2016 表格由若干行、若干列组成,行和列交叉的地方称为(   )。

    A. 表格   B. 单元格   C. 交叉点   D. 块

21. 在 Word 2016 中, 按钮的作用为(   )。

    A. 复制   B. 粘贴   C. 剪切   D. 删除

22. 单击 Word 2016 主窗口的标题栏的"最大化"按钮后,此"最大化"按钮变成(   )。

    A. "最小化"按钮   B. "向下还原"按钮

    C. "关闭"按钮   D. "最大化"按钮

23. 在 Word 2016 编辑状态下,文档窗口出现水平标尺,则当前的视图方式(   )。

    A. 一定是草稿视图

    B. 一定是页面视图方式

    C. 一定是草稿视图方式或页面视图方式

    D. 一定是大纲视图方式

24. 在 Word 2016 编辑状态下,先打开了文档 d1.doc,又打开了文档 d2.doc,则( )。
    A. d1.doc 文档窗口遮蔽了 d2.doc 文档窗口
    B. 打开了 d2.doc 文档窗口,d1.doc 文档窗口被关闭
    C. 打开的 d2.doc 文档窗口遮蔽了 d1.doc 文档窗口
    D. 两个窗口并列显示

25. 在 Word 2016 编辑状态下,选择了当前文档中的一个段落,实施"清除"操作(或按 Delete 键),则( )。
    A. 该段落被删除且不能恢复
    B. 该段落虽被删除,但能恢复
    C. 能利用"回收站"恢复被删除的该段落
    D. 该段落被移到"回收站"内

26. 在 Word 2016 中,要想横向打印文档内容,应在"布局"选项卡中选择( )选项。
    A. 纸张方向　　　B. 文字方向　　　C. 纸张大小　　　D. 页边距

27. 在 Word 2016 主窗口的右上角,可以同时显示的按钮是( )。
    A. "最小化""向下还原"和"最大化"　　B. "向下还原""最大化"和"关闭"
    C. "最小化""向下还原"和"关闭"　　　D. "向下还原"和"最大化"

28. 在 Word 2016 编辑状态下,使插入点快速移动到文档尾的操作是( )。
    A. 按 PageUp 键　　B. 按 Alt+End 键　　C. 按 Ctrl+End 键　　D. 按 PageDown 键

29. 在 Word 2016 编辑状态下,想要输入希腊字母 Ω,则需要使用的选项组是( )。
    A. 文本　　　　　B. 符号　　　　　C. 插图　　　　　D. 表格

30. 在 Word 2016 中,要看清文档页边距的大小,应选择的视图模式是( )。
    A. 页面视图　　　B. 大纲视图　　　C. 草稿视图　　　D. 阅读版式视图

31. 以下操作不能在 Windows 中启动 Word 2016 的是( )。
    A. 用鼠标右键单击桌面上的 Word 2016 图标,在弹出的快捷菜单上选择"打开"命令
    B. 用鼠标左键单击桌面上的 Word 2016 图标
    C. 用鼠标左键双击桌面上的 Word 2016 图标
    D. 在"开始"菜单找到 Microsoft Word 选项并单击

32. Word 2016 的运行环境是( )。
    A. DOS　　　　　B. WPS　　　　　C. Windows　　　　D. 高级语言

33. 纯文本文件的扩展名( )。
    A. wd　　　　　B. doc　　　　　C. txt　　　　　D. bas

34. 在 Word 2016 中,若要将一些文本内容设置为斜体,应先( )。
    A. 单击"加粗"选项　　　　　　　B. 单击"倾斜"选项
    C. 单击"下画线"选项　　　　　　D. 选中文本

35. 在 Word 2016 编辑状态下,要用拖曳鼠标完成文字或图形的复制时,应当先按( )键。
    A. Ctrl　　　　　B. Alt　　　　　C. Shift　　　　　D. F1

36. 在 Word 2016 工作区的文档窗口内,鼠标形状为( )。

A. I 形　　　　　　B. 沙漏形　　　　　C. 箭头　　　　　　D. 手形

37. 在 Word 2016 中,段落首行的缩进类型包括首行缩进和(　　)。
   A. 插入缩进　　　　B. 悬挂缩进　　　　C. 文本缩进　　　　D. 整版缩进

38. 在 Word 2016 中要使文字能够环绕图形编辑,应选择的环绕方式是(　　)。
   A. 紧密型　　　　　B. 浮在文字上方　　C. 无　　　　　　　D. 浮在文字下方

39. 在中文 Word 2016 中,以下操作不能创建一个新文档的是(　　)。
   A. 用鼠标左键单击快速访问工具栏中的"新建"按钮
   B. 用鼠标右键单击快速访问工具栏中的"新建"按钮
   C. 用鼠标左键单击"文件"菜单中的"新建"选项
   D. 在键盘上按 Ctrl+N 键

40. 在 Word 2016 中,为了将图形置于文档中,应当使用"插入"选项卡的(　　)选项。
   A. 形状　　　　　　B. 图片　　　　　　C. 文本框　　　　　D. 无法实现

41. 在 Word 2016 中,使用标尺可以直接设置缩进,标尺的顶部三角形代表(　　)。
   A. 左端缩进　　　　B. 右端缩进　　　　C. 首行缩进　　　　D. 悬挂式缩进

42. 选择(　　)操作可实现在文档中新建一页。
   A. "格式"选项卡中的"字体"　　　　　B. "插入"选项卡中的"页码"
   C. "插入"选项卡中的"分页"　　　　　D. "插入"选项卡中的"图片"

43. 在 Word 2016 编辑状态下,预先设定分页控制符,可直接在键盘上按(　　)键。
   A. Ctrl+Space　　　B. Ctrl+Enter　　　C. Alt+Space　　　　D. Alt+Enter

44. 要删除表格中的某一个单元格并使右侧单元格左移,正确的操作是(　　)。
   A. 按 Delete 键
   B. 选择"表格工具"功能区下"布局"选项卡中"删除"选项下的"删除单元格"
   C. 选择"表格工具"功能区下"布局"选项卡中的"拆分单元格"选项
   D. 无法实现

45. 在 Word 2016 编辑状态下,文档中有一行被选中,当按 Ctrl+C 键后,(　　)。
   A. 将插入点所在的行复制到剪贴板中　　B. 将插入点所在的行剪切
   C. 被选中的一行复制到剪贴板中　　　　D. 被选择的一行剪切到剪贴板中

46. 以下关于"拆分表格"命令的说法中,正确的操作是(　　)。
   A. 可以把表格拆分为左、右两个表格　　B. 只能把表格拆分为上、下两个表格
   C. 可以把表格增加几列　　　　　　　　D. 只把表格增加几行

47. 当前插入点在表格中某行的最后一个单元格内,按 Enter 键后(　　)。
   A. 插入点所在的行加宽　　　　　　　　B. 插入点所在的列加宽
   C. 在插入点下一行增加一行　　　　　　D. 对表格不起作用

48. 在文本中插入艺术字的方法是(　　)。
   A. 单击"插入"选项卡中的"图片"选项
   B. 单击"插入"选项卡中的"文本框"选项
   C. 单击"插入"选项卡中的"艺术字"选项

D. 单击"插入"选项卡中的"形状"选项

49. 在 Word 2016 编辑状态下,当前输入的文字显示在(　　)。
　　A. 鼠标光标处　　B. 插入点　　C. 文件尾部　　D. 当前行尾部

50. Word 2016 具有分栏功能,下列关于分栏说法中正确的是(　　)。
　　A. 最多可以设 4 栏　　　　　　B. 各栏的宽度必须相同
　　C. 各栏的宽度可以不同　　　　D. 各栏之间的间距是固定的

51. 在 Word 2016 编辑状态下,对于文档中所插入的图片,不能进行的操作是(　　)。
　　A. 修改其中的图形　　　　　　B. 移动或复制
　　C. 放大或缩小　　　　　　　　D. 剪切

52. 要想观察一个长文档的总体结构,应当使用(　　)方式。
　　A. 草稿视图　　B. 页面视图　　C. 阅读视图　　D. 大纲视图

53. 选定文本后,双击"格式刷"按钮,格式刷可以使用的次数是(　　)。
　　A. 多次　　B. 1 次　　C. 2 次　　D. 3 次

54. 在 Word 2016 文档中插入文本框后,文本框中的内容可以设置除(　　)外的格式。
　　A. 分页、分栏、分节　　　　　B. 对齐方式
　　C. 制表符　　　　　　　　　　D. 左、右缩进

55. 在 Word 2016 的页眉页脚中不能设置(　　)。
　　A. 字符的字形、字号　　　　　B. 边框、底纹
　　C. 对齐方式　　　　　　　　　D. 分栏格式

56. 欲将 Word 2016 文档转存为"记事本"能处理的文件,应首选(　　)文件类型。
　　A. 纯文本　　　　　　　　　　B. Word 文档
　　C. WPS 文本　　　　　　　　　D. RTF 格式

57. 在 Word 2016 中,要选定一个英文单词,可以用鼠标在单词的任意位置(　　)。
　　A. 单击　　B. 双击　　C. 右击　　D. 按住 Ctrl 键单击

58. 在 Word 2016 中的对象翻转或旋转适用于(　　)。
　　A. 正文　　B. 表格　　C. 图形　　D. 位图文件

59. 选定一段文本最快捷的方法是(　　)。
　　A. 双击该段的任意位置
　　B. 鼠标指针在该段左侧变成右向箭头时双击
　　C. 鼠标指针在该段左侧变成左向箭头时单击
　　D. 鼠标指针在该段左侧变成右向箭头时连击 3 次

60. 在 Word 2016 文档中,对于使用绘图工具栏绘制的图形,只能在(　　)方式下才能显示出来。
　　A. 页面视图　　B. 大纲视图　　C. 草稿视图　　D. 阅读视图

61. 在下列关于 Word 2016 操作的叙述中,正确的是(　　)。
　　A. 在文档的编辑过程中,凡是已经显示在屏幕上的内容,都已经被保存在硬盘上
　　B. 单击工具栏中的"保存"按钮,可保存当前 Word 中打开的所有文档

C. 把剪贴板中的内容粘贴到文档的插入点位置之后,剪贴板中的内容将继续存在

D. 用"剪切""复制"和"粘贴"操作,只能在同一个文档中进行选定对象的移动和复制

62. 编辑 Word 2016 文档时,希望在每页的底部或顶部显示页码及一些其他信息,这些信息行出现在文件每页的顶部,就称之为( )。

  A. 页码   B. 分页符   C. 页眉   D. 页脚

63. 在 Word 2016 中,无法实现的操作是( )。

  A. 在页眉中插入图片   B. 建立奇偶页内容不同的页眉

  C. 在页眉中插入分隔符   D. 在页眉中插入日期

64. 在用 Word 2016 编辑时,文字下面的红色波浪下画线表示( )。

  A. 可能有语法错误   B. 可能有拼写错误

  C. 自动对所输入文字的修饰   D. 对输入的确认

65. 为了移动插入的图片,编辑操作的对象应是( )。

  A. 图片整体   B. 其中的图形元素

  C. 其中的基本元素   D. 其中的一个个像素点

66. 为了修改文档某部分的栏数,必须使该部分成为独立的( )。

  A. 段   B. 章   C. 栏   D. 节

67. 当 Word 2016 建立表格时,单元格中的信息( )。

  A. 只限于文字形式   B. 只限于数字形式

  C. 为文字、数字和图形等形式   D. 只限于文字和数字形式

68. 在 Word 2016 对话框中,( )的选择方式是开关形式的。

  A. 文本框   B. 单选按钮   C. 复选框   D. 列表框

69. 在 Word 2016 编辑状态下,操作的对象经常是被选中的内容,若鼠标在某行行首的左边,下列操作可以仅选择光标所在的行的是( )。

  A. 单击鼠标左键   B. 将鼠标左键击 3 下

  C. 双击鼠标左键   D. 单击鼠标右键

70. 在 Word 2016 编辑状态中,"粘贴"操作的组合键是( )。

  A. Ctrl+A   B. Ctrl+C   C. Ctrl+V   D. Ctrl+X

71. 在 Word 2016 编辑状态下,能插入到 Word 文档中的图形文件( )。

  A. 可以是 Windows 所能支持的多种格式的文件

  B. 只能是 Windows 中的"画图"程序产生的 BMP 文件

  C. 可以是 Windows 中的 Excel 程序产生的统计图表

  D. 可以是在 Word 中绘制的

72. 在 Word 2016 文档正文中,段落对齐方式有左对齐、右对齐、居中对齐、分散对齐和( )。

  A. 上下对齐   B. 前后对齐

  C. 两端对齐   D. 内外对齐

73. 在"文件"菜单中可以有若干个文件名,其意思是( )。
   A. 这些文件目前均处于打开状态
   B. 这些文件正在排队等待打印
   C. 这些文件最近用 Word 2016 处理过
   D. 这些文件是当前目录中扩展名为 dot 和 docx 的文件

74. 对于新建的 Word 2016 文档,执行保存命令并输入新文档名,如 LETTER 后,文档窗口的标题栏显示( )。
   A. LETTER   B. LETTER.docx
   C. 文档 1   D. docx

75. 在 Word 2016 中,单击文本框后,按( )键可删除文本框。
   A. Enter   B. Alt   C. Delete   D. Shift

76. 为了释放被占用的内存资源,以提高 Word 2016 的运行速度,提倡编辑完文档随时( )。
   A. 保存文件   B. 全部保存   C. 快速保存   D. 关闭文件

77. 在 Word 2016 中,不能建立另一个文档窗口的操作是( )。
   A. 单击"插入"选项卡中的"文档部件"选项
   B. 单击"窗口"选项卡中的"新建窗口"选项
   C. 选择"文件"菜单中的"新建"选项
   D. 选择"文件"菜单中的"打开"选项

78. 在 Word 2016 中,要求打印文档时每一页上都有页码,( )。
   A. 应当由用户在每一页的文字中自行输入
   B. 应当由用户选择"文件"菜单中的"信息"选项加以指定
   C. 应当由用户选择"插入"选项卡中的"页码"选项加以指定
   D. 已经由 Word 2016 根据纸张大小进行分页时自动加上

79. 在 Word 2016 中插入文本框,可以在( )视图中进行。
   A. 草稿   B. 页面   C. 大纲   D. 阅读

80. 打开 Word 2016 文件的快捷键是( )。
   A. Ctrl+O   B. Ctrl+S   C. Ctrl+N   D. Ctrl+V

81. 在 Word 2016 编辑状态下,打开了一个文档,对文档未做任何修改,随后单击"关闭"按钮或者选择"文件"菜单中的"退出"选项,则( )。
   A. 仅文档窗口被关闭,Word 2016 主窗口未被关闭
   B. 文档和 Word 2016 主窗口全被关闭
   C. 仅文档窗口未被关闭,Word 2016 主窗口未被关闭
   D. 文档和 Word 2016 主窗口全未被关闭

82. Word 2016 自动将用户编辑后得到的文档保存在( )目录中。
   A. \文档   B. \Windows
   C. \DOS   D. \Office 2010\Word 2016

83. 在 Word 2016 文档中,对文本进行格式设置的最小单位是( )。
   A. 单个字母   B. 单个汉字
   C. 单个字符   D. 一行字符

84. 在 Word 2016 编辑状态下,文档窗口显示出水平标尺,拖曳水平标尺上的"首行缩进"滑块,则( )。
   A. 文档中各段落的首行起始位置都重新确定
   B. 文档中被选择的各段落首行起始位置都重新确定
   C. 文档中各行的起始位置都重新确定
   D. 插入点所在行的起始位置被重新确定

85. 在 Word 2016 中,设当前活动的文档为 C:\MYDIR\TEST.DOC,编辑文档后,选择"文件"菜单中的"另存为"选项,则( )。
   A. C:\MYDIR\TEST.DOC 不再存在,编辑的结果存入另一个新文件
   B. C:\MYDIR\TEST.DOC 保持不变,编辑的结果存入 C:\MYDIR 目录下的另一个新文件,文件名由用户在对话框中指定
   C. 编辑的结果存入 C:\MYDIR\TEST.DOC 中,同时编辑的结果存入另一个新文件,文件名和路径由用户在对话框中指定
   D. C:\MYDIR 目录下的 TEST.DOC 保持不变,同时编辑的结果存入另一个新文件,文件名和路径由用户在对话框中指定

86. "文件"菜单中的"关闭"选项的意思是( )。
   A. 关闭 Word 2016 窗口连同其中的文档窗口,并退到 Windows 窗口中
   B. 关闭文档窗口,并退到 Windows 窗口中
   C. 关闭 Word 窗口连同其中的文档窗口,并退到 DOS 状态下
   D. 关闭文档窗口,但仍在 Word 内

87. 下列关于 Word 2016 的说法中,错误的是( )。
   A. Word 可以处理 WPS 产生的字符文件
   B. 新建文件的第一次保存均是以"另存为"的方式保存
   C. 修改了样式后,将自动修改使用该样式的文本格式
   D. 如果删除了某一段落标记,则该段落的格式信息不会丢失

88. 在 Word 2016 中,为把文档中的一段文字转换为表格,要求这些文字每行中的各部分( )。
   A. 必须用逗号分隔开
   B. 必须用空格分隔开
   C. 必须用制表符分隔开
   D. 用以上任意一种符号或其他符号分隔开均可

89. 在 Word 2016 编辑状态中,编辑文档中的文字"F3",应使用"开始"选项卡中的( )选项组。
   A. 字体   B. 段落   C. 样式   D. 剪贴板

90. 在 Word 2016 中,下列选择文本的说法中正确的是( )。
    A. 只能使用鼠标　　　　　　　　　B. 既能使用鼠标又能使用键盘
    C. 只能使用键盘　　　　　　　　　D. 不能使用键盘

91. 对文件 A.doc 修改后退出,Word 2016 会提问是否保存对 A.doc 所做的修改,如果希望保留原文件,将修改后的文件存为另一文件,应当单击( )按钮。
    A. 保存　　　　B. 不保存　　　　C. 取消　　　　D. 帮助

92. 在 Word 2016 编辑状态下,选择了一个段落并设置段落"首行缩进"为 1 厘米,则( )。
    A. 该段落的首行起始位置距页面的左边距 1 厘米
    B. 文档中各段落的首行只由"首行缩进"确定位置
    C. 该段落的首行起始位置在段落的"左缩进"位置的右边 1 厘米
    D. 该段落的首行起始位置在段落的"左缩进"位置的左边 1 厘米

93. 在 Word 2016 编辑状态下,可以显示页面四角的视图方式是( )。
    A. 草稿视图　　　B. 页面视图　　　C. 大纲视图　　　D. 各种视图

94. 在文本编辑过程中,复制文本可以使用( )。
    A. 剪贴板和鼠标　　　　　　　　　B. 鼠标和键盘
    C. 剪贴板和键盘　　　　　　　　　D. 鼠标、键盘和剪贴板

95. 所有段落格式排版都可以通过选择( )所打开的对话框来设置。
    A. "文件"选项卡下"打开"选项组　　B. "开始"选项卡下"样式"选项组
    C. "开始"选项卡下"段落"选项组　　D. "开始"选项卡下"字体"选项组

96. Word 2016 中可实现纠正误操作的方法是( )。
    A. 单击"恢复"按钮　　　　　　　　B. 单击"撤销"按钮
    C. 按 Esc 键　　　　　　　　　　　D. 不存盘退出再重新打开文档

97. 用鼠标选择输入法时,可以单击屏幕( )方的输入法选择器。
    A. 左上　　　　B. 右上　　　　C. 左下　　　　D. 右下

98. 在 Word 2016 窗口中打开一个 58 页的文档,若快速定位到 46 页,正确的操作是( )。
    A. 用向下或向上的箭头定位到 46 页
    B. 用垂直滚动条快速移动文档定位到 46 页
    C. 按 PageUp 或 PageDown 键定位到 46 页
    D. 单击"开始"选项卡下"编辑"选项组中的"查找"按钮,选择"转到"选项,然后在其对话框中输入页号

99. 移动光标到文件末尾的快捷键组合是( )。
    A. Ctrl+PageDown　　　　　　　　B. Ctrl+PageUp
    C. Ctrl+Home　　　　　　　　　　D. Ctrl+End

100. 在 Word 2016 中,块通常被定义为包括从起点至终点的所有行中的所有字符,但如果按住( )键同时定义块,则可以定义一个矩形块。
    A. Ctrl+Shift　　B. Shift　　　　C. Ctrl　　　　D. Alt

101. 在 Word 2016 工作过程中,要删除插入点光标右边的字符,按( )键。
    A. Backspace   B. Enter   C. Delete   D. Insert
102. 用键盘进行选择文本,只要按( )键,同时实施光标定位的操作即可。
    A. Alt   B. Ctrl   C. Shift   D. Ctrl+Alt
103. 与打印输出有关的命令在( )菜单中。
    A. 编辑   B. 文件   C. 工具   D. 格式
104. 下列内容中,不属于"打印"命令对话框中设置项目的有( )。
    A. 打印份数   B. 起始页码   C. 打印范围   D. 页码位置
105. "复制"的快捷键是( )。
    A. Ctrl+V   B. Ctrl+B   C. Ctrl+C   D. Ctrl+X
106. "剪切"的快捷键是( )。
    A. Ctrl+V   B. Ctrl+B   C. Ctrl+C   D. Ctrl+X
107. 若全选整个文档,最快捷的方法是按( )键。
    A. Ctrl+A   B. Ctrl+H   C. Ctrl+O   D. Ctrl+E
108. 快速访问工具栏中按钮 的作用为( )。
    A. 复制   B. 剪切   C. 粘贴   D. 格式
109. 在 Word 2016 中,对图片不可以进行的操作是( )。
    A. 添加文字   B. 添加边框   C. 裁剪   D. 添加底纹
110. 对文档保护一般不采用的方法是( )。
    A. 设置"打开权限密码"   B. 将文档隐藏
    C. 设置修改权限密码   D. 设置文件的属性
111. 在 Word 2016 编辑状态下,选中了全文,若想在"段落"对话框中设置行距为 20 磅,应选择"行距"下拉列表框中的( )。
    A. 单倍行距   B. 1.5 倍行距   C. 固定值   D. 多倍行距
112. 在草稿视图下,人工分页符的表现形式是( )。
    A. 水平实线   B. 写有"分页"两字
    C. 水平虚线   D. 不显示
113. 在 Word 2016 中想插入一幅保存在"我的文档"中的图片,应当使用"插入"选项卡中的( )。
    A. 联机图片   B. 图片   C. 我的文档   D. 无法实现
114. 在 Word 2016 中改变图片大小本质上就是( )。
    A. 改变图片内容   B. 按比例放大或缩小
    C. 只是一种显示效果   D. 对图片裁剪
115. 在 Word 2016 编辑状态下,可实现英文输入状态与汉字输入状态切换的快捷键是( )。
    A. Ctrl+空格键   B. Alt+Ctrl   C. Shift+Ctrl   D. Alt+空格键
116. 在对新建文档进行编辑后,若要保存,下列说法最准确的是( )。

A. 可能是对"保存"对话框进行操作　　B. 一定会是"保存"对话框进行操作

C. 可能是对"另存为"对话框进行操作　D. 一定会是"另存为"对话框进行操作

117. 将当前一个表格分为两个表格,应使用"布局"选项卡的(　　)选项。

　　A. 拆分单元格　　　　　　　　　B. 拆分表格

　　C. 表格自动套用格式　　　　　　D. 无法操作

118. 将 Word 的文档窗口进行最小化操作,则(　　)。

　　A. 将指定的文档关闭

　　B. 关闭文档及其窗口

　　C. 文档的窗口和文档都没关闭

　　D. 将指定的文档从外存中读入,并显示出来

119. 在 Word 的编辑状态下,要想设置页码,应当使用"插入"选项卡中的(　　)。

　　A. "分隔符"选项　　B. "页码"选项　　C. "符号"选项　　D. "对象"选项

120. 在 Word 的编辑状态下,单击快速访问工具栏中的💾按钮后(　　)。

　　A. 将所有的文档存盘　　　　　　B. 将新文档存盘

　　C. 将当前文档存盘　　　　　　　D. 将屏幕中显示的所有文档存盘

121. 在 Word 的编辑状态下,使用"字体"选项组中的字号按钮可以设定文字的大小,下列 4 个字号中最大的是(　　)。

　　A. 三号　　　　B. 小三　　　　C. 四号　　　　D. 小四

122. 在 Word 的编辑状态下,要想为当前文档中的文字设置上标、下标效果,应当使用"开始"选项卡中的(　　)。

　　A. "字体"选项组　　　　　　　　B. "段落"选项组

　　C. "剪贴板"选项组　　　　　　　D. "样式"选项组

123. 在 Word 的编辑状态下,要想为当前文档中的文字设定行距,应当使用"开始"选项卡中的(　　)。

　　A. "字体"选项组　　　　　　　　B. "段落"选项组

　　C. "剪贴板"选项组　　　　　　　D. "样式"选项组

124. 在 Word 的编辑状态下,当前文档中有一个表格,经过拆分表格操作后,表格被拆分成上、下两个表格,两个表格中间有一个回车符,当删除该回车符后,(　　)。

　　A. 上、下两个表格被合并成一个表格

　　B. 两表格不变,插入点被移到下边的表格中

　　C. 两表格不变,插入点被移到上边的表格中

　　D. 两个表格被删除

第 4 章
Excel 电子表格

4.1 实验指导

实验一 工作表建立及基本操作

一、实验目的

1. 熟悉 Excel 2016 窗口的基本组成。
2. 掌握建立工作表的方法。
3. 熟悉单元格式的设置方法。
4. 掌握条件格式的设置方法。
5. 掌握窗口冻结和拆分操作。

二、实验内容

1. 建立工作表,输入数据。
2. 设置标题行格式为黑体、红色,字号为 18 磅,合并居中。设置标题行高为 35 像素。
3. 将工作表中的单元格内容(除标题行)格式设置为楷体、字号为 12 磅,且水平和垂直方向均为居中对齐。设置行高为 23,列宽为 14。
4. 对工作表中的成绩区域设置条件格式,对成绩小于 60 分的单元格设置格式为红色、加下画线、加粗、倾斜,单元格底纹设为 "灰色"。
5. 将工作表数据区设置红色边框线。
6. 将工作表拆分成为上、下两个水平窗口。冻结第二行及上方的数据保持可见。

三、预备知识

(一) Excel 2016 窗口的组成

Excel 2016 启动后的窗口,如图 4.1 所示。
该窗口由标题栏、功能区、表格区、工作表标签区、状态栏等部分组成。

图 4.1　Excel 2016 的窗口界面

一）标题栏

标题栏中显示了最常用的按钮和当前工作簿的名称。右侧显示 4 个按钮分别是"功能区显示选项""最小化""最大化/向下还原"和"关闭"。单击"功能区显示选项"按钮，选择"自动隐藏功能区"选项，使窗口达到最大，并且隐藏功能区和状态栏。

二）功能区

该区最左边为"文件"菜单，其后为"开始""插入""页面布局"等选项卡，每个选项卡中包含由若干个选项或按钮组成的选项组，例如，"开始"选项卡中包括"字体""对齐方式"等选项组。

双击某个选项卡的名称时，可以将该选项卡中的功能按钮隐藏起来，再次双击时又可显示出来。

三）表格区

这是二维表格，左边显示每一行的行号，上方是每一列的列标。

四）工作表标签区

工作表标签区位于表格左下方，显示组成工作簿的各个工作表的名称。

五）状态栏

状态栏位于窗口的最下方，右侧是工作簿视图浏览方式按钮，最右边为缩放区，拖曳其中的滑块可以改变工作表显示的缩放比例。

（二）Excel 2016 的基本概念

一）工作簿

一个 Excel 文件就是一个工作簿，其扩展名为 xlsx。工作簿用来存储并处理工作数据，它由若干个工作表组成，默认的工作表以 Sheet1、Sheet2 等表示，单击某工作表标签，即可激活该工作表，鼠标指向工作表标签时可重命名、增加或删除工作表。

二）工作表

工作表是一个由 1 048 576（2^{20}）行和 16 384（2^{14}）列组成的表格，横向称为行，行号自上而下为 1~1 048 576；纵向称为列，列号从左到右为 A，B，C，…，Y，Z，AA，AB，…，AZ，

BA，BB，…，BZ，…，XFA，…，XFD等。

单击某工作表标签右侧的加号，即可在活动工作表后添加新的工作表。一般建议工作表命名应具有一定的含义。用鼠标右键单击要重命名工作表，在弹出的快捷菜单中选择"重命名"命令。

默认情况下，工作表中列宽是64，行高是20。要想调整列宽，可单击选择需要调整的一列或多列，将鼠标置于列标题的右边，鼠标指针变成水平箭头的十字时，按住鼠标左键拖曳直到达到所需要的宽度为止，所选择的列调整为同一宽度，调整行高方法同上。还可以利用命令调整行列宽度，将在后面详述。

三）单元格

单元格是组成工作表的最小单位，每个单元格由行号和列号来构成单元格的名称或地址，这就是它的"引用地址"，通常把列号写在行号的前面，例如第A列和第一行相交处的单元格的地址是A1。为了区分不同工作表中的单元格，可在地址前加工作表名称，例如，Sheet2!A1表示Sheet2工作表的A1单元格。

在单元格内可以输入数字、文字、公式、图片、声音文件等内容。对每个单元格中可以设置其格式，例如，字体、字号等。还可以在单元格中插入批注，批注就是对单元格所做的注解。

（三）规律数据的快速输入

在Excel中，单元格中数据常见的有数值、文本、日期等。在输入数据时，经常会遇到一些自身存在一定规律的数据，例如，年份、月份等，对于此类数据可以使用自动填充功能来快速输入。

一）输入相同的数据

如果在同一行或同一列相邻的单元格中输入相同的数据，在输入第一个数据之后，可以拖曳当前单元格右下角的填充柄，则鼠标拖曳所经过的单元格都被填充该单元格的内容。在实际操作时应注意，当把鼠标移动到填充柄处时，屏幕上指针变为细十字形状"+"。

二）有序数据

有序的数据是指等差、等比、系统预定义序列和用户自定义的序列等数据。当某行或某列为有规律的数据时，使用Excel提供的"自动填充"功能避免重复输入数据。自动填充根据初值来决定后续填充项。

如果是数值序列，则必须输入前两个单元格的数据，然后选定这两个单元格，按住右下角的填充柄拖曳，系统根据默认的两个单元格的等差关系，在拖曳到的单元格内依次填充等差序列数据。

如果需要填充等比序列数据或日期序列，则可以输入一个初值，选定需要填充的数据单元格区域，选择"开始"选项卡下"编辑"选项组中的"填充"选项，再选择"序列"，打开"序列"对话框，如图4.2所示，选取所需序列选项即可。

（四）条件格式

单元格的格式包括数据显示方式、文本的对齐方式、字体、字号、边框、底纹等，通过设置单元格格式能使工作表的整体更美观、简洁。在进行格式设置之前，要先选择进行设置的单元格对象。

利用条件格式,可以将工作表中的数据有条件地筛选出来,并在单元格中进行格式设置使其突出显示,从而帮助用户直观地查看和分析数据。选择"开始"选项卡下"样式"选项组中的"条件格式"选项来设置条件格式。

(五)自动套用表格格式

Excel 提供了许多预定义的表格格式,可以快速地格式化整个表格。这可通过选择"开始"选项卡下"样式"选项组中的"套用表格格式"选项来实现。

图 4.2 "序列"对话框

(六)窗口冻结和拆分

在编辑列数或者行数特别多的表格时,利用拆分窗口功能,可以在不隐藏行或列的情况下将相隔很远的行或列移动到相近的地方,以便更准确地输入或查看数据。选择"视图"选项卡下"窗口"选项组中的"拆分"选项,可将窗口分开两栏或更多。

冻结窗口是为了在移动工作表可视区域的时候,始终保持某些行/列在可视区域内,以便对照或操作。被冻结的部分往往是标题行/列,也就是表头部分。若选定一个单元格,选择"视图"选项卡下"窗口"选项组中"冻结窗格"下的"冻结拆分窗格"选项,则它之上的行和它之左的列将被冻结。

四、实验步骤

1. 建立工作表,输入数据。

启动 Excel 2016,新建一个工作簿,在 Sheet1 表中输入表 4.1 所示数据,把 Sheet1 表更名为"成绩统计表",并以"考试成绩.xlsx"为文件名保存在 E 盘自己创建的文件夹中。

表 4.1 考试成绩表

专升本考试成绩表				
考生编号	姓名	高等数学	英语	计算机基础
08061101	李林	78	90	88
08061102	吴静	67	77	85
08061103	周欣	90	89	78
08061104	张敏	77	56	65
08061105	罗芸	85	85	84
08061106	胡阳	80	75	80
08061107	何丹丹	75	45	70
08061108	周明	56	78	76

续表

考生编号	姓名	高等数学	英语	计算机基础
08061109	李兰	78	67	94
08061110	马丽	67	43	43
08061111	熊辉	45	57	84
08061112	宋强	72	74	64
08061113	郑旭升	84	45	89
08061114	赵丽	85	67	87
08061115	陶波	94	90	89

【提示】

(1) 在 A1 单元格输入标题"专升本考试成绩表"。

(2) 学号因为是数字形式的文本数据,应先在输入数字前加单引号,再输入学号。输入第一个学号后,利用自动填充功能完成后面的学号的输入。具体操作用鼠标指向第一个学号所在单元格右下角的填充柄,此时鼠标指针更改形状变为细十字"+",然后按住鼠标左键向下拖曳至填充的最后一个单元格,即可完成学号的自动填充。

从已输入的数据可以看出,文本数据会自动向左对齐,数值数据会自动向右对齐。

(3) 选中 Sheet1 工作表标签,单击鼠标右键,弹出快捷菜单,选择"重命名"命令,如图 4.3 所示,把 Sheet1 表更名为"成绩统计表"。

(4) 完成数据输入,单击"文件"菜单,选择"保存"选项,选择好保存位置,输入文件名为"考试成绩",单击"保存"按钮,完成文件的保存。

图 4.3 工作表右键快捷菜单

2. 设置标题行格式为黑体、红色,字号为 18 磅,合并居中。设置标题行高为 35 像素。

【提示】

(1) 选中 A1~E1 单元格区域,选择"开始"选项卡下"对齐方式"选项组中的"合并后居中"选项,将标题行各单元格合并后居中。

(2) 选中标题行,选择"开始"选项卡下"字体"选项组中字体、字号、字体颜色等选项,将标题行文字设置为黑体、18、红色。

(3) 选中第一行,选择"开始"选项卡下"单元格"选项组中的"格式"选项,选择"行高",并在"行高"对话框中输入 35。

3. 将工作表中的单元格内容(除标题行)格式设置为楷体,字号为 12 磅,水平和垂直方向均为居中对齐。设置行高为 23,列宽为 14。

【提示】

(1) 选择数据区域 A2~E17,选择"开始"选项卡下"字体"选项组中字体、字号中的楷体、12。

(2) 选择"开始"选项卡下"对齐方式"选项组中的"垂直居中""居中"(左右居中)选项,使数据在单元格中水平和垂直方向均居中对齐。

(3) 选中第 2~17 行,选择"开始"选项卡下"单元格"选项组中的"格式"选项,再选择"行高",并在"行高"对话框中输入 23。

(4) 选中第 A~E 列,选择"开始"选项卡下"单元格"选项组中的"格式"选项,再选择"列宽",并在"列宽"对话框中输入 14。

4. 对工作表中的成绩区域设置条件格式,对成绩小于 60 分的单元格设置格式为红色、加下画线、加粗、倾斜,单元格底纹设为"灰色"。

【提示】

(1) 选择数据区域 C3~E17,选择"开始"选项卡下"样式"选项组中的"条件格式"选项,再选择"突出显示单元格规则"下的"小于"选项,打开"小于"对话框,如图 4.4 所示。

(2) 在对话框左边的框中输入"60"(即小于 60),在"设置为"下拉列表框中选择"自定义格式",打开"设置单元格格式"对话框,如图 4.5 所示。

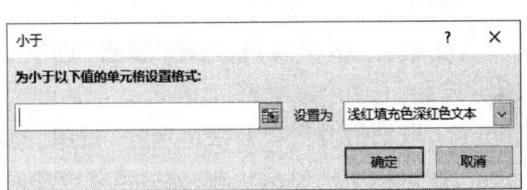

图 4.4 "小于"对话框

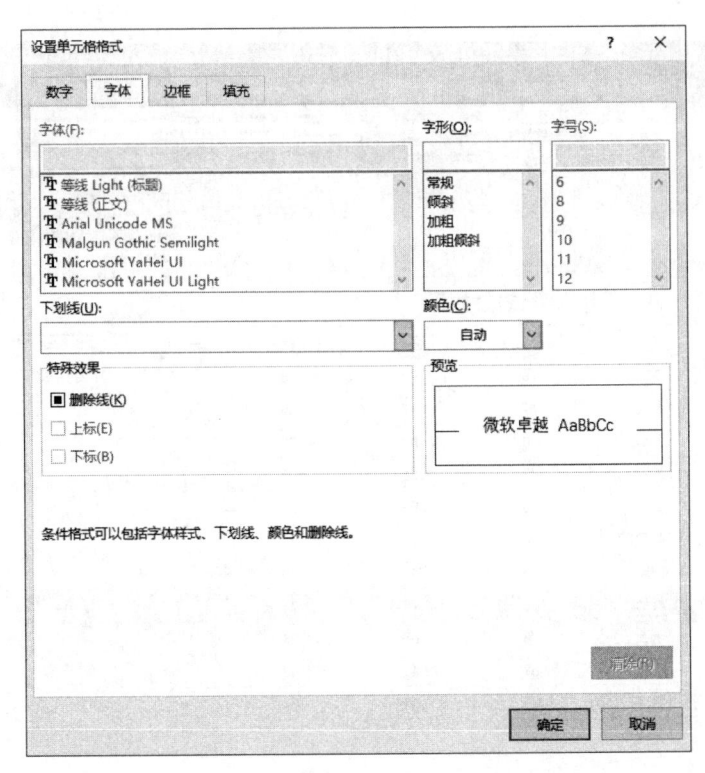

图 4.5 "设置单元格格式"对话框

(3) 在"设置单元格格式"对话框中,分别选择"单下画线""加粗倾斜"和"红色"。

(4) 再单击"填充"选项卡,设置单元格底纹颜色为"灰色"。单击"确定"按钮,关闭对话框。

(5) 单击 Excel 窗口标题栏中的"保存"按钮,完成工作表的保存。

5. 将工作表数据区设置红色边框线。

【提示】

(1) 选择区域 A1~E17,单击"字体"选项组右下方的箭头,打开"设置单元格格式"对话框。

(2) 单击"边框"选项卡,先选择线条的样式和颜色,再单击"预置"中的"外边框"和"内部"按钮,完成边框线的设置。单击"确定"按钮,关闭对话框。

6. 将工作表拆分成为上、下两个水平窗口。冻结第二行及上方的数据保持可见。

【提示】

(1) 选择 A8 单元格,选择"视图"选项卡下"窗口"选项组中的"拆分"选项,窗口被拆分成上、下两个水平窗口。

(2) 取消拆分窗口效果。选择"视图"选项卡下"窗口"选项组中的"拆分"选项,"拆分"按钮退出突出显示状态,窗口恢复成单一窗口状态。

(3) 选择 A3 单元格,选择"视图"选项卡下"窗口"选项组中的"冻结窗格"选项,选择"冻结拆分窗格"选项,如图 4.6 所示,此时在第二行下面会有一条线,垂直滚动时,第

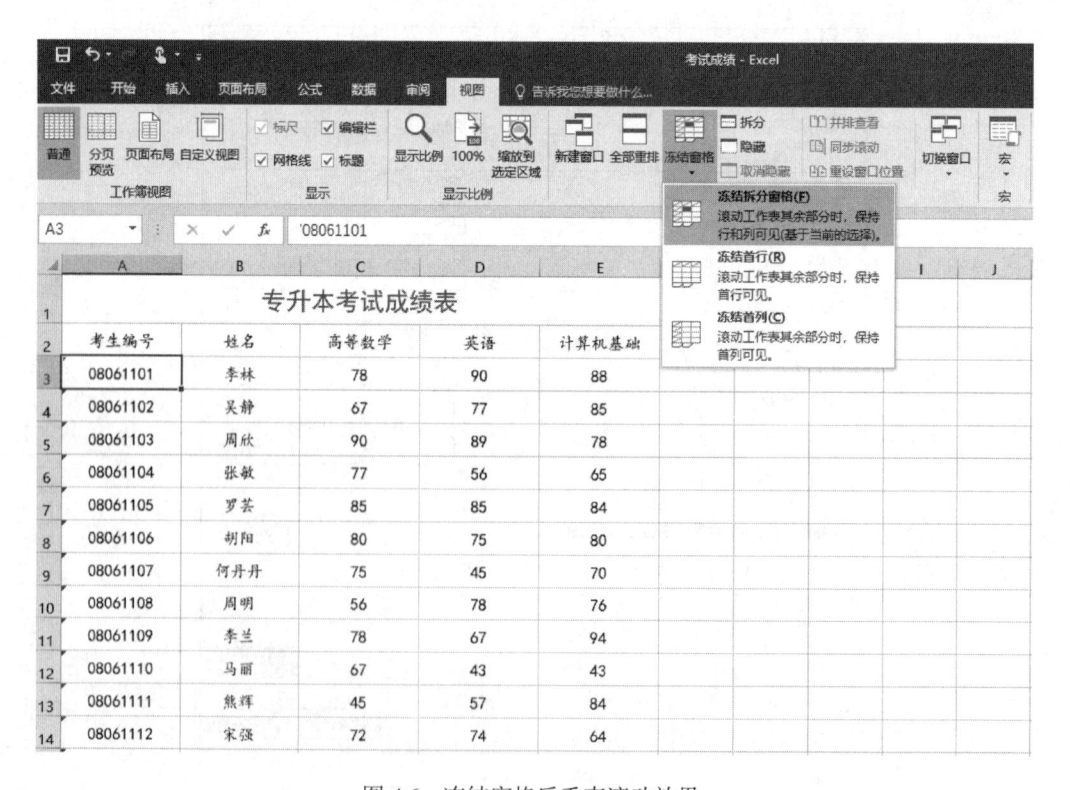

图 4.6 冻结窗格后垂直滚动效果

二行和上方的数据保持可见。

五、样张

本实验样张效果见图 4.7。

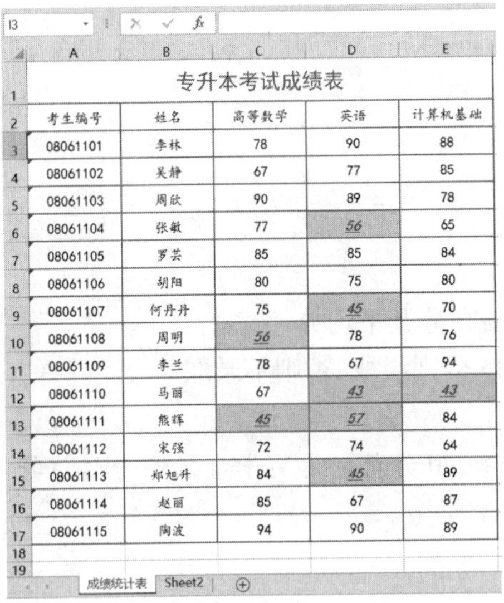

	A	B	C	D	E
1	专升本考试成绩表				
2	考生编号	姓名	高等数学	英语	计算机基础
3	08061101	李林	78	90	88
4	08061102	吴静	67	77	85
5	08061103	周欣	90	89	78
6	08061104	张敏	77	56	65
7	08061105	罗芸	85	85	84
8	08061106	胡阳	80	75	80
9	08061107	何丹丹	75	45	70
10	08061108	周明	56	78	76
11	08061109	李兰	78	67	94
12	08061110	马丽	67	43	43
13	08061111	熊辉	45	57	84
14	08061112	宋强	72	74	64
15	08061113	郑旭升	84	45	89
16	08061114	赵丽	85	67	87
17	08061115	陶波	94	90	89

(a) 设置格式效果

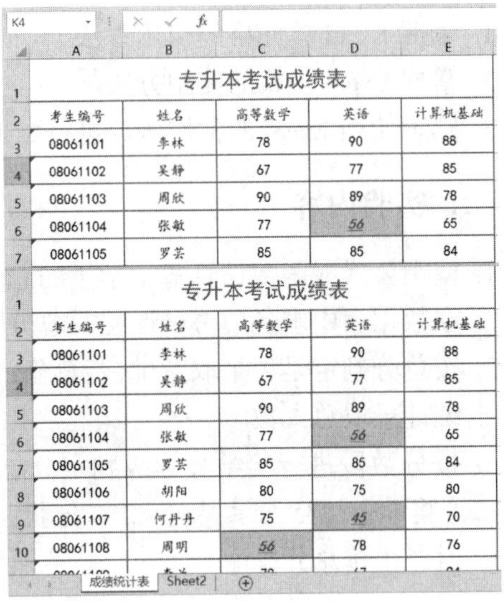

	A	B	C	D	E
1	专升本考试成绩表				
2	考生编号	姓名	高等数学	英语	计算机基础
3	08061101	李林	78	90	88
4	08061102	吴静	67	77	85
5	08061103	周欣	90	89	78
6	08061104	张敏	77	56	65
7	08061105	罗芸	85	85	84
1	专升本考试成绩表				
2	考生编号	姓名	高等数学	英语	计算机基础
3	08061101	李林	78	90	88
4	08061102	吴静	67	77	85
5	08061103	周欣	90	89	78
6	08061104	张敏	77	56	65
7	08061105	罗芸	85	85	84
8	08061106	胡阳	80	75	80
9	08061107	何丹丹	75	45	70
10	08061108	周明	56	78	76

(b) 工作表拆分效果

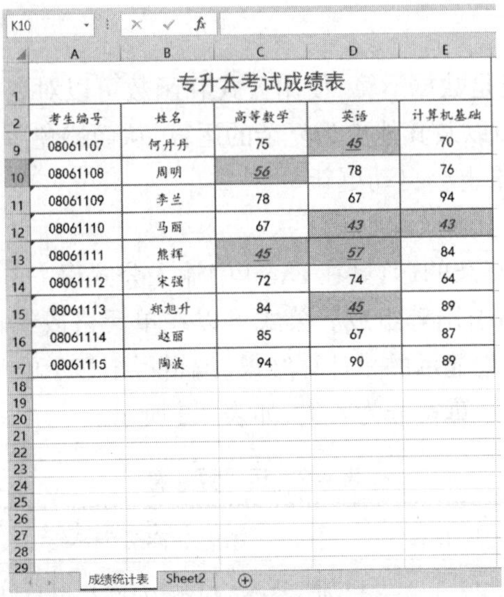

	A	B	C	D	E
1	专升本考试成绩表				
2	考生编号	姓名	高等数学	英语	计算机基础
9	08061107	何丹丹	75	45	70
10	08061108	周明	56	78	76
11	08061109	李兰	78	67	94
12	08061110	马丽	67	43	43
13	08061111	熊辉	45	57	84
14	08061112	宋强	72	74	64
15	08061113	郑旭升	84	45	89
16	08061114	赵丽	85	67	87
17	08061115	陶波	94	90	89

(c) 工作表冻结效果

图 4.7 实验一样张

实验二 公式与函数

一、实验目的

1. 掌握 Excel 单元格的引用方法。
2. 掌握 Excel 公式的使用方法。
3. 熟悉使用 Excel 的常用函数进行数据统计。

二、实验内容

1. 使用公式或函数计算每个学生的总分。
2. 在数据表中求各门考试课程及总分的最高分及平均分。
3. 按总分判定是否录取考生,若总分≥235 分则录取,否则不录取。
4. 统计录取总人数。
5. 按分数段进行奖学金等级判定。总分≥270 分获一等奖学金,250 分≤总分<270 分获二等奖学金,235 分≤总分<250 分获三等奖学金。
6. 对考生按总分排序。

三、预备知识

(一) 数值计算

Excel 最强大的功能是数据运算,使用公式和函数可以对表中数据进行求和、求平均值、计数、求最大/最小值以及其他更为复杂的运算,从而避免手工计算的烦琐和错误,数据修改后公式的计算结果也会自动更新。

一) 公式

使用公式可以进行复杂的运算,在 Excel 中输入公式以 "=" 或 "+" 开头,公式由函数名、常量、运算符、单元格引用等组成。公式可以在单元格或编辑栏中直接输入,一般在完成公式输入后,单元格中显示的是计算结果,编辑栏中显示的是公式。

Excel 公式中常用的运算符分为 4 类,如表 4.2 所示。

表 4.2 运 算 符

运算符名称	表示形式
算术运算符	+(加)、-(减)、*(乘)、/(除)、%(百分比)、^(乘方)
比较运算符	=、>、<、>=、<=、<>(不等于)
文本运算符	&(字符串连接)
引用运算符	:(冒号)、,(逗号)、 (空格)

1. 公式中使用最多的是算术运算符,完成基本数学公式运算,运算的对象是数值,结果也是数值。

2. 比较运算符用来比较两个具有数值关系的对象,运算结果为逻辑值 TRUE(真)或 FALSE(假)。例如,"3>4" 的结果为 FALSE,"4>3" 的结果为 TRUE。

3. 文本运算符(&)用来将多个文本连接为一个文本,其操作对象可以是带引号文字,也可以是单元格的地址。例如,在某一单元格中输入 "="Excel 2016" & " 电子表格 "",其运算结果为 "Excel 2016 电子表格";又如,A5 单元格的内容是 "计算机基础",B5 单元格的内容是 "教程",在 C5 单元格中输入公式 "=A5 & B5",则结果为 "计算机基础教程"。

4. 引用运算是电子表格特有的运算,可对单元格实施合并计算。

(1) 冒号(:):用于指定由两对角的单元格围起的单元格区域。例如 "A1:B3",指定了 A1、B1、A2、B2、A3、B3 这 6 个单元格。

(2) 逗号(,):也称联合运算符,表示同时引用逗号前后单元格,如 "A2,B3,C4" 指定引用 A2,B3,C4 这 3 个单元格。

(3) 空格:也称交叉运算符,引用两个或两个以上单元格区域的重叠部分。如 "B1:C3 C1:D3" 将指定 C1、C2、C3 这 3 个单元格,如果给出的引用单元格区域没有重叠部分,就会出现错误信息 "#NULL!"。

二) 函数

一些复杂的运算,如果由用户自己设计公式计算比较麻烦,有些甚至无法做到(如求平方根)。Excel 提供了多种类型函数,这些函数包括数学与三角函数类、财务类、统计类等函数,每一类中又包含若干函数。

使用函数可在 "公式" 选项卡中的 "函数库" 选项组中查找,如图 4.8 所示。

图 4.8 "函数库" 选项组

三) 自动求和

对 5 个最基本的函数:求和(SUM)、平均值(AVERAGE)、计数(COUNT)、最大值(MAX)和最小值(MIN),Excel 提供了一种快捷的使用方法,即使用 "自动求和" 下拉列表,它将自动对选定单元格的上方或左侧的数据进行相应的 5 种基本计算。方法是先选择数据区域和存放结果的区域,然后选择 "开始" 选项卡下 "编辑" 选项组里的 "自动求和" 选项即可,如图 4.9 所示。

图 4.9 "自动求和" 下拉列表

若要计算两个不连续的区域之和,先选中存放结果的单元格。然后选择"自动求和"选项,在编辑区将显示"=SUM()",然后按住 Ctrl 键,分别选择不同的区域,选择完成后按 Enter 键即可。

(二)公式和函数中单元格的引用

引用的作用在于标识工作表上的单元格和单元格区域,并指明使用数据的位置。通过引用可以在公式中使用工作表中单元格的数据。公式中引用单元格、公式的复制可以节省大量的公式重复输入工作。单元格引用分为相对引用、绝对引用和混合引用。

一)相对引用

相对引用是指在公式复制或移动时,公式中单元格的行号、列标会根据目标单元格所在的行号、列标的变化自动进行调整。相对引用的表示方法是用字母表示列,用数字表示行。例如,如果在 G2 单元输入公式"=(D2+E2+F2)/3",当复制到 G3 单元格时,由于目标单元格的行号发生了变化,这时复制的公式中行号也相应地发生变化,G3 单元格中公式变成了"=(D3+E3+F3)/3"。

二)绝对引用

绝对引用是指公式复制或移动时,不论目标单元格在什么地址,公式中单元格的行号和列标均保持不变。绝对引用的表示方法是在行号和列号前面加"$"符号。例如,求平均值函数时,在单元格 G2 单元格中输入函数"=AVERAGE($D$2:$F$2)",如把 G2 公式复制到 G3 单元格中,其公式仍为"=AVERAGE($D$2:$F$2)",G3 单元格与 G2 单元格计算结果值是一样的。

三)混合引用

混合引用是指公式复制或移动时,公式中单元格的行号或列标只有一个要自动调整,而另一个保持不变。它是相对引用地址和绝对引用地址的混合使用。例如$A2 和 A$2,当公式复制时,$A2 单元格是列不变行变,而 A$2 单元格是行不变列变。

四、实验步骤

1. 对实验一创建的工作表添加以下字段项:总分、是否录取、奖学金等级、排名、最高分、平均分、录取总人数,如表 4.3 所示,再利用公式或函数计算每个学生的总分。

【提示】

(1) 最高分、平均分及录取总人数字段值分别在 A18、A19、A20 单元格中输入,再选中 A18 与 B18、A19 与 B19、A20 与 B20,分别完成"合并后居中"格式设置。

(2) 利用公式计算每个学生的总分,首先在 F3 单元格中输入"=C3+D3+E3",输完后按 Enter 键。可以看到在单元格中显示的是计算的结果,编辑栏中显示的是公式。

(3) 按住 F3 单元格右下角的填充柄,沿 F4~F17 拖曳,在 F4~F17 单元格内自动计算出每个学生的总分。单击 F4 单元格,显示总分为 229,而编辑区内显示的是"=C4+D4+E4"。公式中引用的单元格在公式复制时,其行号随单元格行号的变化而变化,这就是单元格的相对引用。

表 4.3　考试成绩统计表

专升本考试成绩表

考生编号	姓名	高等数学	英语	计算机基础	总分	是否录取	奖学金等级	排名
08061101	李林	78	90	88				
08061102	吴静	67	77	85				
08061103	周欣	90	89	78				
08061104	张敏	77	56	65				
08061105	罗芸	85	85	84				
08061106	胡阳	80	75	80				
08061107	何丹丹	75	45	70				
08061108	周明	56	78	76				
08061109	李兰	78	67	94				
08061110	马丽	67	43	43				
08061111	熊辉	45	57	84				
08061112	宋强	72	74	64				
08061113	郑旭升	84	45	89				
08061114	赵丽	85	67	87				
08061115	陶波	94	90	89				
最高分								
平均分								
录取总人数								

2. 用函数求各门考试课程及总分的最高分及平均分,其中平均分保留一位小数点。

【提示】

(1) 单击 C18 单元格,选择"公式"选项卡下"函数库"选项组中的"其他函数",再选择"统计"下的"MAX"选项,如图 4.10 所示,打开"函数参数"对话框,如图 4.11 所示。

(2) 在"Number1"框内输入 C3:C17,或用鼠标选中 C3~C17 单元格区域,单击"确定"按钮,完成 C18 单元格的最高分计算,再用自动填充功能完成 D18~F18 单元的最高分计算。

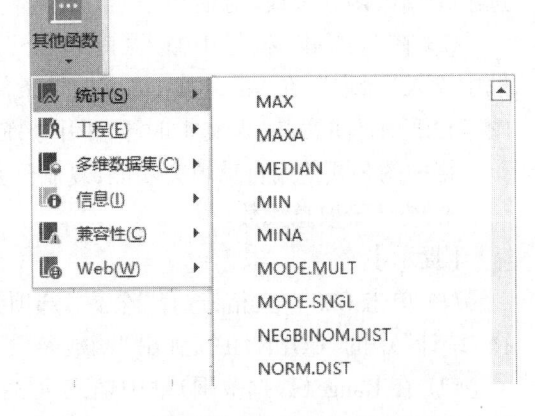

图 4.10　选择"其他函数"下"统计"中的"MAX"

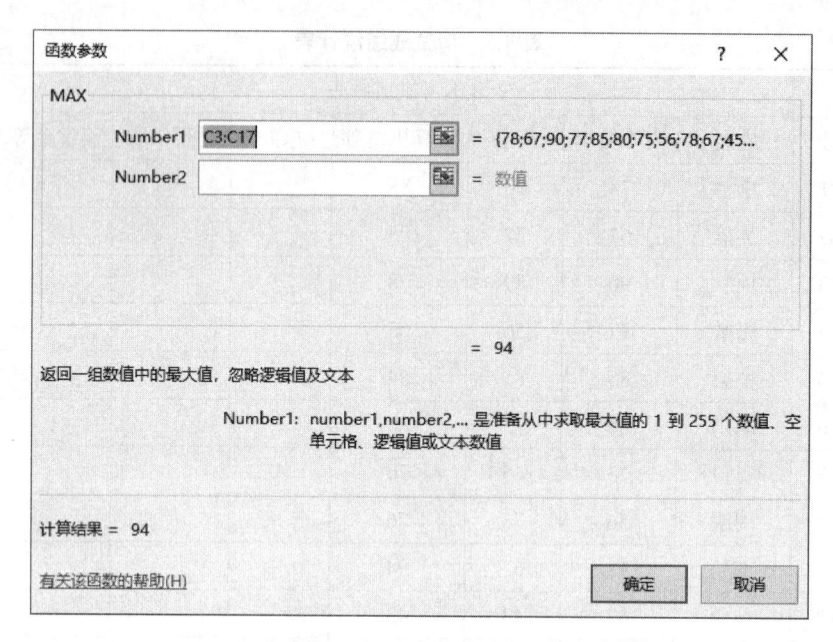

图4.11 "函数参数"对话框

（3）求各门课程的平均分。单击C19单元格，选择"公式"选项卡下"函数库"选项组中的"自动求和"选项，再选择"平均值"。也可在"开始"选项卡下"编辑"选项组中选择"自动求和"下拉列表中的"平均值"。在"=AVERAGE()"括号内输入数据区域C3：C17，或用鼠标选中C3~C17单元格区域，再单击Enter键，完成C19单元格的平均分计算。用自动填充功能完成D19~F19单元格的平均分计算。

（4）选择数据区域C19~F19，在"开始"选项卡下"数字"选项组中单击"减少小数位数"和"增加小数位数"按钮，使平均分保留一位小数。

3. 按总分判定是否录取考生，若总分≥235分则录取，否则不录取。

【提示】

（1）单击G3单元格，选择"公式"选项卡下"函数库"选项组中的"逻辑"，再选择"IF"选项，弹出"函数参数"对话框。

（2）在Logical_test框中输入"F3>=235"，在Value_if_ture（如果条件成立应输出的值）框中输入"录取"，在Value_if_false（如果条件不成立应输出的值）框中输入"不录取"，如图4.12所示（注意：输入文本时不加引号，Excel会自动添加）。单击"确定"按钮。将G3单元格中的公式使用自动填充功能，复制到其他单元格中。

4. 统计录取总人数。

【提示】

（1）单击C20单元格，选择"公式"选项卡下"函数库"选项组中的"其他函数"，再选择"统计"中的"COUNTIF"，弹出"函数参数"对话框。

（2）在Range（数据范围）框中输入"G3:G17"，定义Criteria（计数条件）为"录取"，如图4.13所示。单击"确定"按钮。

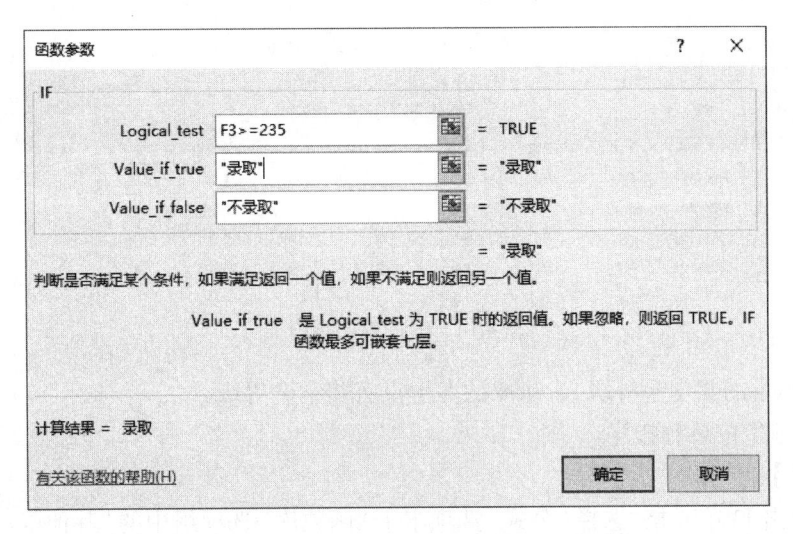

图 4.12　IF 参数设置对话框

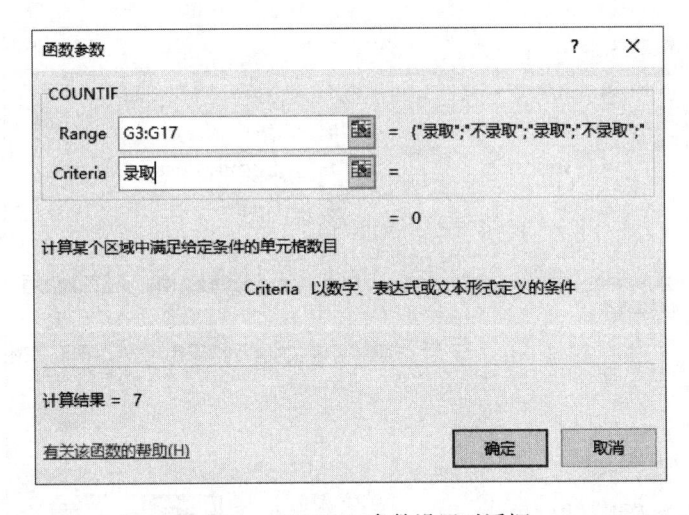

图 4.13　COUNTIF 参数设置对话框

5. 按分数段进行奖学金等级判定。总分≥270 分获一等奖学金,250 分≤总分 <270 分获二等奖学金,235 分≤总分 <250 分获三等奖学金。

【提示】

(1) 单击 H3 单元格,在编辑栏输入 =IF(F3>=270," 一等 ",IF(F3>=250," 二等 ",IF(F3>=235," 三等 ",""))),输完后按 Enter 键。可以在单元格中看到显示结果,如图 4.14 所示。注意输入 IF 公式时对应的各符号应在英文输入法状态输入,该公式意义是当满足条件总分≥270 时,则返回值"一等";当不满足条件总分≥270 时,判断是否有总分≥250,如果满足条件总分≥250,则返回值"二等";当不满足条件总分≥250 时,判断条件是否总分≥235,如果满足条件总分≥235,则返回值"三等",否则返回空。

(2) 按住 H3 单元格右下角的填充柄,沿 H4~H17 拖曳,在 H4~H17 单元格内自动计

图 4.14　IF 函数嵌套用法

算出每个学生的奖学金等级,未录取的考生没有奖学金等级。

6. 对考生按总分排序。

【提示】

(1) 单击 I3 单元格,选择"公式"选项卡下"函数库"选项组中的"其他函数",再选择"统计"下的"RANK.EQ"选项,弹出"函数参数"对话框,如图 4.15 所示。

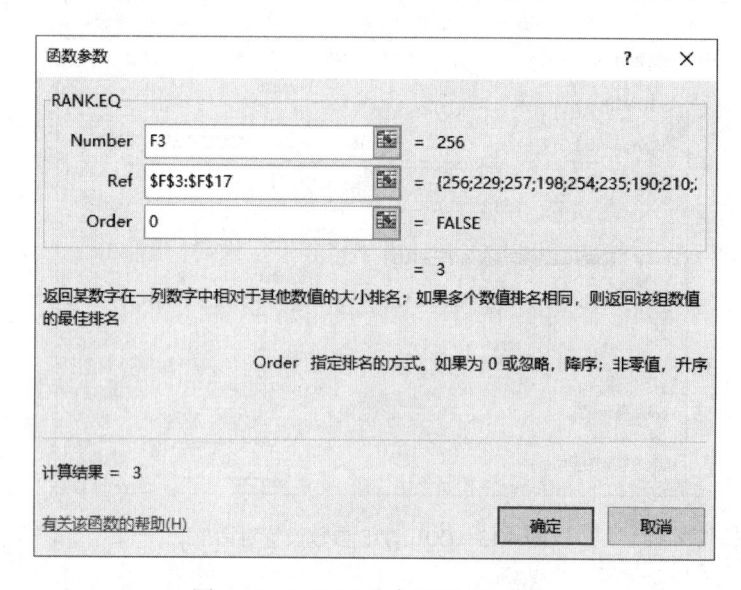

图 4.15　RANK.EQ 参数设置对话框

(2) 在 Number(数值)框中输入"F3",这里 F3 是需要确定位次的数据。

(3) 在 Ref(引用)框中输入"$F$3:$F$17",Ref 表示参与排名的单元格区域,非数字值将被忽略。

(4) 在 Order(逻辑值)框中输入"0",Order 代表排位方式,其值为0或不填表示按降序排列,即最大值为第 1 名;其值为非零时按升序排列,即最小值为第 1 名。单击"确定"按钮,利用 I3 的填充柄完成 I4~I17 的排序。

五、样张

本实验样张效果见图 4.16。

	A	B	C	D	E	F	G	H	I
1	专升本考试成绩表									
2	考生编号	姓名	高等数学	英语	计算机基础	总分	是否录取	奖学金等级	排名
3	08061101	李林	78	90	88	256	录取	二等	3
4	08061102	吴静	67	77	85	229	不录取		8
5	08061103	周欣	90	89	78	257	录取	二等	2
6	08061104	张敏	77	56	65	198	不录取		12
7	08061105	罗芸	85	85	84	254	录取	二等	4
8	08061106	胡阳	80	75	80	235	录取	三等	7
9	08061107	何丹丹	75	45	70	190	不录取		13
10	08061108	周明	56	78	76	210	不录取		10
11	08061109	李兰	78	67	94	239	录取	三等	5
12	08061110	马丽	67	43	43	153	不录取		15
13	08061111	熊辉	45	57	84	186	不录取		14
14	08061112	宋强	72	74	64	210	不录取		10
15	08061113	郑旭升	84	45	89	218	不录取		9
16	08061114	赵丽	85	67	87	239	录取	三等	5
17	08061115	陶波	94	90	89	273	录取	一等	1
18	最高分		94	90	94	273			
19	平均分		75.5	69.2	78.4	223.1			
20	录取总人数		7						

图 4.16　实验二样张

实验三　图表制作

一、实验目的

1. 掌握创建图表的方法。
2. 掌握图表的编辑方法。

二、实验内容

1. 建立工作表，输入数据，利用公式或函数进行统计计算。
2. 根据每季度各类图书的销售量，在工作表中嵌入一个柱形图，并对柱形图进行图表编辑。
3. 根据各类书籍全年的销售比例情况，创建独立的三维饼图图表 char1，对图表进行必要的编辑。

三、预备知识

(一) 建立图表

图表是工作表数据的图形化的表示方式,可以直观地分析和比较数据之间的关系。在 Excel 图表中规定了分类轴和数据轴的概念。其中,分类轴表示自变量,一般设为 x 轴;数据轴表示因变量,一般设为 y 轴。Excel 中提供了多种内置的图表类型,例如,柱形图、折线图、饼图、条形图、面积图等,其中一些图表类型还包括子图表类型,每一种图表类型表示数据含义的角度不同,用户可根据需要选择合适的图表类型,通过这些图表类型可以对数据进行可视化。

创建 Excel 图表有两种方法,一是先选定数据源,直接按 F11 键可快速创建图表;二是可以利用"图表向导"来创建图表,可分为以下两个步骤。

1. 选择数据区域。

2. 选择"插入"选项卡下"图表"选项组右下角的"查看所有图表"按钮,打开"插入图表"对话框,如图 4.17 所示。在"推荐的图表"和"所有图表"选项卡下,可以选择所需图表类型以及子类型,单击"确定"按钮后即可创建原始图表。

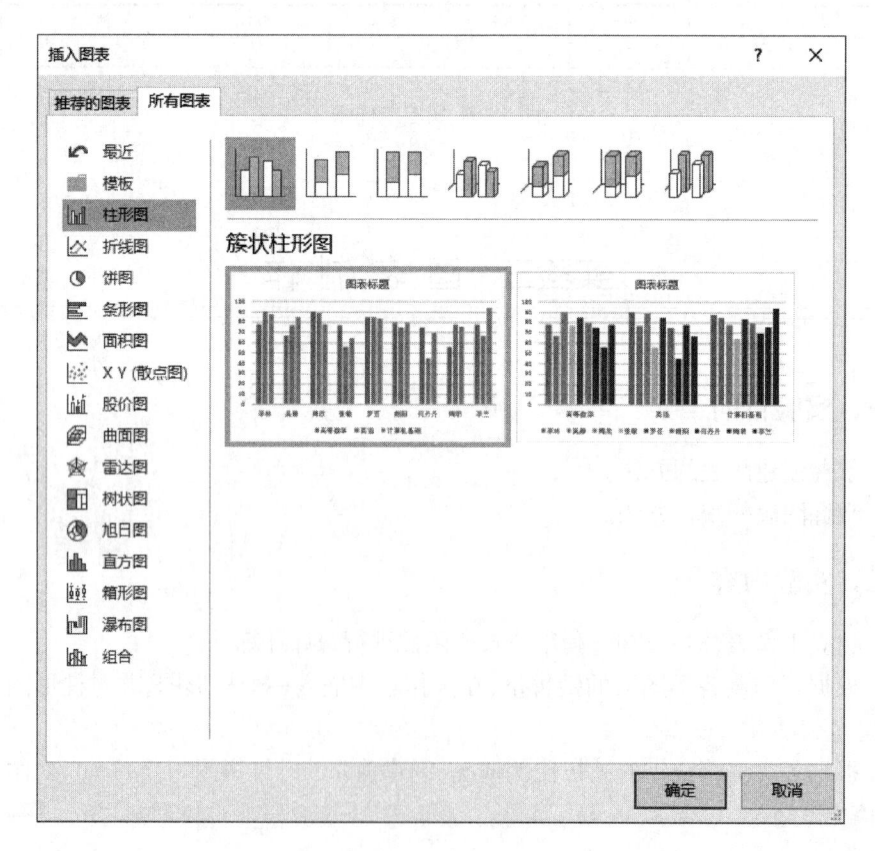

图 4.17 插入图表

（二）图表的编辑

创建图表后，将出现"图表工具"功能区，利用"设计"和"格式"选项卡（见图4.18）可对图表进行更多的设置和美化。用户可以按需要对图表中各个对象进行编辑，包括数据的增加、删除、图表的更改、数据格式化等。选择"设计"选项卡下"数据"选项组中的"切换行/列"，可以实现工作表行或工作表列绘制图表中的数据系列的快速切换。在"类型"选项组中选择"更改图表类型"选项，可重新选取所需类型。在"图表样式"选项组中可以重新选取所需图表样式。在"图表布局"选项组中选择"添加图表元素"，可以添加坐标轴、轴标题、图表标题、数据标签、数据表、网格线、趋势线等图表元素。对图表的编辑操作需先选中具体的图表操作对象，也可以通过快捷菜单命令实施相应的操作。

图 4.18 "设计"选项卡

（三）图表的格式化

图表的格式化是指设置图表中各个对象的格式，包括文字和数值的格式、颜色、外观等，选择"图表工具"功能区"格式"选项卡中的"插入形状""形状样式""艺术字样式"等选项组组中相关选项即可。

四、实验步骤

1. 建立工作表，在Sheet1表中输入如表4.4所示数据，并以"书店销售表.xlsx"为文件名保存在E盘自己创建的文件夹中。利用公式或函数计算各类图书全年销售量、各季度销售总计和各种类书籍销售数量所占的百分比，其中各类图书所占比例=（本类书籍的全年销售量/所有图书的全年销售合计）×100%。

表 4.4 书店销售表

蔚蓝书店销售表							
书籍种类	一季度	二季度	三季度	四季度	全年	所占百分比
计算机	2 000	3 200	3 000	3 500		
外语	1 500	2 780	3 290	2 360		
文学	1 200	1 860	2 300	1 760		
人文社科	1 700	1 560	1 470	1 780		
艺术与摄影	1 300	1 340	1 660	1 590		
合计						

【提示】

(1) 将工作表改名为"书店销售.xlsx",利用函数或公式计算全年各类书籍销售量及每一季度销售合计。

(2) 将各类书籍销售所占百分比保存在区域 G3:G7 中,先为单元格 G3 设计公式。由于每类书籍的全年销售量分布在区域 F3~F7 中,是变化的,分子部分应为相对引用,而全年销售合计的值则固定在 F8 单元格中,公式的分母部分应为绝对引用。在单元格 G3 中输入公式"=F3/$F$8",公式最后结果要求以百分数显示,要求保留一位小数,如图 4.19 所示。

图 4.19 所占百分比公式应用方法

(3) 利用自动填充功能将公式复制到 G4~G7 单元格中计算其他书籍所占的百分比。

2. 根据每季度各类图书的销售量,嵌入一个柱形图,图表的标题为"蔚蓝书店销售表"。

【提示】

(1) 在创建图表时,关键一步就是数据源的选取,本操作题的数据区域应是 A2:E7。

(2) 选择"插入"选项卡下"图表"选项组中的"插入柱形图或条形图"命令,在下拉列表中显示各种子图表类型。

(3) 单击"二维柱形图"区域中的"簇状柱形图",选择"图表工具"功能区"设计"选项卡下"图表布局"选项组中的"快速布局"选项,再选取"布局 1"选项。

(4) 选择创建的图表,选择"图表布局"选项组中的"添加图表元素"选项,再选择"图表标题"下的"图表上方"选项,输入标题内容"蔚蓝书店销售图"。

下面对嵌入的柱形图进行编辑。将图表调整到适当的大小,图例位置"靠上"显示;将图表的标题"蔚蓝书店销售图"设置为华文新魏、加粗、18 磅、深绿色;图表的图例、各图书种类名字、数值轴的数值都设置为楷体、12 磅;图表区背景设为"白色大理石"。

【提示】

(1) 选中图表标题,单击鼠标右键,在弹出的快捷菜单中选择"字体"命令,在弹出"字体"对话框中调整字体、字号。

(2) 选中图表区,单击鼠标右键,在弹出的快捷菜单中选择"设置图表区域格式"命令,选择"填充"下的"图片或纹理填充"选项,如图4.20所示,再单击"纹理"下拉按钮,选择"白色大理石"作为图表背景。

3. 根据各类书籍全年的销售比例情况,创建独立的三维饼图图表char1,图表的标题为"各类书籍全年销售情况比例图"。对图表进行必要的编辑。

【提示】

(1) 创建三维饼图的数据源选择不能只选"所占百分比"字段数据列,还应选择包括"书籍种类"字段数据列。即先选中A2:A7数据区域,按住Ctrl键,再选择G2:G7数据区域,这样才能做出正确的图表。

(2) 按照上述柱形图的操作方法,创建三维饼图,见样张所示结果。

五、样张

本实验样张效果见图4.21。

图4.20 设置图表区格式

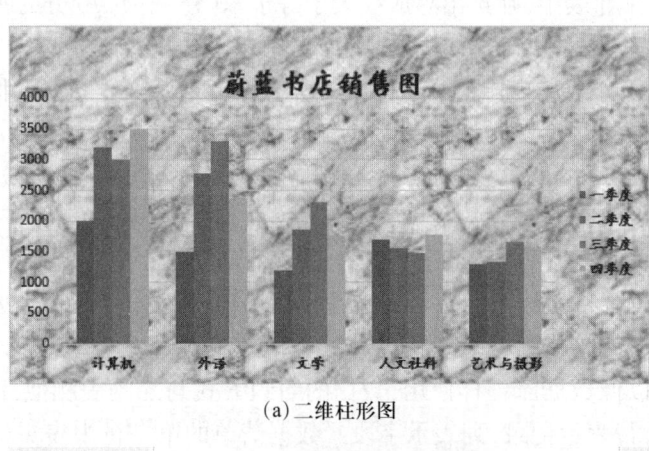

(a) 二维柱形图

(b) 三维饼图

图4.21 实验三样张

实验四　数据管理(一)

一、实验目的

1. 掌握创建数据清单的方法。
2. 掌握数据排序的方法。
3. 熟悉筛选记录的方法,对数据进行初步的整理。

二、实验内容

1. 建立工作表,在 Sheet1 表中输入数据,并以"成绩表 .xlsx"为文件名保存在 E 盘自己创建的文件夹中。利用公式计算总成绩,保留 1 位小数。同时把格式化好的工作表复制到 Sheet2~Sheet7 工作表中。

2. 在 Sheet2 工作表中,按"总成绩"降序排序,总成绩相同时按"笔试成绩"降序排序,若总成绩和笔试成绩都相同,再按"姓名"笔画升序排序。

3. 在 Sheet3 工作表中,筛选出总成绩大于等于 60 分、小于 70 分的所有男生记录。

4. 在 Sheet4 工作表中,筛选出"总成绩"最高的前 3 条记录。

5. 在 Sheet5 工作表中,筛选出机械系"总成绩"大于或等于 75 分、信息系"总成绩"小于 65 分的学生记录。

三、预备知识

(一) 数据清单

数据清单是包含相关数据的一系列工作表数据行,例如,发货单,一组客户名称和联系电话等。

数据清单可以像数据库一样使用,数据的组织方式与二维表相似,即一个表由若干行和若干列构成,行表示记录,列表示字段。数据清单的第一行为表头(即列标题),由若干个字段名组成,因而数据清单也可对数据进行查询、排序和汇总。每一行数据称为一条记录。

(二) 排序

Excel 可以对数据清单按指定的字段(排序关键字)进行升序和降序排序,其中数值按大小排序;英文字母按字母次序(默认不区分大小写)排序,且可以指定是否区分大小写,若区分大小写,则按升序排序时小写字母排列在大写字母之前;汉字的排序可以设置根据汉语拼音的字母排序,或根据汉字的笔画排序。

一) 单个字段排序

简单排序是指对单一字段按升序或降序排序,先选定要排序的字段列中的任一单元格,选择"数据"选项卡下"排序和筛选"选项组中的"升序"或"降序"按钮来实现,也可以选择"开始"选项卡下"编辑"选项组中的"排序和筛选"下拉列表"升序"或"降序"选项来实现。

二）多个字段排序

当排序的字段值相同时，可再使用其他多个字段进行排序：在"数据"选项卡下选择"排序和筛选"选项组中的"排序"选项完成；或选择"开始"选项卡下"编辑"选项组中"排序和筛选"下拉列表中"自定义排序"选项实现。

三）自定义排序顺序

如果用户想对英文字母区分大小写排序，或想改变数据的排序方向（按行排序），或要汉字按笔画排序，可选择"数据"选项卡下"排序和筛选"选项组中的"排序"选项，弹出"排序"对话框，单击"选项"后打开"排序选项"对话框进行相应的设置即可完成自定义排序。

（三）筛选

在 Excel 中可以存储大量的数据。当存储的数据量过大时，要想查找和筛选数据就比较困难，利用 Excel 设置筛选，就是暂时隐藏数据清单中不满足条件的记录，只显示符合条件的记录。

Excel 中可以利用自动筛选或高级筛选两种方法来筛选数据。其中自动筛选可实现各字段"逻辑与"关系，操作方便；高级筛选可实现各字段"逻辑或"关系，适用于复杂的条件筛选。

一）自动筛选

选择"开始"选项卡下"编辑"选项组中的"排序和筛选"下拉列表中的"筛选"选项，或选择"数据"选项卡下"排序和筛选"选项组中的"筛选"选项。这时，工作表表头每个字段旁有一个下拉箭头，单击该箭头打开下拉列表，选择"数字筛选"或"文本筛选"实现按固定值筛选、按固定值排除筛选和自定义条件筛选等。

二）高级筛选

利用高级筛选能够实现对数据按复杂条件筛选，实现各字段"逻辑或"关系。实施高级筛选时，需要选取条件区域并输入相应的条件，再选择"数据"选项卡下"排序和筛选"选项组中的"高级"选项来实现。

可在数据清单以外的任何位置建立条件区域。条件区域至少包含两行，首行为输入条件字段名，应与数据清单相应的字段名内容相同；从第二行起为输入条件，同一行上的条件关系为逻辑与关系，不同行之间为逻辑或关系。筛选结果可以在原数据清单位置显示，也可以在数据清单以外的区域显示。

四、实验步骤

1. 建立工作表，在 Sheet1 表中输入如表 4.5 所示数据，并以"成绩表.xlsx"为文件名保存在 E 盘自己创建的文件夹中。利用公式计算总成绩，总成绩 = 笔试成绩 ×50%+ 机考成绩 ×50%，保留一位小数。对数据表进行必要的格式化，并把格式化好的工作表复制到 Sheet2~Sheet7 工作表中。

表 4.5 成 绩 表

职业技校"计算机应用基础"课程考试成绩表

系别	姓名	性别	笔试成绩	机考成绩	总成绩
信息	李林	男	78	90	
电子	吴静	女	67	77	
自动控制	周欣	女	90	89	
经济	张敏	男	77	56	
信息	罗芸	女	85	85	
机械	胡阳	男	80	75	
自动控制	何丹丹	女	75	45	
电子	周明	男	56	78	
电子	宋强	男	78	67	
自动控制	郑旭升	男	67	43	
信息	赵丽	女	45	57	
经济	陶波	男	72	74	
机械	马俐	女	84	45	
信息	吴峰	男	85	67	
自动控制	罗少波	男	57	90	
机械	刘勇	男	49	73	
经济	王星	男	72	74	
自动控制	万燕	女	89	76	
机械	彭浩	男	78	86	
电子	胡波	女	91	89	

2. 将 Sheet2 工作表中"总成绩"进行降序排序,总成绩相同按"笔试成绩"降序排序,若总成绩和笔试成绩都相同则按"姓名"的笔画升序排序。

【提示】

(1) 选择 A2:F22 单元格区域。

(2) 选择"数据"选项卡下"排序和筛选"选项组中的"排序"选项,打开"排序"对话框,如图 4.22 所示。在"主要关键字"下拉列表框中选择"总成绩",在"次序"下拉列表框中选择"降序"。选中对话框右上方"数据包含标题"复选框。

(3) 单击"添加条件"按钮,对话框中多出一行,用来设置次要关键字。在"次要关键字"下拉列表框中选择"笔试成绩",在"次序"下拉列表框中选择"降序"。

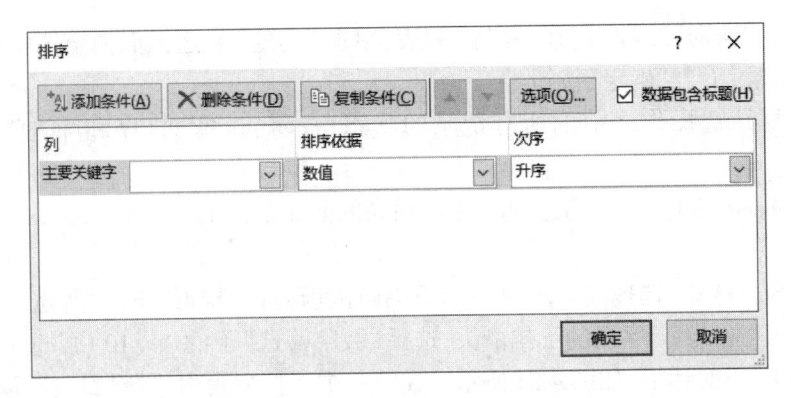

图 4.22 "排序"对话框

(4) 单击"添加条件"按钮,再增加一个次要关键字,在"次要关键字"下拉列表框中选择"姓名",在"次序"下拉列表框中选择"升序"。单击"选项"按钮,打开"排序选项"对话框设置排序方法为"笔画顺序"。

3. 在 Sheet3 工作表中筛选出总成绩大于或等于 60 分、小于 70 分的所有男生记录。

【提示】

(1) 单击 A2:F22 之间的任意单元格。

(2) 选择"开始"选项卡下"编辑"选项组中"排序和筛选"下拉列表中的"筛选"选项,这时每个字段名的右边出现了向下的箭头。

(3) 单击"总成绩"字段的下拉箭头,打开"筛选"列表。

(4) 在"筛选"列表中选择"数字筛选"中的"自定义筛选"选项,打开"自定义自动筛选方式"对话框,如图 4.23 所示。

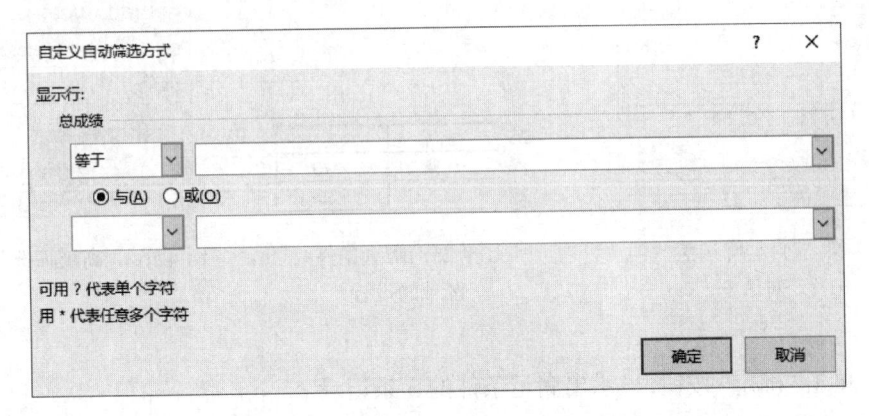

图 4.23 "自定义自动筛选方式"对话框

(5) 在"总成绩"下第一个下拉列表框中选择"大于或等于",在其右侧框中输入"60"。

(6) 单击"与"单选按钮,在"总成绩"下第二个下拉列表中选择"小于",在其右侧框中输入"70",单击"确定"按钮。

(7) 单击"性别"字段，打开"筛选"列表，单击"全选"复选框取消全选状态，然后单击"男"复选框，单击"确定"按钮。

(8) 恢复筛选操作之前的所有记录的状态(提示：选择"排序和筛选"下"筛选"选项)。

4. 在 Sheet4 工作表中，筛选"总成绩"最高的前 3 条记录。

【提示】

(1) 在 Sheet4 中，选择"数据"选项卡下"排序和筛选"选项组中的"筛选"选项。

(2) 单击"总成绩"字段的下拉箭头，选择"数字筛选"下的"前 10 项"选项，打开"自动筛选前 10 个"对话框，如图 4.24 所示。在第一个下拉列表中选择"最大"，设置中间的微调框为"3"，在最后边的下拉列表中选择"项"。

(3) 单击"确定"按钮，将显示"总成绩"最高的前 3 条记录。

5. 在 Sheet5 工作表中，筛选机械系"总成绩"大于或等于 75 分、信息系"总成绩"小于 65 分的学生记录。将筛选结果在其他空白区域显示，不影响原数据区域。

【提示】

(1) 在 A25:B27 区域输入如图 4.25 所示筛选条件。

(2) 选择"数据"选项卡下"排序和筛选"选项组中的"高级"选项，弹出"高级筛选"对话框，如图 4.26 所示，在其中完成各个区域的设置。

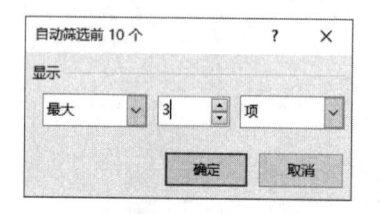

图 4.24 "自动筛选前 10 个"对话框

图 4.25 筛选条件区域的设置

图 4.26 "高级筛选"对话框

(3) 单击"确定"按钮，显示出满足条件的 3 条记录。

五、样张

本实验样张效果见图 4.27。

职业技校"计算机应用基础"课程考试成绩表

行	系别	姓名	性别	笔试成绩	机考成绩	总成绩
3	电子	胡波	女	91	89	90.0
4	自动控制	周欣	女	90	89	89.5
5	信息	罗芸	女	85	85	85.0
6	信息	李林	男	78	90	84.0
7	自动控制	万燕	女	89	76	82.5
8	机械	彭浩	男	78	86	82.0
9	机械	胡阳	男	80	75	77.5
10	信息	吴峰	男	85	67	76.0
11	自动控制	罗少波	男	57	90	73.5
12	经济	陶波	男	72	74	73.0
13	经济	王星	男	72	74	73.0
14	电子	宋强	男	78	67	72.5
15	电子	吴静	女	67	77	72.0
16	电子	周明	男	56	78	67.0
17	经济	张敏	男	77	56	66.5
18	机械	马俐	女	84	45	64.5
19	机械	刘勇	男	49	73	61.0
20	自动控制	何丹丹	女	75	45	60.0
21	自动控制	郑旭升	男	67	43	55.0
22	信息	赵丽	女	45	57	51.0

(a) Sheet2 数据排序样张

行	系别	姓名	性别	笔试成绩	机考成绩	总成绩
6	经济	张敏	男	77	56	66.5
10	电子	周明	男	56	78	67.0
18	机械	刘勇	男	49	73	61.0

(b) Sheet3 数据筛选样张

行	系别	姓名	性别	笔试成绩	机考成绩	总成绩
5	自动控制	周欣	女	90	89	89.5
7	信息	罗芸	女	85	85	85.0
22	电子	胡波	女	91	89	90.0

(c) Sheet4 总成绩排名前 3 样张

行	系别	姓名	性别	笔试成绩	机考成绩	总成绩
30	机械	胡阳	男	80	75	77.5
31	信息	赵丽	女	45	57	51.0
32	机械	彭浩	男	78	86	82.0

(d) Sheet5 数据高级筛选样张

图 4.27 实验四样张

实验五　数据管理(二)

一、实验目的

1. 掌握分类汇总的统计方法。
2. 熟悉数据透视表的使用方法。

二、实验内容

1. 在实验四创建的工作簿"成绩表.xlsx"的Sheet6工作表中求各系别学生的课程笔试成绩、机考成绩、总成绩的平均分。
2. 统计各系人数,并分级显示相关数据。
3. 在Sheet7表中创建一个统计各系男、女生人数及总成绩的最高分和最低分的数据透视表。

三、预备知识

（一）分类汇总

分类汇总是分析数据的有力工具。Excel中的分类汇总功能可对数据清单中数据进行求和、求均值、计数、求最大值、求最小值等运算。分类汇总分简单分类汇总和嵌套分类汇总两种。

如果要对数据进行分类汇总,首先要对分类字段进行排序,否则分类汇总的结果会有问题;其次选择"数据"选项卡,在"分级显示"选项组中选择"分类汇总"选项,弹出"分类汇总"对话框,在对话框中选择分类字段分类、汇总字段及汇总方式。

一) 简单分类汇总

简单分类汇总是指对数据清单的一个字段或多个字段仅按一种方式汇总。

二) 嵌套分类汇总

嵌套分类汇总是指对数据清单的一个字段按多种不同方式汇总。即在一次分类汇总的基础上再进行一次分类汇总,与简单分类汇总的区别是在"分类汇总"对话框中取消选中"替换当前分类汇总"复选框。

三) 清除分类汇总

选定分类汇总数据清单中任意单元格,选择"数据"选项卡下"分级显示"选项组中的"分类汇总"选项,在弹出的对话框中单击"全部删除"按钮即可。

（二）数据透视表

数据透视表用于对多种来源的数据进行汇总和分析,从而快速合并或比较大量数据。当数据规模比较大时,这种分析的意义就显得尤为突出。

在"插入"选项卡下"表格"选项组中选择"数据透视表"选项,打开"创建数据透视表"对话框,在对话框中进行设置。

利用数据透视表,用户可以旋转行和列来查看对源数据的不同汇总结果,或查看区域的明细数据。

四、实验步骤

1. 在 Sheet6 工作表中求各系别学生的课程笔试成绩、机考成绩、总成绩的平均分。

【提示】

(1) 先将工作表中的所有记录按分类字段"系别"进行排序。

(2) 选择"数据"选项卡下"分级显示"选项组中的"分类汇总",弹出"分类汇总"对话框,如图 4.28 所示。

(3) 在"分类字段"下拉列表中选择"系别",在"汇总方式"下拉列表中选择"平均值",在"选定汇总项"中选择"笔试成绩""机考成绩""总成绩"。单击"确定"按钮。

2. 在计算各系学生课程的平均成绩基础上再统计各系人数,汇总后对数据分级显示。

【提示】

(1) 选择"数据"选项卡下"分级显示"选项组中的"分类汇总"选项,弹出"分类汇总"对话框,在"汇总方式"列表中选择"计数",在"选定汇总项"中选择"姓名"。

(2) 不选中"替换当前分类汇总"复选框,单击"确定"按钮,完成操作。

3. 在 Sheet7 工作表中创建一个统计各系男、女生人数及总成绩的最高分和最低分的数据透视表。

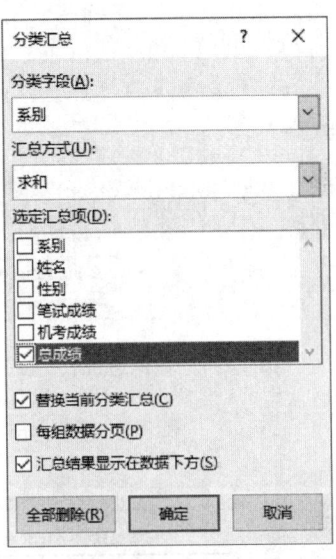

图 4.28 "分类汇总"对话框

【提示】

(1) 选择 A2:F22 单元格区域。

(2) 选择"插入"选项卡下"表格"选项组中的"数据透视表"选项,弹出"创建数据透视表"对话框,实施相关设置。

(3) 单击"确定"按钮。弹出"数据透视表字段"对话框,将对应的报表字段拖曳到对应的列标签、行标签、数值区域中。把"系别"字段拖曳至行区域,"性别"字段拖曳至列区域,如图 4.29 所示。

(4) 将"总成绩"字段拖曳至值区域后,用鼠标左键单击"求和项:总成绩",在弹出的菜单中选择"值字段设置",弹出"值字段设置"对话框,在该对话框中可完成对"总成绩"字段计算类型的设置,如图 4.30 所示。用同样方法对"性别"实施值字段设置。

五、样张

本实验样张效果见图 4.31。

第 4 章 Excel 电子表格

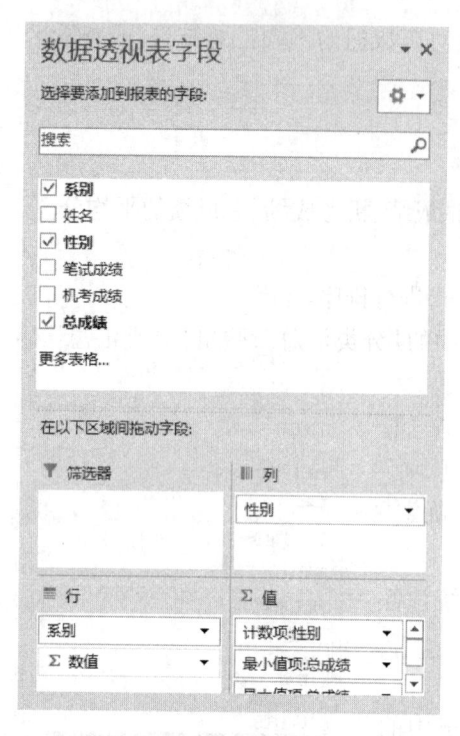

图 4.29 "数据透视表字段"窗格

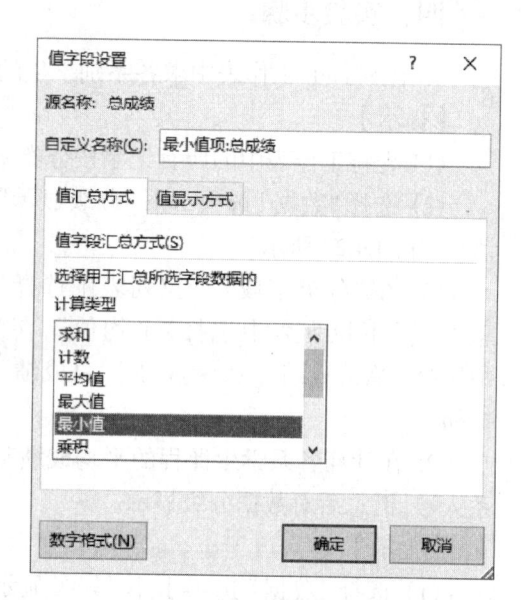

图 4.30 "值字段设置"对话框

(a) Sheet6 分类汇总样张

(b) Sheet7 数据透视表样张

图 4.31 实验五样张

4.2　操作测试题

操作测试题一

1. 创建工作表。

输入如表 4.6 所示数据,保存在 E:\test\ 测试题 1.xlsx 中的 Sheet1 中。

表 4.6　操作测试题一原始数据

学号	姓名	高等数学	大学英语	计算机	平均分	名次
07001	张力	34	76	90		
07002	王欣	67	87	89		
07003	董浩	65	57	67		
07004	马敏	87	78	94		
07005	吴元	56	58	92		
07006	刘潇	78	89	65		
07007	赵鑫	90	76	78		
07008	周华	62	88	82		

2. 数据计算处理及格式设置。

(1) 在表格的最上面插入一空行,行高设为 25,输入标题"学生期末考试成绩表",水平方向设为跨列居中(跨 A~G 列),字体为黑体、16 磅、红色。

(2) 计算每个学生的平均分,要求保留一位小数。

(3) 在"名次"字段下按"平均分"高低进行排名。

(4) A2:G2 单元格区域的字体、字号设置为黑体、12 磅,A3:G10 单元格区域的字体、字号设置为仿宋、12 磅。单元格列宽设置为"自动调整列宽",行高设置为 20,单元格对齐方式设置为"居中对齐"(不包括标题行)。

(5) 将工作表中课程成绩小于 60 分的值用红色突出显示。

(6) 为表格添加红色内、外边框线。

(7) 将 Sheet1 表中数据复制到 Sheet2 中,表中数据按"学号"升序重新排列后,对 Sheet2 表进行筛选,将平均分数小于 80 分且大于或等于 70 分的记录筛选出来。

3. 建立图表。

使用"姓名""高等数学""大学英语"和"计算机"创建一簇状柱形图,标题为"期末成绩图"。图例位置放在图表右侧。

4. 样张(见图 4.32)。

1	学生期末考试成绩表					
2	学号	姓名	高等数学	大学英语	计算机	平均分	名次
3	07001	张力	34	76	90	66.7	7
4	07002	王欣	67	87	89	81.0	3
5	07003	董浩	65	57	67	63.0	8
6	07004	马敏	87	78	94	86.3	1
7	07005	吴元	56	58	92	68.7	6
8	07006	刘潇	78	89	65	77.3	4
9	07007	赵鑫	90	76	78	81.3	2
10	07008	周华	62	88	82	77.3	4

(a) 数据排序、格式设置后效果

2	学号	姓名	高等数学	大学英语	计算机	平均分	名次
8	07006	刘潇	78	89	65	77.3	4
10	07008	周华	62	88	82	77.3	4

(b) 数据筛选结果

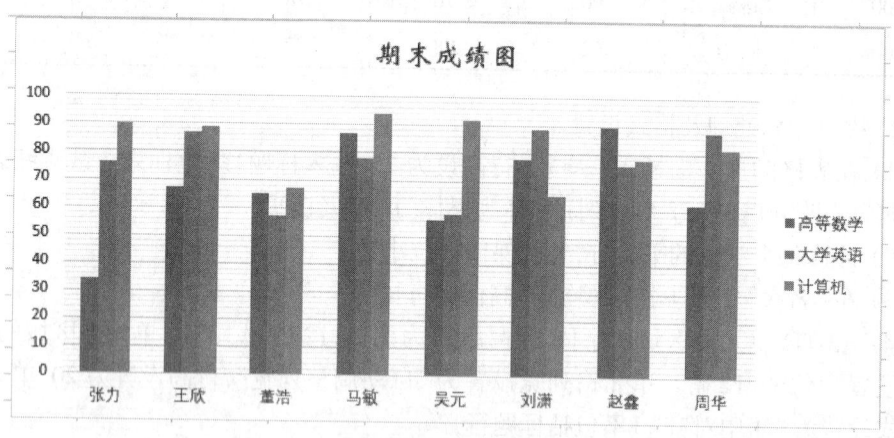

(c) 图表制作效果

图 4.32 操作测试题一样张

操作测试题二

1. 创建工作表。

输入如表 4.7 所示数据,保存在 E:\test\ 测试题 2.xlsx 中的 Sheet1 中。

表 4.7　操作测试题二原始数据

一季度销售统计表

编号	姓名	一月份	二月份	三月份	销售总额	销售百分比	销售额等级	排名
xs001	程小丽	340	760	900				
xs002	张月	670	870	890				
xs003	刘大伟	650	570	670				
xs004	马丽	870	780	940				
xs005	吴敏	560	580	920				
xs006	刘星	780	890	650				
xs007	赵强	900	760	780				
xs008	周佳佳	620	880	820				
总计								
优秀人数								
合格人数								
不合格人数								

2. 数据计算处理及格式设置。

(1) 计算各位员工的销售总额和各列数据的总计。

(2) 利用公式计算各位员工的销售百分比,要求保留一位小数。

(3) 利用公式统计各位员工的销售额等级,销售总额大于或等于 2 500 为优秀,销售总额小于 2 200 为不合格,其余为合格。

(4) 利用函数统计优秀人数、合格人数、不合格人数。

(5) 利用函数依据各位员工销售总额完成排名。

(6) 完成对工作表必要的格式编辑。

3. 建立图表。

根据张月、刘大伟、刘星、周佳佳一季度销售百分比情况,创建独立的三维饼图图表,对图表进行必要的编辑。

4. 样张(见图 4.33)。

1	一季度销售统计表								
2	编号	姓名	一月份	二月份	三月份	销售总额	销售百分比	销售额等级	排名
3	xs001	程小丽	340	760	900	2000	11.1%	不合格	7
4	xs002	张月	670	870	890	2430	13.5%	合格	3
5	xs003	刘大伟	650	570	670	1890	10.5%	不合格	8
6	xs004	马丽	870	780	940	2590	14.3%	优秀	1
7	xs005	吴敏	560	580	920	2060	11.4%	不合格	6
8	xs006	刘星	780	890	650	2320	12.9%	合格	4
9	xs007	赵强	900	760	780	2440	13.5%	合格	2
10	xs008	周佳佳	620	880	820	2320	12.9%	合格	4
11	总计		5390	6090	6570	18050	100.0%		
12	优秀人数 || 1							
13	合格人数 || 4							
14	不合格人数 || 3							

(a) 数据处理及格式设置后效果

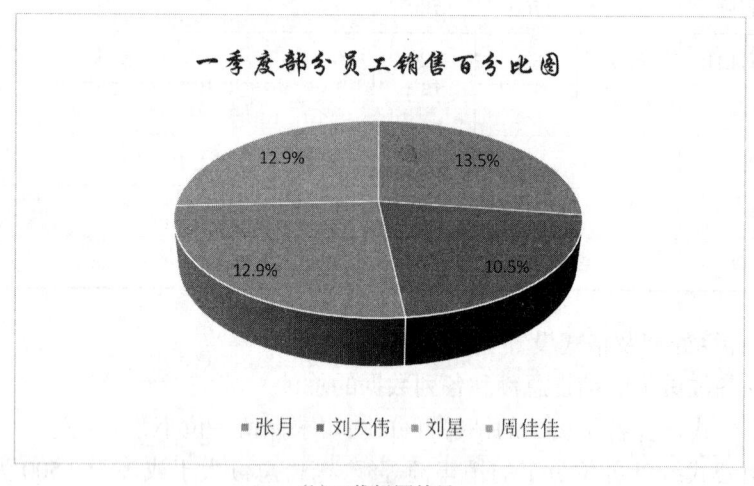

一季度部分员工销售百分比图

(b) 三维饼图效果

图 4.33　操作测试题二样张

操作测试题三

1. 创建工作表。

输入如表 4.8 所示数据,保存在 E:\test\ 测试题 3.xlsx 的 Sheet1 中。

表 4.8　测试题三原始数据

某商场 2019 年 12 月销售利润表					单位:万元
产品类别	产品代码	销售收入	销售成本	销售税金	销售利润
家电	SPDM001	133.2	86.3	18.1	
服装	SPDM002	101.2	40.3	8.2	
化妆品	SPDM003	226.2	123.9	12.2	
食品	SPDM004	128.6	68.7	14.6	
其他生活用品	SPDM005	238.6	120.7	29.7	
总计					
					制表日期:

2. 数据计算处理及格式设置。

(1) 将标题行行高设置为 25,合并、居中,字体设置为华文隶书、18 磅、红色。

(2) 使用公式或函数计算销售利润和各列数据的总计,其中销售利润 = 销售收入 − 销售成本 − 销售税金。

(3) 将表格格式设置为表样式中等深浅色 7 格式(提示:数据选择区域为 A2:F8)。

(4) 将 Sheet1 工作表重命名为"销售表",表中所有数据水平居中(除标题行)、垂直居中,为表格添加绿色、粗线、外边框。

(5) 在"制表日期"后面输入当前系统日期(提示:按组合键 Ctrl+;或使用 now()函数自动显示当前系统时间),字体设置为宋体、12 磅。

(6) 保护工作表,密码设置为"123"。

3. 建立图表。

使用"产品类别"及"销售利润"创建一个三维饼图,标题为销售利润,要求显示值,并对图表进行适当的格式化。

4. 样张(见图 4.34)。

	A	B	C	D	E	F
1	某商场2019年12月销售利润表					单位：万元
2	产品类别	产品代码	销售收入	销售成本	销售税金	销售利润
3	家电	SPDM001	133.2	86.3	18.1	28.8
4	服装	SPDM002	101.2	40.3	8.2	52.7
5	化妆品	SPDM003	226.2	123.9	12.2	90.1
6	食品	SPDM004	128.6	68.7	14.6	45.3
7	其他生活用品	SPDM005	238.6	120.7	29.7	88.2
8	总计		827.8	439.9	82.8	305.1
9					制表日期：	2020/10/17

(a) 数据处理及格式设置效果

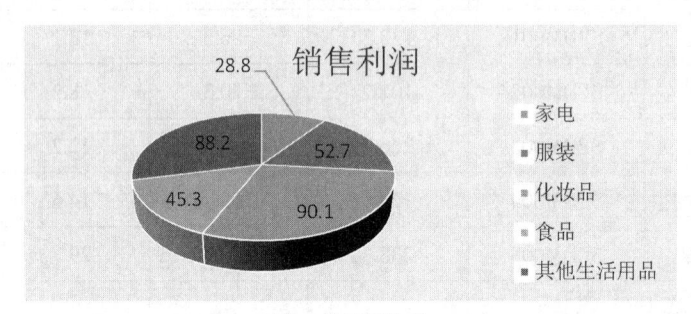

(b) 三维饼图效果

图 4.34　操作测试题三样张

操作测试题四

1. 创建工作表。

输入如表 4.9 所示数据，保存在 E:\test\ 测试题 4.xls 的 Sheet1 中。

2. 数据计算处理及格式设置。

（1）在表格的最上面插入一个空行，行高设置为 25，输入标题"酒泉职业技术学院计算机基本技能测试成绩表"，水平方向设置为"跨列居中"，字体设置为黑体、16 磅、红色。

（2）使用函数或公式计算每个学生的总分、是否合格，其中总分 = 笔试 ×50%+ 上机 ×50%，要求保留一位小数，总分高于 60 分为合格，否则为不合格。

（3）将表格各单元格设置为水平居中，垂直居中，字体设置为华文、楷体、加粗、12 磅、蓝色。

（4）将 Sheet1 工作表重命名为"成绩表"，设置表格外边框为红色、双线、内线为单线、蓝色。将"成绩表"数据复制到 Sheet2、Sheet3 工作表中。

表 4.9　操作测试题四原始数据

考生编号	系部	姓名	笔试	上机	总分	是否合格
001	土建	帅力	78	79		
002	电子	舒洁	86	75		
003	经管	李天	90	97		
004	经管	张墨	67	47		
005	电子	周燕	89	88		
006	电子	曹鑫	65	78		
007	土建	藏敏	45	68		
008	经管	马新	98	89		
009	土建	赵爽	44	54		
010	电子	周明	66	75		

(5) 在"成绩表"中总分数据按降序排序。

(6) 在 Sheet2 中，分类统计各系部笔试和上机成绩的平均分及各系部参加考试的人数。

(7) 在 Sheet3 中创建一个数据透视表，统计各系总分的最高分和最低分以及各系合格人数和不合格人数。

3. 样张（见图 4.35）。

(a) 数据排序、格式设置后效果

	A	B	C	D	E	F	G
1	酒泉职业技术学院计算机基本技能测试成绩表						
2	考生编号	系部	姓名	笔试	上机	总分	是否合格
3	002	电子	舒洁	86	75	80.5	合格
4	005	电子	周燕	89	88	88.5	合格
5	006	电子	曹鑫	65	78	71.5	合格
6	010	电子	周明	66	75	70.5	合格
7		电子 计数	4				
8		电子 平均值		76.5	79.0		
9	003	经管	李天	90	97	93.5	合格
10	004	经管	张墨	67	47	57.0	不合格
11	008	经管	马新	98	89	93.5	合格
12		经管 计数	3				
13		经管 平均值		85.0	77.7		
14	001	土建	帅力	78	79	78.5	合格
15	007	土建	藏敏	45	68	56.5	不合格
16	009	土建	赵爽	44	54	49.0	不合格
17		土建 计数	3				
18		土建 平均值		55.7	67.0		
19		总计数	10				
20		总计平均值		72.8	75.0		

成绩表　sheet2　sheet3

(b)分类汇总效果

	列标签		
行标签	不合格	合格	总计
电子			
最大值项:总分		88.5	88.5
最小值项:总分		70.5	70.5
计数项:是否合格		4	4
经管			
最大值项:总分	57	93.5	93.5
最小值项:总分	57	93.5	57
计数项:是否合格	1	2	3
土建			
最大值项:总分	56.5	78.5	78.5
最小值项:总分	49	78.5	49
计数项:是否合格	2	1	3
最大值项:总分汇总	57	93.5	93.5
最小值项:总分汇总	49	70.5	49
计数项:是否合格汇总	3	7	

(c)数据透视表效果

图 4.35　操作测试题四样张

操作测试题五

1. 创建工作表。

输入如表 4.10 所示数据，保存在 E:\test\ 测试题 5.xlsx 的 Sheet1 中。

表 4.10 操作测试题五原始数据

编号	姓名	身份证号	性别	月份	部门	职务	基本工资	职务工资	加班津贴	应发工资	缺勤	缺勤扣款	实发工资
GD0001	周力	440204198602138578			科研	职员	1 500	1 600	300		1		
GD0002	潘燕名	342701197502154578			公关	主管	2 300	2 400	800		2		
GD0003	庞海燕	430501198112055789			销售	主管	2 000	2 200	500		1		
GD0004	江南	420642197811025453			综合	职员	1 400	1 500	500		0		
GD0005	王小杰	325455197808254442			销售	职员	1 400	1 200	500		3		
GD0006	李娜	542155196502282552			市场	经理	3 300	3 200	300		4		
GD0007	张强	245781197506145477			科研	主管	2 300	2 300	600		4		
GD0008	阳光	587452196207082547			销售	经理	3 500	3 400	800		1		
GD0009	高雄	658751195902051645			文秘	经理	3 300	3 200	400		0		
GD0010	张筱雨	674524198412152446			市场	职员	1 600	1 500	600		2		

2. 数据计算处理及设置格式。

(1) 在表格的最上面插入一个空行,行高设置为 25,输入标题"员工工资表",设置为"合并后居中",字体设置为华文新魏、24 磅、深蓝色、加粗。

(2) 在"员工工资表"中,要求身份证号码的输入长度必须是 18 位,如果输入不足 18 位则显示提示信息:"请输入 18 位的身份证号"(提示:利用数据有效性的功能进行设置)。

(3) 利用函数输入"月份""性别"等列数据(提示:now() 函数自动显示当前系统时间。根据身份证号第 17 位数求得性别值,使用函数 IF(MOD(MID(C3,17,1),2)=1,"男","女")。

(4) 使用函数或公式计算每位员工的应发工资、缺勤扣款、实发工资,其中应发工资 = 基本工资 + 职务工资 + 加班津贴,缺勤扣款 = 缺勤天 ×50 元,实发工资 = 应发工资 - 缺勤扣款。

(5) 在工作表中利用函数统计员工总人数以及全勤人数。

(6) 将表格各单元格设置为水平居中、垂直居中,字体为楷体、加粗、12 磅。

(7) 将 Sheet1 工作表重命名为"工资表",设置表格边框为双线、红色,内线为单线、蓝色。

3. 样张(见图 4.36)。

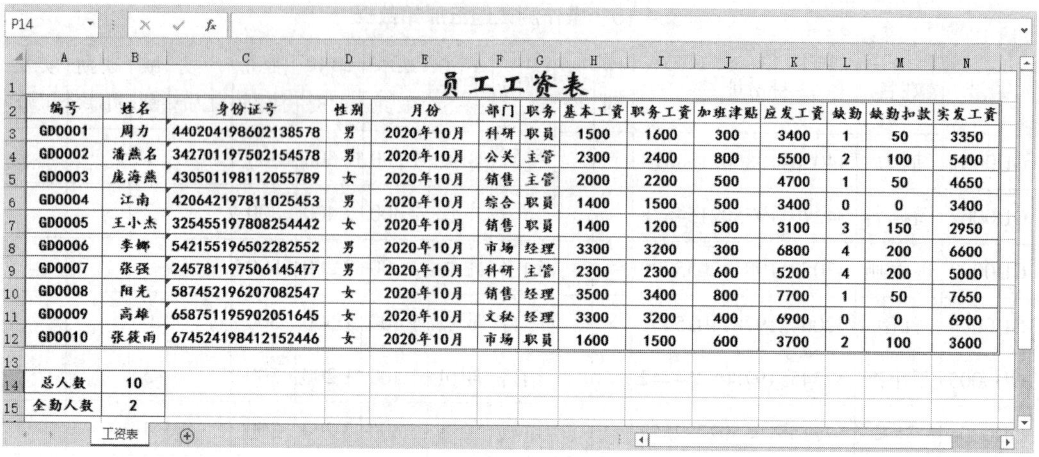

图 4.36　操作测试题五样张

4.3　基础知识测试题

4.3.1　基础知识题解

1. 在 Excel 工作表中,日期数据"2015 年 12 月 21 日"的正确输入形式是(　　)。
   A. 2015-12-21　　　　　　　　　　B. 12.21.2015
   C. 12,21,2015　　　　　　　　　　D. 12:21:2015

【答案 A】解析:若输入的数据符合日期的格式,则 Excel 以日期数据存储。

2. 在 Excel 编辑状态下,打开文档 ABC,修改后另存为 CBA,则文档 ABC(　　)。
   A. 被文档 CBA 覆盖　　　　　　　B. 未修改被关闭
   C. 被修改并关闭　　　　　　　　　D. 被修改未关闭

【答案 B】解析:当编辑文档使用"另存为"保存为新文档后,会以新文档作为当前文档进行编辑,但原有文件不会被覆盖,也不会被修改,只是被关闭。

3. 在 Excel 工作表中,单元格区域 D2:E4 所包含的单元格个数是(　　)。
   A. 5　　　　　　B. 6　　　　　　C. 7　　　　　　D. 8

【答案 B】解析:单元格即行列交汇的地址。D2:E4 即两个地址之间的区域。

4. 在 Excel 工作表中,选定某单元格,单击"开始"选项卡下"单元格"选项组中"删除"下拉列表中的"删除单元格"选项,不可能完成的操作是(　　)。
   A. 删除该行　　　　　　　　　　　B. 右侧单元格左移
   C. 删除该列　　　　　　　　　　　D. 左侧单元格右移

【答案 D】解析:右侧单元格左移即右侧所有单元格左移一个单元格。

5. 在 Excel 中,一张工作表最多可有(　　)。

    A. 26 列　　　　　B. 256 列　　　　　C. 16 384 列　　　　　D. 65 536 列

【答案 C】解析:一张工作表最多可有 1 048 576 行,行号为 1~1 048 576,最多可有 16 384 列,列号为 A~XFD。

6. 在 Excel 工作表的某单元格内输入数字字符串"0567",正确的输入方式是(　　)。

    A. 0567　　　　　B. '0567　　　　　C. =0567　　　　　D. "0567"

【答案 B】解析:为区别于数值,先输入单撇号"'",然后再输入数字字符串。

7. 在 Excel 的数据操作中,计算求和的函数是(　　)。

    A. SUM　　　　　B. COUNT　　　　　C. AVERAGE　　　　　D. TOTAL

【答案 A】解析:选项 B 是统计单元格数量函数,选项 C 为求平均值函数,Excel 中无 TOTAL 函数。

8. 以下 Excel 概念中,(　　)与文件对应。

    A. 工作簿　　　　　B. 单元格区域　　　　　C. 工作表　　　　　D. 单元格

【答案 A】解析:在 Excel 中编辑的文件默认为工作簿文件,扩展名为 xlsx。一个工作簿可由若干张工作表组成,一张工作表由 1 048 576×16 384 个单元格构成,若干个单元格构成单元格区域。

9. 在 Excel 中,关于工作表及嵌入式图表的说法,正确的是(　　)。

    A. 删除工作表中的数据,图表中的数据系列不会删除
    B. 增加工作表中的数据,图表中的数据系列不会增加
    C. 修改工作表中的数据,图表中的数据系列不会修改
    D. 以上 3 项均不正确

【答案 D】解析:图表与相关的数据联系一致,表格中数据一旦修改,其相应的图表会自动调整。

10. 在默认情况下,在 Excel 单元格中左对齐的数据为(　　)。

    A. 数值　　　　　B. 文本　　　　　C. 日期　　　　　D. 时间

【答案 B】解析:在默认情况下,只有文本数据是左对齐,数值、日期和时间均是右对齐。

11. 在 Excel 中,不是单元格引用运算符的是(　　)。

    A. :　　　　　B. ,　　　　　C. #　　　　　D. 空格

【答案 C】解析:在 Excel 中,单元格引用运算符有区域运算符冒号(:)、区域联合运算符逗号(,)、区域交叉运算符空格。没有 # 运算符。

12. 在 Excel 中,当输入单元格的内容超出默认的列宽时,以下说法错误的是(　　)。

    A. 可以合并单元格放置　　　　　B. 可以缩小字体放置
    C. 系统自动清除多余部分　　　　　D. 可以换行

【答案 C】解析:在 Excel 中,允许输入的内容超出默认的列宽,系统可以接收但不会清除多余部分。当列宽不够时,会隐藏在右侧列中,可通过加大列宽使之完全显示。为了控制格式,也可采用选项 A、B、D 所示方法,做法是使用"开始"选项卡下"对齐方式"选项组。

13. 在 Excel 中,一个新建的工作簿文件默认含有(　　)个工作表。

A. 1   B. 2   C. 3   D. 4

【答案 A】解析：Excel 中默认的工作表有一个，但工作表根据需要可以添加或删除。

14. 在 Excel 中，不可设置表格边框线的（   ）。
    A. 粗细   B. 曲线线型   C. 虚实线型   D. 颜色

【答案 B】解析：在 Excel 中，表格边框线可以通过"开始"选项卡下"字体"选项组中的"下框线"设置粗细、虚实等线条样式，也可以设置颜色，但无曲线样式。

15. 在 Excel 工作表中，不正确的单元格地址是（   ）。
    A. C$66   B. $C66   C. C6$6   D. $C$66

【答案 C】解析：单元格地址分为相对地址和绝对地址。后者的表示形式是在普通地址前面加上$。选项 A 是将行固定为 66，列为相对地址。选项 B 是将列固定为 C，行为相对地址。选项 D 中行列均为绝对地址。选项 C 引用方法有误。

16. 在 Excel 中，正确的 Excel 公式形式为（   ）。
    A. =B3*Sheet3!A2   B. =B3*Sheet3$A2
    C. =B3*Sheet:A2   D. =B3*Sheet3%A2

【答案 A】解析：地址的一般形式为"[工作表名!]单元格地址"。

17. 在 Excel 中，先选择一个单元格或单元格区域，再选取其他不连续的单元格或单元格区域的做法是（   ）。
    A. 直接选取   B. 按住 Ctrl 键选取
    C. 按住 Shift 键选取   D. 按住 Alt 键选取

【答案 B】解析：直接选取会取消先前的选取，按住 Shift 键选取可选取连续的区域；不连续的区域必须按住 Ctrl 键选取方可实现。

18. 对 Excel 工作表中数据进行智能填充时，鼠标的形状为（   ）。
    A. 空心粗十字   B. 向左上方箭头   C. 实心细十字   D. 向右上方箭头

【答案 C】解析：当鼠标移动到某单元格的填充柄时，指针呈"十"状，拖曳到相应位置即可实现智能填充。

19. 在 Excel 中，对文本排序默认的方式为（   ）。
    A. 区位码   B. 序列   C. 字母   D. 笔画

【答案 C】解析：在 Excel 中，默认的文本排序方法为按字母排序，若按笔画或序列排序，可通过"排序"对话框调整设置。

20. 在 Excel 中，移动和复制工作表说法正确的是（   ）。
    A. 工作表只能在所在的工作簿内移动不能复制
    B. 工作表只能在所在的工作簿内复制不能移动
    C. 工作表可以移动到其他工作簿内，不能复制到其他工作簿
    D. 工作表可以移动到其他工作簿内，也可以复制到其他工作簿

【答案 D】解析：一个工作簿可含多个工作表，可以对工作表进行重命名、复制、移动、隐藏、分割等操作。

21. 在 Excel 中，数值数据不能包含字符（   ）。

  A.，   B.￥   C.'   D.E

【答案 C】解析：数值数据可包含千位分隔符逗号(，)、货币符号￥和$，科学记数法中指数符号 E 和 e，但不可包含符号'。

22. 在 Excel 中，关于编辑栏错误的说法是(　　)。
  A. 编辑栏不可显示
  B. 不可拖曳编辑栏移动位置
  C. 在编辑栏输入公式必须先输入等号(=)
  D. 使用编辑栏可编辑活动单元格的公式和数据

【答案 A】解析：编辑栏在系统启动时默认显示，不可拖曳编辑栏移动位置，编辑栏可编辑活动单元格的公式和数据，输入公式必须先输入等号(=)，选项 A 是错误的。

23. 在 Excel 中，常用的"新建"按钮与"文件"菜单中的"新建"命令(　　)。
  A. 功能完全相同
  B. "新建"按钮可以进行文档模板选择，"新建"命令不可以进行文档模板选择
  C. "新建"命令可以进行文档模板选择，"新建"按钮不可以进行文档模板选择
  D. 两种都不可以进行文档模板选择

【答案 C】解析：在 Excel 中，"新建"命令可以进行文档模板选择，而"新建"按钮只能在默认的空白文档中编辑，因此不能选择文档模板。

24. 在 Excel 下完成各种操作不可使用(　　)。
  A. 命令菜单   B. 快捷菜单   C. 编辑栏   D. 命令快捷键

【答案 C】解析：在 Excel 下完成各种操作可使用命令菜单方式、快捷菜单方式和命令快捷键方式，编辑栏是用来编辑活动单元格的公式和数据的，无法接收命令。

25. 在 Excel 中，使用"格式刷"工具按钮(　　)。
  A. 只可以复制内容   B. 只可以复制格式
  C. 既可复制内容，又可复制格式 D. 可以删除文本

【答案 B】解析：在 Excel 中，此按钮的作用是进行格式复制，可以将选中单元格的各种格式"刷"给指定的单元格，但不可复制内容，也不可删除文本。

26. 在 Excel 中，"复制"命令的功能是(　　)。
  A. 将选择的单元格或单元格区域的内容复制到指定的单元格或单元格区域
  B. 将选择的单元格或单元格区域的内容复制到剪贴板
  C. 将选择的单元格或单元格区域的内容移动到剪贴板
  D. 将剪贴板的内容复制到指定的单元格或单元格区域

【答案 B】解析：将选择的单元格或单元格区域的内容复制到指定的单元格或单元格区域，利用命令方式不可一次完成，应先用复制命令将选中单元格或单元格区域内容复制到剪贴板，然后选择目的单元格，使用"粘贴"命令将剪贴板的内容复制到目的单元格。

27. 以下说法中正确的是(　　)。
  A. Excel 工作表自动带有表线，不需用户设置打印表线
  B. Excel 默认的打印区域为整张工作表

C. 表格内外边框线可以不同

D. 表格边框颜色为黑色

【答案 C】解析：Excel 工作表自带的表线是供编辑使用的，如果用户想打印表线，必须自行设定打印表线，否则打印的表格是不带表线的。打印的表线可以设置线型、粗细和颜色，内外框线可以相同也可以不同。Excel 默认的打印区域不是整张工作表，而是工作表中有数据的最大行数和最大列数。

28. 在 Excel 中，若想设置单元格中数据的输入类型及数据的有效范围，可以(　　)。

A. 选择"开始"选项卡，在"样式"选项组中选择"条件格式"

B. 选择"开始"选项卡，在"单元格"选项组中选择"格式"

C. 选择"审阅"选项卡，在"校对"选项组中选择"信息检索"

D. 选择"数据"选项卡，在"数据工具"选项组中选择"数据验证"选项，在"数据验证"对话框中选择"设置"选项卡

【答案 D】解析：Excel 提供了"有效数据"和"条件格式"命令，用以控制输入的有效数据和输出的显示格式。选择"数据"选项卡下"数据工具"选项组中的"数据验证"选项，可以控制单元格数据的输入类型和有效范围；而选择"开始"选项卡"样式"选项组中的"条件格式"选项则可控制输出格式。

29. 选中一个单元格，使用单元格"自动填充"功能复制效果是(　　)。

A. 文字形式的数字　　　　　　B. 日期数据

C. 时间数据　　　　　　　　　D. 数值

【答案 D】解析：文字形式的数字自动填充为按 1 递增的等差数列，日期数据自动填充为按日递增的日期序列，时间数据自动填充为按小时递增的时间序列，只有数值自动填充为相同的数据。

30. 关于函数的使用，以下说法错误的是(　　)。

A. 可以使用"公式"选项卡下"函数库"选项组中的"插入函数"选项

B. 可以直接输入函数名及所需的参数

C. 可以使用"开始"选项卡下"编辑"选项组中的"自动求和"选项

D. 函数参数中使用的符号可以是全角符号，也可以是半角符号

【答案 D】解析：函数参数中使用的标点符号只能是半角符号。

31. 在一个已有数据的单元格中直接输入新数据，以下说法正确的是(　　)。

A. 删除单元格原有的一部分数据

B. 会删除单元格原有的全部数据

C. 不会删除单元格原有的数据

D. 有时删除，有时不删除

【答案 B】解析：选择单元格后直接输入新的数据会删除原有的全部数据，因此，如果只是局部内容的修改或添加内容，应在选择单元格后设好插入点，才不会丢失全部数据。

32. 在 Excel 中，要在同一工作簿中把工作表 Sheet3 移动到 Sheet1 前面，应该(　　)。

A. 单击工作表 Sheet3 标签，并沿着标签行拖曳到 Sheet1 前

B. 单击工作表 Sheet3 标签,并按住 Ctrl 键沿着标签行拖曳到 Sheet1 前

C. 单击工作表 Sheet3 标签,并选择"开始"选项卡下"剪贴板"选项组的"复制"选项,然后单击工作表 Sheet1 标签,再选择"剪贴板"选项组的"粘贴"选项

D. 单击工作表 Sheet3 标签,并选择"开始"选项卡下"剪贴板"选项组的"剪切"选项,然后单击工作表 Sheet1 标签,再选择"剪贴板"选项组的"粘贴"选项

【答案 A】解析:直接在标签行拖曳工作表标签,可以将工作表从一个位置移动到另一个位置,如果在拖曳时按住 Ctrl 键,则将工作表在新的位置进行复制,选项 C 和 D 是对工作表中的内容进行复制和移动,不是对整个工作表进行复制或移动。

33. 在 Excel 工作表单元格中,下列表达式(　　)是错误的。

    A. =(15−A1)/3　　　　　　　　B. =A2/C1

    C. SUM(A2:A4)/2　　　　　　D. =A2+A3+D4

【答案 C】解析:向 Excel 的单元格中输入表达式时,必须以等号"="开始。

34. 假设要在数据表中查找满足条件"总分 >400"的所有记录,其有效方法是(　　)。

    A. 依次人工查看各记录"总分"字段的值

    B. 选择"数据"选项卡下"排序和筛选"选项组中的"筛选"选项,并在"总分"字段下拉列表中选择"自定义筛选",在"自定义自动筛选方式"对话框中选择"大于"选项,输入"400",单击"确定"按钮

    C. 选择"数据"选项卡下"排序和筛选"选项组中的"排序"选项进行查找

    D. 选择"开始"选项卡下"编辑"选项组中的"查找和选择"选项进行查找

【答案 B】解析:选项 A 显然不是有效的方法,选项 C 中使用了"排序"命令,并没有反映查找条件,选项 D 中的"查找"命令只能查找含有特定值的单元格,不能体现"大于 400"这个条件,选项 B 是自动筛选的过程,符合题目的要求。

35. 在 Excel 中,同时选择多个不相邻的工作表,可以在按住(　　)键的同时依次单击各个工作表的标签。

    A. Ctrl　　　　　　B. Alt　　　　　　C. Shift　　　　　　D. Tab

【答案 A】解析:在 Excel 的标签区,要选择某一个工作表,可直接单击该工作表的名称;要选择连续多个工作表时,按住 Shift 键后单击第一个和最后一个工作表名即可;要选择不连续的多个工作表时,按住 Ctrl 键后分别单击每一个要选择的工作表名称。

36. 当向 Excel 工作表单元格输入公式时,使用单元格地址 D$2 引用 D 列第 2 行单元格,该单元格的引用称为(　　)。

    A. 交叉地址引用　　　　　　　B. 混合地址引用

    C. 相对地址引用　　　　　　　D. 绝对地址引用

【答案 B】解析:单元格的引用方式有绝对引用、相对引用和混合引用。在进行公式的复制或移动时,公式中单元格的行号和列号随单元格的不同而同时自动调整,称为相对引用;行号和列号都不随单元格的变化而调整的称为绝对引用;行号和列号中的一个随单元格的变化而调整的称为混合引用,书写的方法是在不变化的行号或列号前加上符号"$"。本题中的单元格引用"D$2"只在行号前加上"$",而列号前没有,因此,属于混合引用。

37. 在 Excel 中,在打印学生成绩单时,对不及格的成绩用醒目的方式表示(如用红色表示等),当要处理大量的学生成绩时,利用(　　)命令最为方便。
　　A. 查找　　　　B. 条件格式　　　　C. 数据筛选　　　　D. 定位

【答案 B】解析:"条件格式"位于"开始"选项卡下"样式"选项组中,用于对某个选定区域中满足某个条件的单元格设置特殊的格式,例如,可将一个成绩表中成绩小于 60 分的单元格中文字设置为倾斜、红色等。

38. Excel 中,让某单元格中的数值保留两位小数,下列(　　)不可实现。
　　A. 选择"数据"选项卡,在"数据工具"选项组中选择"数据验证"选项
　　B. 选择单元格后右击,在弹出的快捷菜单选择"设置单元格格式"选项
　　C. 选择"开始"选项卡,在"数字"选项组中单击"增加小数位数"或"减少小数位数"按钮
　　D. 选择"开始"选项卡,在"字体"选项组中打开"设置单元格格式"对话框

【答案 A】解析:选项 B 和 D 都可以打开"设置单元格格式"对话框,在对话框的"数字"选项卡中可以设置数值保留的小数位数。选项 C 单击"增加小数位数"或"减少小数位数"按钮都可以改变保留的小数位数。选项 A 中"数据验证"命令是设置选定的区域中单元格数据的范围,与小数位数无关。

39. 在工作表中将表格标题居中显示的方法是(　　)。
　　A. 在标题行处于表格宽度居中位置的那个单元格中输入表格标题
　　B. 在标题行任意一个单元格中输入表格标题,然后单击"居中"按钮
　　C. 在标题行任意一个单元格中输入表格标题,然后单击"合并后居中"按钮
　　D. 在标题行处于表格宽度范围内的单元格中输入标题,选定标题行处于表格宽度范围内的所有单元格,然后单击"合并后居中"按钮

【答案 D】解析:本题中有两个操作,一是将处于表格宽度范围内的所有单元格合并为一个单元格,二是将合并后的单元格设置为居中对齐方式,选项 A、B 和 C 都没有选中表格宽度范围内的所有单元格,也就没有实施合并操作,而使用"合并后居中"按钮可以一次完成合并和居中这两个操作。

40. 在 Excel 中,实施数据筛选后(　　)。
　　A. 只显示符合条件的第一个记录　　　　B. 显示数据清单中的全部记录
　　C. 只显示不符合条件的记录　　　　　　D. 只显示符合条件的记录

【答案 D】解析:数据筛选的作用就是集中显示满足条件的所有记录,而将不满足条件的记录暂时隐藏起来。

41. 在 Excel 中要将公式以"数值"的形式复制到其他单元格,应使用(　　)命令。
　　A. 剪切和粘贴　　　　　　　　　　　　B. 剪切和选择性粘贴
　　C. 复制和粘贴　　　　　　　　　　　　D. 复制和选择性粘贴

【答案 D】解析:复制公式时,如果执行"粘贴"命令,是对单元格中的全部内容进行复制,包括数值、公式、格式、批注等;如果仅想以"数值"的形式复制,则应执行"选择性粘贴"命令,在对话框中选择"数值"选项。

42. 在 Excel 中，A5 的内容是"A5"，拖曳填充柄至 C5，则 B5、C5 单元格的内容分别为（　　）。
　　A. B5、C5　　　　B. B6、C7　　　　C. A6、A7　　　　D. A5、A5

【答案 C】解析：A5 的内容"A5"由字符和数字组成，在拖曳填充柄时，字符按原样复制，而数字则按默认的递增顺序填充，因此，B5、C5 单元格的内容分别为 A6 和 A7。

43. 若在 Excel 的 A2 单元中输入"=56>=57"，则显示结果为（　　）。
　　A. 56<57　　　　B. =56<57　　　　C. True　　　　D. False

【答案 D】解析：A2 单元中输入的内容"=56>=57"是以等号"="开始的，表示输入的是公式，该公式是由比较运算符连接而成，其值应为逻辑值。

44. 若在 A1 单元格中输入"=3^2"，则显示结果为（　　）。
　　A. 6　　　　B. 3^2　　　　C. 9　　　　D. =3^2

【答案 C】解析：A1 单元中输入的内容是以等号"="开始的，表示输入的是公式，该公式用到算术运算符中的乘方（^）运算符，其值应为 9。

4.3.2　基础知识同步练习

1. 以下（　　）不是 Excel 的功能。
　　A. 幻灯片制作　　　　　　　　　　B. 表格制作与编辑
　　C. 数据分析　　　　　　　　　　　D. 图表建立

2. 在 Excel 提供的 4 类运算符中，优先级最高的是（　　）。
　　A. 算术运算符　　B. 比较运算符　　C. 文本运算符　　D. 逻辑运算符

3. 使用键盘打开 Excel 的"文件"菜单的快捷方式为（　　）。
　　A. Shift+F　　　　B. Alt+F　　　　C. Ctrl+F　　　　D. F

4. 输入（　　）后该单元格显示为 0.25。
　　A. 3/12　　　　B. "3/12"　　　　C. ="3/12"　　　　D. =3/12

5. 当工作表区域较大时，可利用（　　）将窗口拆分为两个窗口。
　　A. "视图"选项卡下"窗口"选项组中的"新建窗口"选项
　　B. "视图"选项卡下"窗口"选项组中的"全部重排"选项
　　C. "视图"选项卡下"窗口"选项组中的"拆分"选项
　　D. "文件"菜单的"打开"选项

6. 在 Excel 编辑状态下，若将单元格中的标题设置为黑体，则首先应该（　　）。
　　A. 单击"字体"选项组中的"加粗"按钮
　　B. 单击"单元格"选项组中的"格式"下的"设置单元格格式"选项
　　C. 单击"字体"选项组中的"字体框"
　　D. 将标题选中

7. Excel 工作表的列号范围是（　　）。
　　A. A~XFD　　　　B. B~VI　　　　C. 1~1 024　　　　D. 1~512

8. 在 Excel 中,如未特别设定格式,则文字数据会自动（　　）对齐。
   A. 左　　　　　　B. 右　　　　　　C. 居中　　　　　　D. 随机
9. 当鼠标通过 Excel 工作表的工作区时,鼠标指针为（　　）。
   A. 空心十字形　　B. I 形　　　　　C. 空心箭头形　　　D. 四箭头形
10. 在 Excel 中,所有文件数据的输入及计算都是通过（　　）来实现的。
    A. 工作簿　　　　B. 工作表　　　　C. 活动单元格　　　D. 文档
11. 在打印工作表前就可看到实际打印效果的操作是（　　）。
    A. 打印　　　　　　　　　　　　　B. 仔细观察工作表
    C. 页面布局　　　　　　　　　　　D. 分页预览
12. 在 Excel 中,A5 单元格的内容是"A5",拖曳填充柄至 D5,则 B5、C5、D5 单元格的内容分别为（　　）。
    A. B5 C5 D5　　B. B6 C7 D8　　C. A6 A7 A8　　D. A5 A5 A5
13. 要在单元格中输入分数 9/11 时,需要先输入（　　）,再输入 9/11。
    A. !　　　　　　B. 双引号　　　　C. 0+ 空格　　　　D. 0
14. 在 Excel 中,下面有关数据排序的叙述中正确的是（　　）。
    A. 排序的关键字段只能有一个
    B. 排序时如果有多个字段,则所有关键字段必须选用相同的排序趋势
    C. 在"排序"对话框中,用户必须指定有无标题行
    D. 在排序选项中可以指定关键字段按字母排序或按笔画排序
15. 在 Excel 中,选定某单元格后单击"复制"按钮,再选中目的单元格后单击"粘贴"按钮,此时被粘贴的是源单元格中的（　　）。
    A. 格式和公式　　B. 数值和格式　　C. 全部　　　　　　D. 格式和批注
16. Excel 应用程序窗口最后一行称作状态行,Excel 准备接收输入数据时,状态栏显示（　　）。
    A. 等待　　　　　B. 就绪　　　　　C. 输入　　　　　　D. 编辑
17. 在 Excel 中,（　　）运算符代表字符连接。
    A. $　　　　　　B. @　　　　　　C. &　　　　　　　D. #
18. 在 Excel 中,要想引用单元格 A1 到 C3 的数据,则在"A1"和"C3"间使用的运算符是（　　）。
    A. :　　　　　　B. ,　　　　　　　C. 空格　　　　　　D. -
19. 在单元格中输入公式"=3^2+4^2",结果为（　　）。
    A. 3^2+4^2　　　B. 25　　　　　　C. 24　　　　　　　D. 14
20. 在 Excel 中,对数据进行条件筛选时,下面关于条件区域的叙述中错误的是（　　）。
    A. 条件区域必须有字段名行
    B. 条件区域中不同行之间进行"或"运算
    C. 条件区域中同列之间进行"与"运算
    D. 条件区域中可以包含空行或空列

21. 在 Excel 中,下列关于日期数据叙述中错误的是(　　)。
   A. 日期格式是数值数据的一种显示格式
   B. 不论一个数值以何种日期格式显示,值不变
   C. 日期值可以自动填充
   D. 日期值不能进行自动填充

22. 在 Excel 中,下列(　　)是正确的区域表示法。
   A. A1#D4   B. A1..D4
   C. A1:D4   D. A1>134

23. 在 Excel 中,选中活动单元格后输入一个数字,按住(　　)键拖曳填充柄,经过的单元格被填入的是按 1 递增或递减数列。
   A. Alt   B. Ctrl   C. Shift   D. Delete

24. 要在 Excel 工作表的 A 列和 B 列之间插入一列,在选择"插入工作表列"选项前,应选中(　　)。
   A. A1 单元格   B. C1 单元格
   C. A 列   D. B 列

25. 在 Excel 中,若一个单元格中显示错误信息"#VALUE!",表示该单元格内的(　　)。
   A. 公式引用了一个无效的单元格坐标   B. 公式中的参数或操作数出现类型错误
   C. 公式的结果产生溢出   D. 公式中使用了无效的名字

26. 在 Excel 中,若拖曳填充柄实现递减数列填充,应选中(　　)。
   A. 两个递减数字单元格   B. 两个递增数字单元格
   C. 一个文字单元格   D. 一个数字单元格

27. 在 Excel 中,下列关于"删除"和"清除"操作,叙述正确的是(　　)。
   A. 删除指定区域是将该区域的数据连同单元格一起从工作表中删除,清除指定区域仅清除区域中的数据或格式,而单元格本身仍保留
   B. 删除内容不可以恢复,清除的内容可以恢复
   C. 删除和清除均不移动单元格本身,但删除操作将原单元格清空;而清除操作将原单元格中内容变为 0
   D. Delete 键的功能相当于删除命令

28. 在 Excel 工作表中,A1 单元格中的内容是"1 月",若要用自动填充序列的方法在 A 列生成序列 1 月、3 月、5 月等数据,应(　　)。
   A. 在 A2 中输入"3 月",选中区域 A1:A2 后拖曳填充柄
   B. 选中 A1 单元格后拖曳填充柄
   C. 在 A2 中输入"3 月",选中区域 A2 后拖曳填充柄
   D. 在 A2 中输入"3 月",选中区域 A1:A2 后双击填充柄

29. 在 Excel 中,(　　)可拆分。
   A. 合并过的单元格   B. 没合并过的单元格
   C. 基本单元格   D. 任意单元格

30. 在 Excel 中,单元格列宽的调整可通过( )进行。
    A. 拖曳列号左面的边框线   B. 拖曳行号上面的边框线
    C. 拖曳行号下面的边框线   D. 拖曳列号右面的边框线

31. 在 Excel 中,下列关于"选择性粘贴"的叙述,错误的是( )。
    A. 选择性粘贴可以只粘贴格式
    B. 选择性粘贴可以只粘贴公式
    C. 选择性粘贴可以将源数据的排序旋转 90°,即"转置"粘贴
    D. 选择性粘贴只能粘贴数值数据

32. 在输入数据时输入前导符( )表示要输入公式。
    A. "   B. +   C. =   D. %

33. 在 Excel 中,下面关于分类汇总的叙述中,错误的是( )。
    A. 分类汇总前必须按关键字段对数据进行排序
    B. 汇总方式只能是求和
    C. 分类汇总的关键字段只能是一个字段
    D. 分类汇总可以被删除,但删除汇总后排序操作不能撤销

34. 在 Excel 中,设置页眉和页脚的内容可以通过"页面布局"选项卡中的( )进行。
    A. "主题"选项组   B. "页面设置"选项组
    C. "工作表选项"选项组   D. "排列"选项组

35. 在 Excel 中,对表格中的数据进行排序可通过( )进行。
    A. "插入"选项卡   B. "数据"选项卡
    C. "公式"选项卡   D. "审阅"选项卡

36. 在 Excel 中,"排序"对话框中可以指定多个关键字,其中( )。
    A. 每个关键字都必须指定   B. 主要关键字必须指定
    C. 主要、次要关键字都要指定 D. 关键字都可以不指定

37. 在 Excel 工作表中,在不同的单元格输入以下各项内容,其中被 Excel 识别为字符数据的是( )。
    A. 2010-2-1   B. $100   C. 45%   D. 北京

38. 在 Excel 中,求各参数中数值参数和包含数值的单元格个数的函数是( )。
    A. SUM   B. MAX   C. AVERAGE   D. COUNT

39. 一个 Excel 工作簿文件在第一次存盘时,Excel 自动以( )作为其扩展名。
    A. wkl   B. xlsx   C. xcl   D. doc

40. 在 Excel 中进行分类汇总时,其汇总的方式是( )。
    A. 求和   B. 计数
    C. 平均值   D. 以上都可以

41. 在 Excel 中,若要将光标向左移动到下一个工作表屏幕左上角位置,可按( )键。
    A. Ctrl+PageUp   B. Ctrl+PageDown
    C. Shift+PageUp   D. Shift+PageDown

42. 在 Excel 中,取消所有自动分类汇总的操作是( )。
    A. 按 Delete 键
    B. 在"单元格"选项组中选择"删除"选项
    C. 在"文件"菜单中选择"关闭"选项
    D. 在"分类汇总"对话框中单击"全部删除"按钮

43. 在 Excel 中,下面说法不正确的是( )。
    A. Excel 应用程序可同时打开多个工作簿文档
    B. 在同一工作簿文档窗口中可以建立多个工作表
    C. 在同一工作表中可以为多个数据区域命名
    D. Excel 新建工作簿的默认名为"文档1"

44. 在 Excel 中,想要显示数据清单中满足条件的数据而其他数据隐藏,可通过( )完成。
    A. 在"数据"选项卡中选择"分类汇总"选项
    B. 在"数据"选项卡中选择"合并计算"选项
    C. 在"数据"选项卡中选择"排序"选项
    D. 在"数据"选项卡中选择"筛选"选项

45. Excel 的工作界面中不包括( )。
    A. 标题栏、菜单   B. 工具栏、编辑栏、状态栏
    C. 工作标签、滚动条   D. 演示区

46. 在 Excel 中,在自定义自动筛选方式时,最多可以给出( )个条件。
    A. 1   B. 2   C. 3   D. 4

47. 工作表默认的打印区域为( )。
    A. A1 到 Z26   B. 整张工作表
    C. A1 到有数据的最右下角单元格 D. A1 到 IV256

48. 下列有关 Excel 功能的叙述中,正确的是( )。
    A. 在 Excel 中不能处理图形
    B. 在 Excel 中不能处理表格
    C. Excel 的数据管理可支持数据记录的增、删、改等操作
    D. 在一个工作表中可包含多个工作簿

49. 清除单元格的内容后,( )。
    A. 单元格的格式、边框、批注都不被清除
    B. 单元格的边框也被清除
    C. 单元格的批注也被清除
    D. 单元格的格式也被清除

50. 在工作表中插入行时,Excel 会( )。
    A. 覆盖插入点所在的行   B. 将插入点所在的行下移
    C. 将插入点所在的行上移   D. 无法进行插入

51. 在 Excel 中输入 "123456789123",当其长度超过单元格宽度时会显示(   )。
    A. 无变化   B. 显示 "123456 789123"
    C. 显示 "123456"   D. 显示 "1.23457E+11"
52. Excel 是一个在 Windows 操作系统下运行的(   )。
    A. 操作系统   B. 字处理软件   C. 电子表格软件   D. 打印数据程序
53. 如果 Excel 中某单元格显示为 "#DIV/0!",这表示(   )。
    A. 公式错误   B. 格式错误   C. 行高不够   D. 列宽不够
54. Excel 中被合并的单元格(   )。
    A. 不能是一列单元格   B. 只能是不连续的单元格区域
    C. 只能是一个单元格   D. 只能是连续的单元格区域
55. 要编辑活动单元格的内容,可按(   )键。
    A. F1   B. F2   C. F3   D. F4
56. 在 Excel 工作簿中,有 Sheet1、Sheet2、Sheet3 三个工作表,同时选中这三个工作表,在 Sheet1 工作表的 A1 单元格内输入数值 "9",则 Sheet2 工作表和 Sheet3 工作表中 A1 单元格中(   )。
    A. 内容均为数值 "0"   B. 无数据
    C. 内容均为数值 "10"   D. 内容均为数值 "9"
57. 把单元格指针移到 F45 的最简单方法是(   )。
    A. 按 + 键
    B. 拖曳滚动条
    C. 在名称框输入 F45,并按 Enter 键
    D. 先按 Ctrl+ →键移到 F 列,再按 Ctrl+ ↓键移到 45 行
58. 在 Excel 中的数据列表中,每一列数据称为一个(   )。
    A. 字段   B. 数据项   C. 记录   D. 系列
59. 在 Excel 中,下列关于区域名字的叙述中,不正确的是(   )。
    A. 区域名可以与工作表中某一单元格地址相同
    B. 同一个区域可以有多个名字
    C. 一个区域名只能对应一个区域
    D. 区域的名字既能在公式中引用,也能作为函数的参数
60. 下列序列中,不能直接利用自动填充功能进行快速输入的是(   )。
    A. Jan、Feb、Mar 等   B. Mon、Tue、Wed 等
    C. 第一名、第二名、第三名等   D. 子、丑、寅等
61. 已知工作表中 C3 单元格与 D4 单元格的值均为 0,C4 单元格为公式 "=C3=D4",则 C4 单元格显示的内容为(   )。
    A. C3=D4   B. TRUE   C. 1   D. 0
62. 可以利用"审阅"选项卡下(   )选项组的"拼写检查"选项实现拼写检查。
    A. 校对   B. 批注   C. 语言   D. 中文简繁转换

63. 在 Excel 中,可使用的运算符有( )。
    A. +(加),-(减)　　　　　　　　B. *(乘),/(除)
    C. ^(乘方),&(连接)　　　　　　D. 以上都是

64. 在 Excel 中,"冻结窗格"操作的前提条件是( )。
    A. 有新建的文档窗口　　　　　　B. 当前文档窗口已被分割
    C. 已经打开了多个文档窗口　　　D. 没有条件

65. 在 Excel 中,A1 单元格的内容是数值 -111,利用"设置单元格格式"对话框设置该单元格之后,-111 也可以显示为( )。
    A. 111　　　　B. {111}　　　　C. (111)　　　　D. [111]

66. 如要关闭工作簿,但不想退出 Excel,可以选择( )。
    A. "文件"菜单中的"关闭"　　　　B. "文件"菜单中的"导出"
    C. 关闭 Excel 窗口的 × 按钮　　　D. "文件"菜单中的"选项"

67. 某区域由 A1、A2、A3、B1、B2、B3 这 6 个单元格组成,下列不能表示该区域的是( )。
    A. A1:B3　　　B. A3:B1　　　C. B3:A1　　　D. A1:B1

68. 在 Excel 中,要修改当前工作表标签名称,下列( )方法不能完成。
    A. 双击工作表"标签"
    B. 选择"单元格"选项组中的"格式"选项,再选择"重命工作表"
    C. 右击工作表"标签",选择"重命名"
    D. 选择"文件"菜单下的"另存为"

69. 在 Excel 中,在 A1 单元格输入"6/20"后,该单元格中显示的内容是( )。
    A. 0.3　　　　B. 6月20日　　　C. 3/10　　　　D. 6/20

70. Excel 中有一个图书库存管理工作表,数据清单中各字段名为图书编号、书名、出版社名称、出库数量、入库数量、出入库日期。若统计各出版社图书的"出库数量"总和及"入库数量"总和,应对数据进行分类汇总,分类汇总前要对数据排序,排序的主要关键字应是( )。
    A. 入库数量　　B. 出库数量　　C. 书名　　　　D. 出版社名称

71. 在 Excel 中,将下列概念按由大到小的次序排列,正确的次序是( )。
    A. 工作表、单元格、工作簿　　　B. 工作表、工作簿、单元格
    C. 工作簿、单元格、工作表　　　D. 工作簿、工作表、单元格

72. 在 Excel 工作窗口中,编辑栏的左侧有一框,用来显示单元格或区域的名字,或者根据名字查找单元格或区域,该框称为( )。
    A. 编辑框　　　B. 名称框　　　C. 公式框　　　D. 区域框

73. 在 Excel 中,将数据填入单元格时,默认的对齐方式是( )。
    A. 文字自动左对齐,数字自动右对齐
    B. 文字自动右对齐,数字自动左对齐
    C. 文字与数字均自动左对齐
    D. 文字与数字均自动右对齐

74. 从"开始"菜单中选择 Microsoft Excel 选项启动 Excel 2016 之后,系统会自动建立一个名为(   )的空的工作簿。

   A. Book1   B. Book   C. 工作簿 1   D. Sheet1

75. 已知工作表"商品库"中单元格 F5 中的数据为工作表"月出库"中单元格 D5 与工作表"商品库"中单元格 G5 数据之和,若该单元格的引用为相对引用,则 F5 中的公式是(   )。

   A. =月出库!$D$5+$G$5   B. =$D$5+$G$5

   C. =D5+商品库!G5   D. =月出库!D5+G5

第 5 章 PowerPoint 演示文稿

5.1 实验指导

实验一 演示文稿的建立及基本操作

一、实验目的

1. 熟悉 PowerPoint 2016 窗口的基本组成。
2. 掌握建立演示文稿的几种方法。
3. 掌握演示文稿的版式设置和模板设置。
4. 掌握演示文稿的基本修饰和美化方法。

二、实验内容

制作一个演示文稿,主题为"我的大学生活"。要求如下。

1. 本实验将创建含有 6 张幻灯片的描述自己大学生活的演示文稿,以"我的大学生活"为文件名保存到桌面上。

2. 将第一张幻灯片设置为"标题幻灯片",主标题为"我的大学生活",副标题自定,主标题和副标题都设置为艺术字。将演示文稿的主题设置为"回顾"。

3. 插入第二张幻灯片,版式设置为"标题和内容",标题为"丰富多彩的大学生活",内容部分插入 SmartArt 图形,选择列表中的垂直曲形列表,输入"我的学习生活""我的课余生活""我的假期生活""我的同学和朋友"4 项。

4. 再插入 4 张幻灯片,版式自定,可添加图片、表格、图表、音乐、动画等。主题分别为幻灯片 2 中的 4 项内容,根据主题输入合适的内容。

三、预备知识

(一) PowerPoint 2016 窗口的组成

单击 Windows 10 任务栏的开始按钮,启动"开始"菜单,从中找到 PowerPoint 2016 并启动,启动界面如图 5.1 所示。

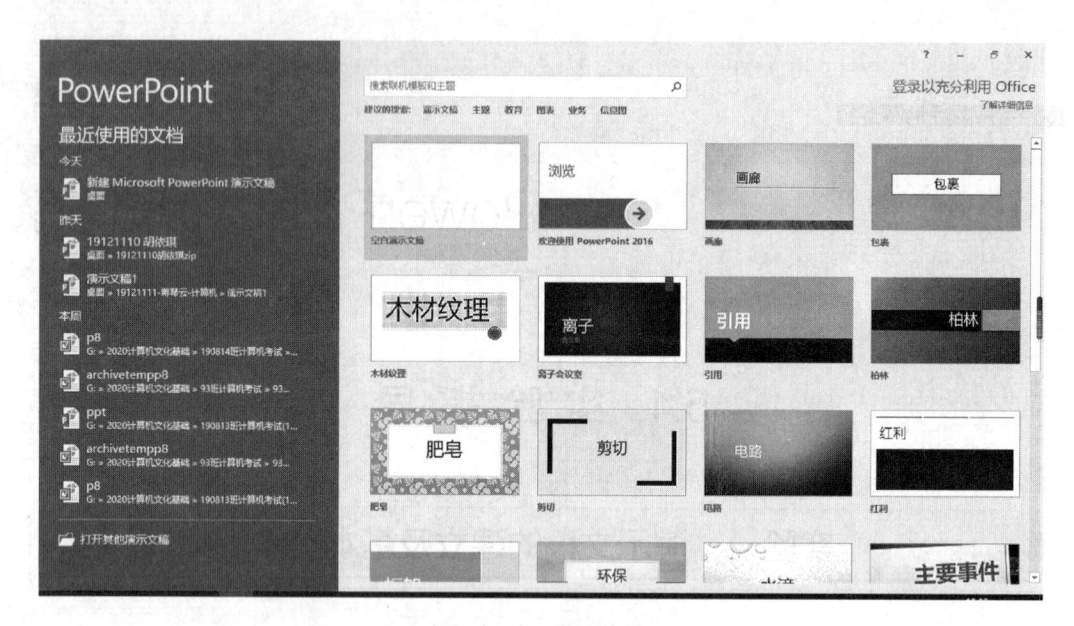

图 5.1　PowerPoint 2016 启动界面

在启动界面窗口上，左边显示最近使用的文档，从中可以很方便地选择并且打开最近使用的演示文稿文件。在窗口右边可以直接选择某个模板或主题来创建新演示文稿，也可以选择创建空白演示文稿。此外，还可以对演示文稿、主题、教育、图表、业务以及信息图等搜索联机模板和主题，供用户创建演示文稿时使用。

单击"空白演示文稿"，进入 PowerPoint 2016 的工作界面，如图 5.2 所示。

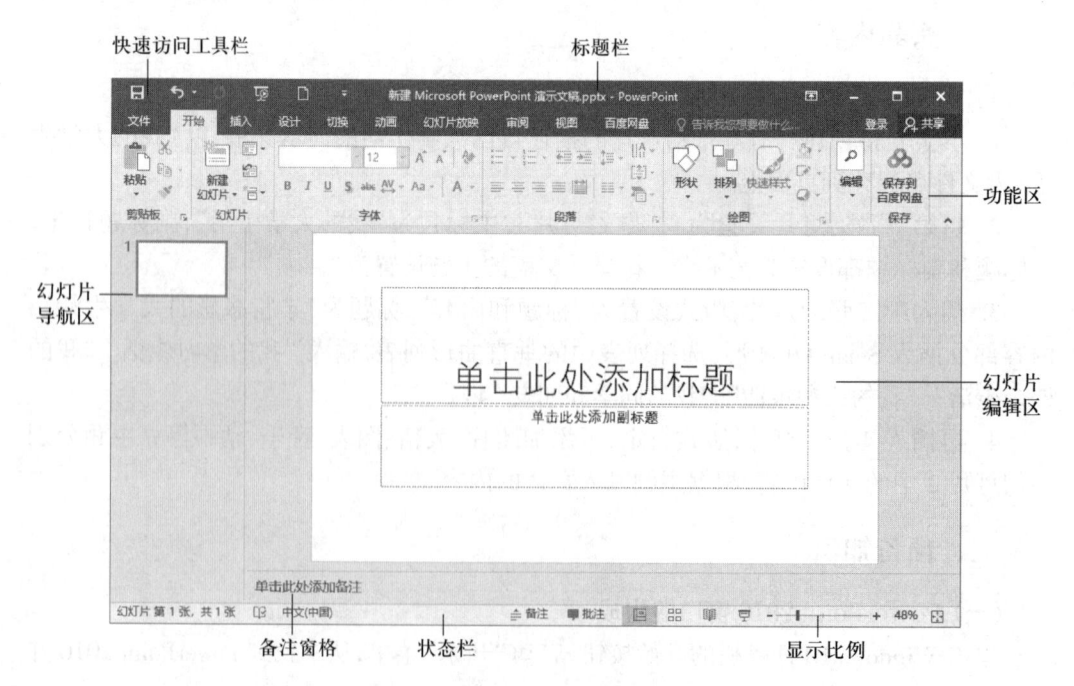

图 5.2　PowerPoint 2016 工作界面

该窗口由快速访问工具栏/标题栏、选项卡/选项组、幻灯片导航区、幻灯片编辑区、备注窗格、状态栏等几个部分组成。

1. 快速访问工具栏/标题栏：位于窗口的顶部，显示"保存""新建""撤销""恢复"等最常用按钮，可以通过快速访问工具栏右边的下拉按钮添加或删除相应的按钮，自定义快速访问工具栏。在此栏中间显示当前演示文稿的标题，右边是功能区显示选项、最小化、最大化/向下还原、关闭等按钮，通过功能区显示选项，可以显示或关闭选项卡和命令。

2. 功能区：包含"文件"菜单及"开始""插入""设计""切换""动画""幻灯片放映""审阅""视图"等选项卡，通过选项卡对 PowerPoint 2016 的功能进行了分类。选项组包含了对应选项卡下的各项功能，单击选中某个选项卡，会在下方的选项组中分类显示相应的选项，提供相关操作。双击某个选项卡的名称时，将隐藏整个选项组，再次双击选项卡则又可显示出来各选项组。

3. 幻灯片导航区：位于左侧，显示幻灯片的缩略图。

4. 幻灯片编辑区：在本窗格中，可以输入文档内容、插入图像、制定表格以及其他各种对幻灯片的编辑操作，幻灯片窗格是用户工作的主要场所，又可以称为工作区或者编辑区。

5. 备注窗格：位于幻灯片窗格的下方，在此可添加幻灯片的注释内容。

6. 状态栏：位于整个窗口的最底部，用于显示幻灯片数量，还包含备注、批注按钮，视图模式切换按钮，幻灯片放映工具按钮以及调整显示比例工具等。

（二）PowerPoint 2016 的基本概念

一）演示文稿

一个 PowerPoint 文件就是一个演示文稿，其扩展名为 PPTX。演示文稿由幻灯片组成，一个演示文稿包含一张或多张幻灯片。

二）幻灯片

幻灯片是组成演示文稿的基本单位，完成一个演示文稿其实就是完成一张张幻灯片，每张幻灯片上包含一些虚线的方框，称作占位符，在占位符内可以插入文字、图形、图表、表格以及其他各项内容。

三）占位符

占位符是组成幻灯片的最小单位，用以填放各种内容，占位符的位置和大小可以调整，可以设置占位符的字体格式，设置占位符的样式，也可以对占位符的边框进行设置以及填充颜色，旋转占位符以及其他各种操作。

（三）PowerPoint 2016 演示文稿的创建方式

新建演示文稿有多种方式，第一种方式，通过 PowerPoint 2016 启动界面创建。在如图 5.1 所示 PowerPoint2016 启动界面中单击"空白演示文稿"，就能创建一个空白演示文稿，如图 5.2 所示。还可以选择其他模板来创建演示文稿，比如，单击画廊模板就能创建画廊主题演示文稿。

第二种方式，在桌面空白处单击鼠标右键，选择"新建"快捷菜单中的"Microsoft PowerPoint 演示文稿"，如图 5.3 所示，就能在桌面上创建一个新的演示文稿文件。双击打开该文件，在出现的窗口中单击"单击以添加第一张幻灯片"，进入如图 5.2 所示的窗口。

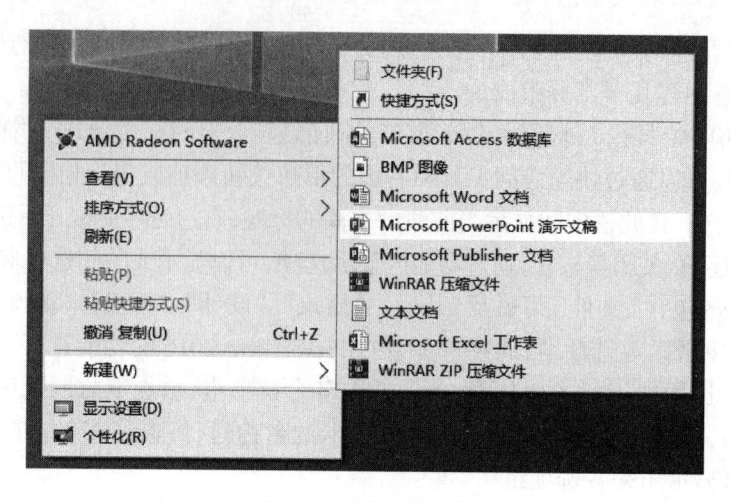

图 5.3　新建演示文稿

（四）幻灯片的版式

版式用于设计幻灯片各项内容的布局，通过应用幻灯片版式可以使文字、图片等分布更加合理、简洁。创建演示文稿后，通常需要在插入幻灯片时选择某一种版式，或者在插入幻灯片后对某一张幻灯片的版面进行更改。

在"开始"选项卡中单击"新建幻灯片"，即在出现的如图 5.4 所示的列表中选择适当的版式创建一张新幻灯片。

图 5.4　"新建幻灯片"下版式选项

要更改一张幻灯片的版式,在"开始"选项卡中"幻灯片"选项组选择"版式"选项,同样会出现版式列表框。

PowerPoint 2016 为用户提供了"标题幻灯片""标题和内容""两栏内容""比较""内容与标题"等 11 种版式,单击所需的版式即可应用该版式。

此外,在幻灯片空白处右击鼠标,在出现的快捷菜单中选择"版式"同样可以进行版式的设置及修改。

(五)幻灯片的主题

PowerPoint 2016 为用户提供了多种主题样式,用户在创建演示文稿时可以直接应用一种主题样式,从而使演示文稿更加美观。

在 PowerPoint 2016 工作界面中,单击"设计"选项卡,如图 5.5 所示,从"主题"选项组中选择某个主题并单击即可作为模板应用到整个演示文稿,如果该主题只想应用到某张幻灯片上而不是整个演示文稿,则可在该主题上单击鼠标右键,再选择"应用于选定幻灯片"即可。在主题右边还有相应主题的变体以供选择。

图 5.5 "设计"选项卡

(六)幻灯片的背景

在如图 5.5 所示的"自定义"选项组中选择"设置背景格式"选项,出现如图 5.6 所示的"设置背景格式"窗格,从中可以选择"纯色填充""渐变填充""图片或纹理填充""图案填充"等进行背景设置,这里选择"图片或纹理填充",单击"纹理"按钮,即出现图 5.7 所示的纹理选项,从中选择恰当的纹理作为填充背景。

(七)使用 SmartArt 图形

在"插入"选项卡的"插图"选项组中选择"SmartArt",会弹出"选择 SmartArt 图形"对话框,如图 5.8 所示,通过 SmartArt 图形可以为幻灯片添加列表、流程、循环、层次结构、关系、矩阵或者棱锥图等图形。选中所需图形,单击"确定"按钮,在幻灯片上就会出现相应的 SmartArt 图形,根据提示在图形中输入所需的文字。

四、实验步骤

针对本实验的具体内容,下面从 4 个方面进行讲解,而不是按实验内容逐步介绍。

(一)新建演示文稿

【提示】

在桌面空白处单击鼠标右键,选择"新建"下的"Microsoft PowerPoint 演示文稿",创建一个新演示文稿,重新命名为"我的大学生活"。双击打开该文件,添加第一张幻灯片。

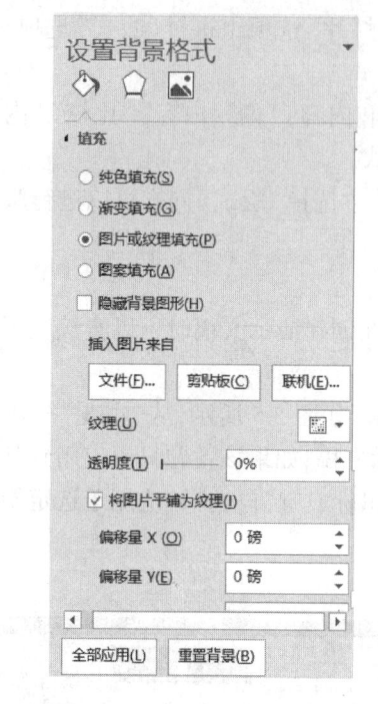

图 5.6 "设置背景格式"窗格

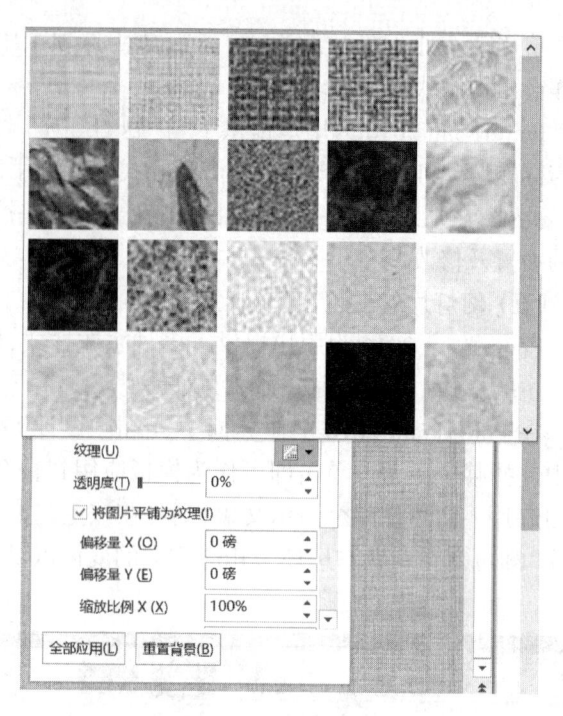

图 5.7 纹理选项

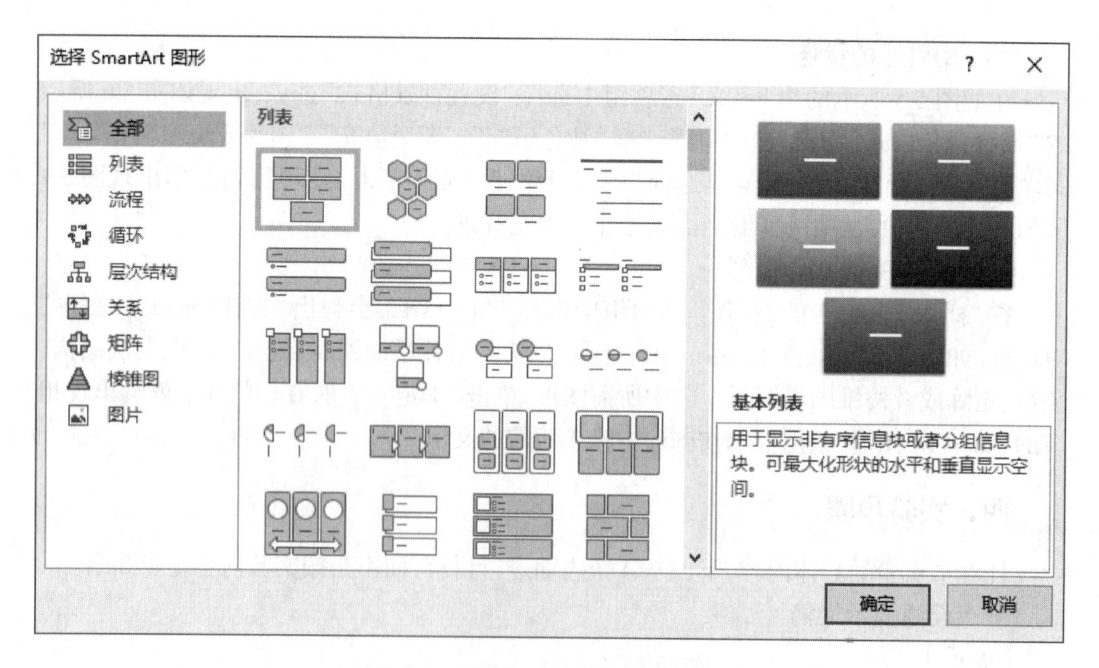

图 5.8 "选择 Smart 图形"对话框

（二）插入新幻灯片

【提示】

演示文稿文件创建好后，演示文稿中有了第一张幻灯片，可以根据需要创建多张幻灯片，选择"开始"选项卡，在"幻灯片"选项中选择"新建幻灯片"，并选取某种版式创建一张新的幻灯片。

按上述方法依次插入 5 张新幻灯片，版式分别选择"标题和内容""两栏内容""比较""两栏内容"及"内容与标题"。

（三）演示文稿主题的设置

【提示】

选择恰当的主题能够节省制作演示文稿的时间，并且能使演示文稿显得更加美观并且切合主题。一个演示文稿可以选择应用一个主题，也可以选择多个主题。这里选择"回顾"主题，如图 5.9 所示。

图 5.9　选择"回顾"主题

（四）幻灯片内容的添加

【提示】

默认情况下，第一张幻灯片的版式为"标题幻灯片"，在主标题处输入内容"我的大学生活"，选择"绘图工具"功能区"格式"选项卡中的某种艺术字样式，如图 5.10 所示。字体可以根据自己的需要进行设置，这里设置为"华文行楷"。副标题处输入"紧张、充实而快乐"，设置为艺术字，字体设置为"华文行楷"。

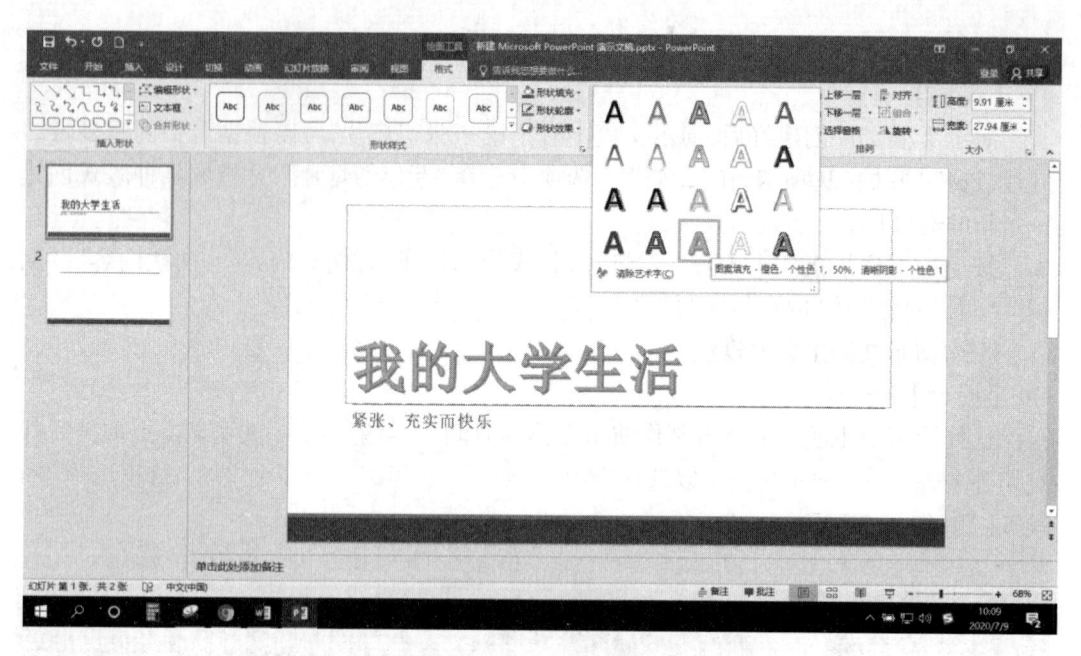

图 5.10 "艺术字"选项框

第二张幻灯片版式为"标题和内容",标题内容为"丰富多彩的大学生活",设置为艺术字样式,设置字体,并且设置文本效果为"发光"效果。

内容部分选择插入 SmartArt 图形。在内容框中单击"插入 SmartArt 图形",如图 5.11 所示,在出现的"选择 SmartArt 图形"对话框中选择"列表"类别中的"垂直曲形列表"。

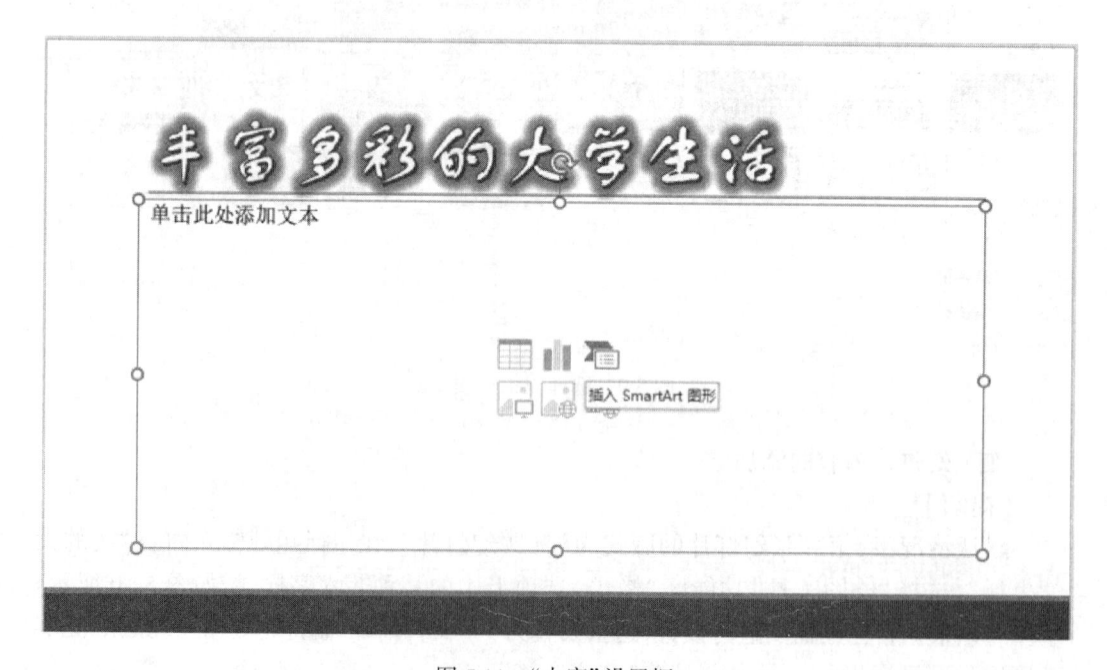

图 5.11 "内容"设置框

在垂直曲形列表的文本部分分别输入"我的学习生活""我的课余生活""我的假期生活""我的同学和朋友"4项,如图 5.12 所示。

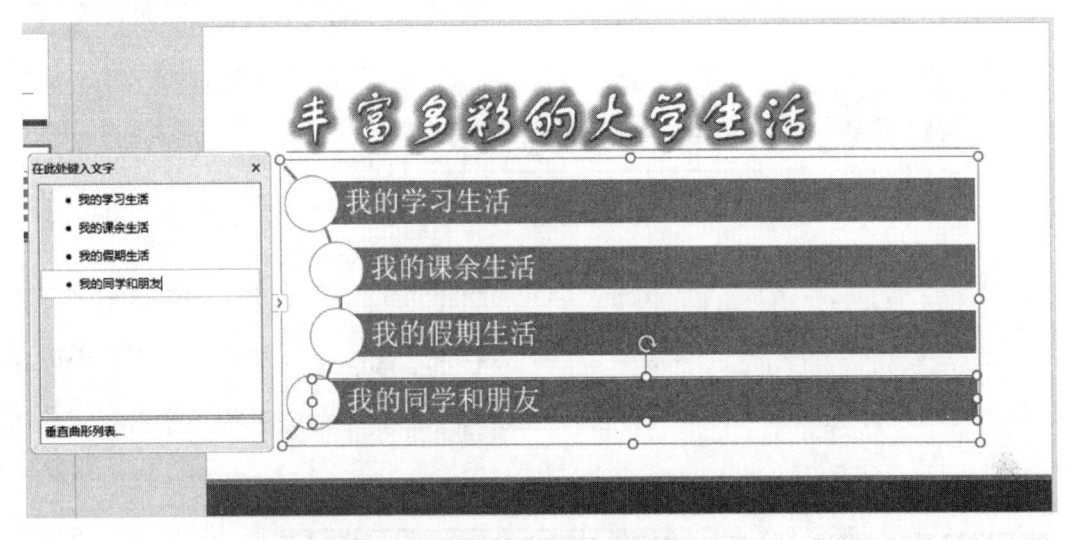

图 5.12 "垂直曲形列表"效果

第三张幻灯片设置为"两栏内容"版式,选中幻灯片的标题框,输入"紧张而充实的学习生活"。利用"开始"选项卡的"字体"选项组将标题字体设置为"华文行楷"。选中标题文字,在"格式"选项卡下"艺术字样式"中选择一种艺术字样式,再单击"文本效果"旁的下拉按钮,在下拉列表中选择"转换"选项中某种弯曲转换效果,这里选择"波形 1"效果。两栏内容中左边内容项插入一个表格,右边内容项选择插入一幅图片,如图 5.13 所示。

第四张幻灯片设置为"比较"版式,标题输入"多姿多彩的课余生活",设置为艺术字,其"文本效果"设置为"转换"中的倒 V 形,并设置发光效果。两项比较内容中的小标题分别输入"参加兴趣小组"和"各种体育活动",字体为隶书,字号为 32,设置为艺术字。两项内容分别为插入一个图表和一幅图片,效果如图 5.14 所示。

第五张幻灯片版式设置为"两栏内容",标题内容为艺术字"精彩的假期生活",添加发光效果,内容为插入图片或视频。

第六张幻灯片为"内容与标题"版式,输入文字"我亲爱的同学和朋友"及"朋友,可以将快乐加倍,也可以将忧伤减半。",设置为艺术字并添加适当的文字效果,右边是一幅人物图片。至此,完成整个演示文稿。

五、样张

本实验样张效果如图 5.15 所示。

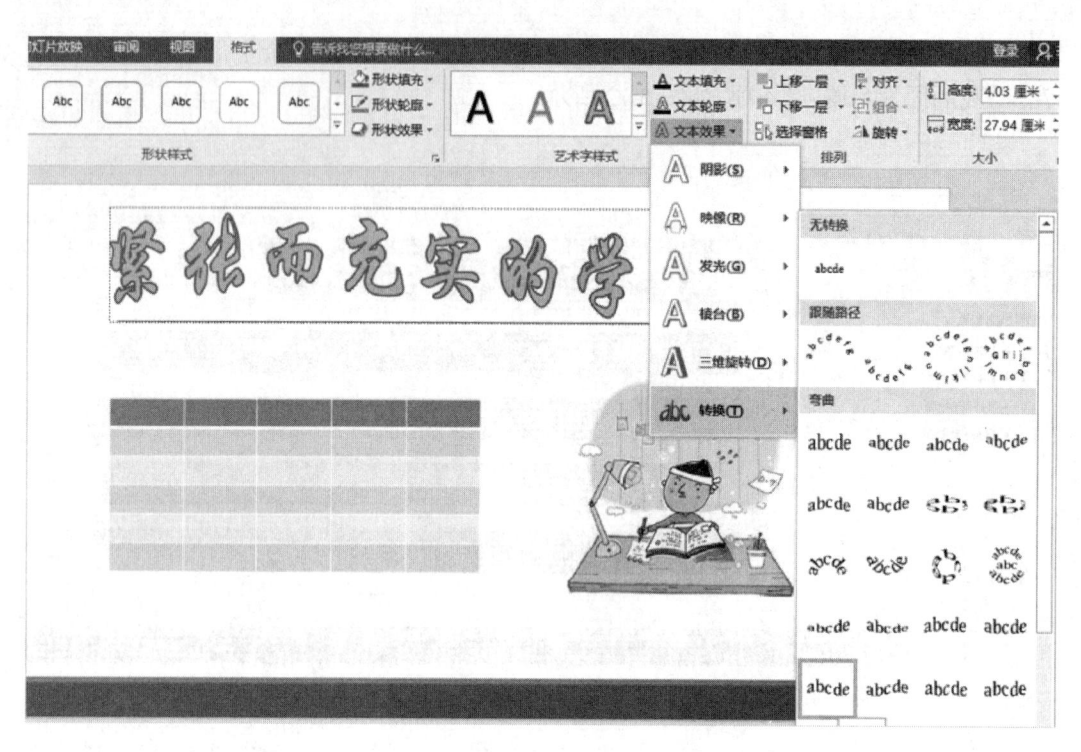

图 5.13 设置艺术字"转换"效果

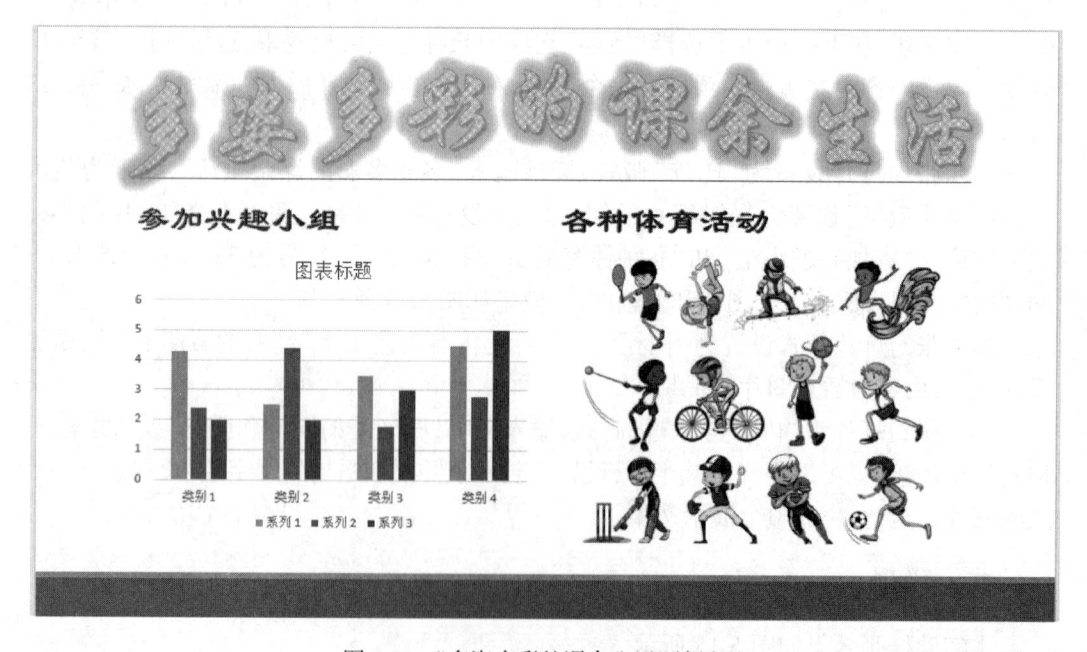

图 5.14 "多姿多彩的课余生活"效果图

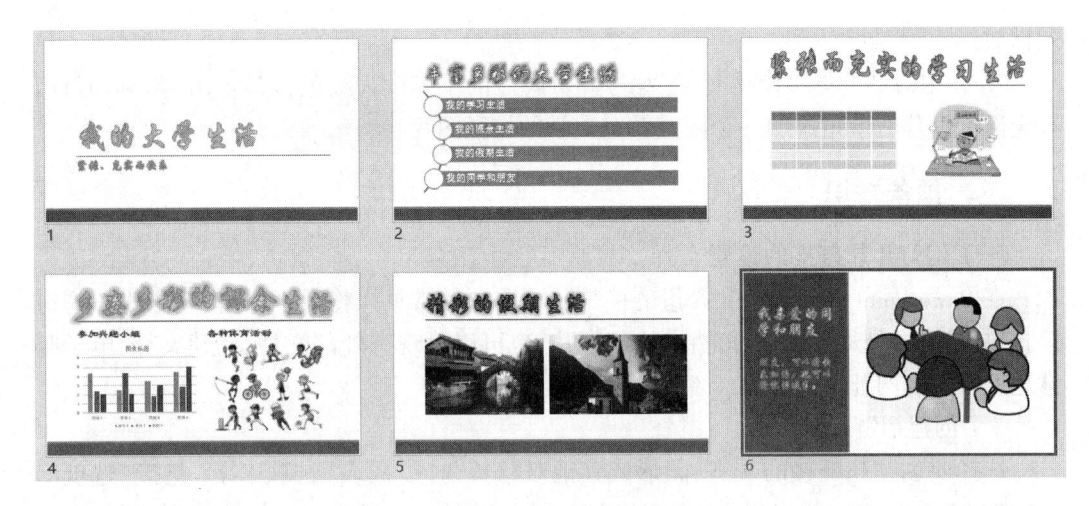

图 5.15　实验一样张

实验二　幻灯片的超链接、切换、动画和母版

一、实验目的

1. 掌握幻灯片超链接的设置方法。
2. 掌握幻灯片切换和动画的设置方法。
3. 掌握幻灯片中背景音乐的设置方法。
4. 掌握幻灯片母版的设置方法。

二、实验内容

以实验一完成的结果作为操作对象,对其进行完善,添加如下一些内容。

1. 在第二张幻灯片 SmartArt 图形的 4 个项目中设置超链接,分别链接到后面第 3、4、5、6 张幻灯片。

2. 将第 3、4、5、6 张幻灯片上添加"返回"按钮,返回到第二张幻灯片。

3. 将第一张幻灯片的主标题部分动画设为"自左侧自动飞入",副标题部分动画设为"自底部自动飞入",顺序为先主标题,后副标题。

4. 将第一张幻灯片的切换效果设为"涟漪",第二张幻灯片的切换效果设为"时钟",其他几张切换效果自定。

5. 给演示文稿除第一张幻灯片外的所有幻灯片加入日期、页脚(页脚为"南昌航空大学")和幻灯片编号;使演示文稿中所显示的日期和时间随着计算机内部时钟的变化而改变。

6. 在第一张幻灯片上插入一段音频,并且设置为自动播放,在第一张幻灯片放映期间播放。

7. 利用幻灯片母版使得日期、编号和页脚区的字体设为红色,宋体,16号;利用母版在全部幻灯片右上角添加一个南昌航空大学的校徽图片。

三、预备知识

(一) 幻灯片超链接的设置

在 PowerPoint 2016 中,设置超链接是一项重要的常见操作,可对任何对象设置超链接,链接的对象既可以是本文档中的幻灯片,也可以是现有外部文件、新建文档、电子邮件地址或网页网址。

一)创建超链接

选择要创建超链接的文本、图形或其他对象。选择"插入"选项卡下"链接"选项组中的"超链接"选项,弹出"插入超链接"对话框,如图 5.16 所示。选择链接到"现有文件或网页",在右侧"地址"框内可以选择要链接文件,或者输入链接文件的地址。

图 5.16 "插入超链接"对话框

要对第二张幻灯片垂直曲形列表中 4 个条目设置超链接,第一条条目是链接到第三张幻灯片,第二条条目是链接到第四张幻灯片,以此类推。单击"本文档中的位置",将列出本演示文稿的所有幻灯片,选中所需链接的幻灯片,单击"确定"按钮即可,如图 5.17 所示。

在"插入超链接"对话框中,单击右上角的"屏幕提示"按钮,弹出"设置超链接屏幕提示"对话框,可以设置鼠标指针移到超链接时出现的提示内容。

二)创建动作按钮

动作按钮是另一种形式的超链接,选择"插入"选项卡下"插图"选项组中的"形状"

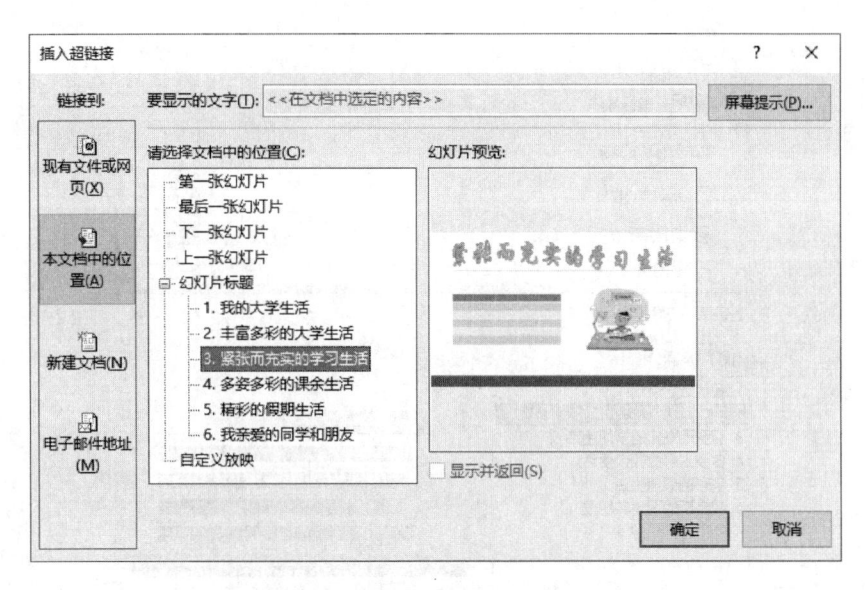

图 5.17　超链接本文档的设置

选项,在弹出列表框中选取一个动作按钮,如图 5.18 所示,在幻灯片相应位置单击鼠标左键或按住鼠标键拖曳即可绘制出按钮。

图 5.18　动作按钮

绘制出按钮后会弹出"操作设置"对话框,选中"超链接到"单选按钮,从其下拉列表框中选择"幻灯片…"选项,弹出"超链接到幻灯片"对话框,显示本演示文稿所有的幻灯片,单击要超链接的幻灯片标题,如图 5.19 所示。

此外,可以通过"绘图工具"功能区"格式"选项卡对按钮进行各种修饰操作,比如设置按钮的形状样式,设置形状效果等,以美化按钮。如图 5.20 所示。

(二)幻灯片的动画和切换设置

一)动画效果设置

动画效果是指对幻灯片上的某一个具体对象设置的动态效果,所以要设置动画效果,必须先选中幻灯片上的一个对象,然后进行设置。

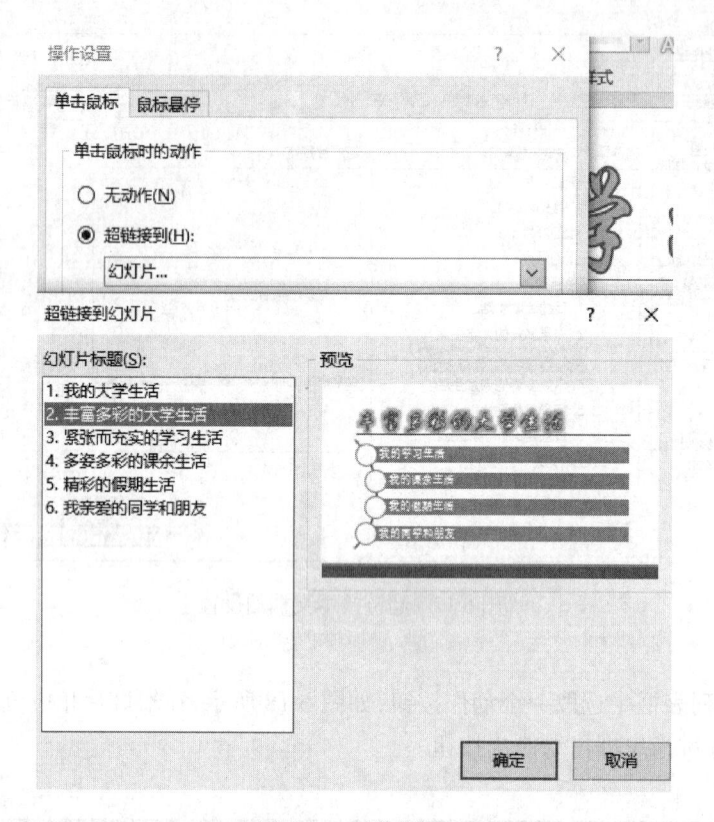

图 5.19　动作设置

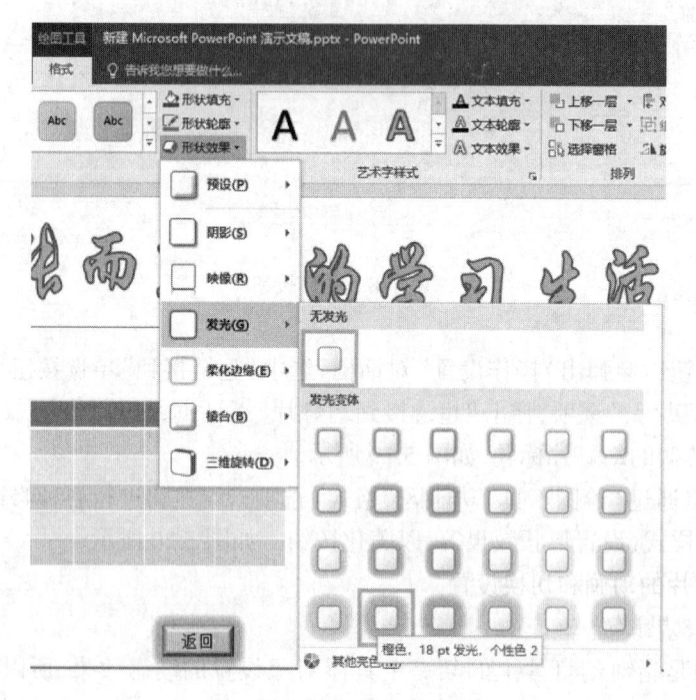

图 5.20　动作按钮的美化

在幻灯片中，选中一个对象，单击"动画"选项卡下"动画"选项组中动画效果列表框右侧"其他"按钮，即可展开其他各种动画效果，从中可以选择需要的动画效果，如图5.21所示。或者在"高级动画"选项组中选择"添加动画"选项进行选择。"动画"选项组中的"效果选项"用于设置动画方向、序列等。

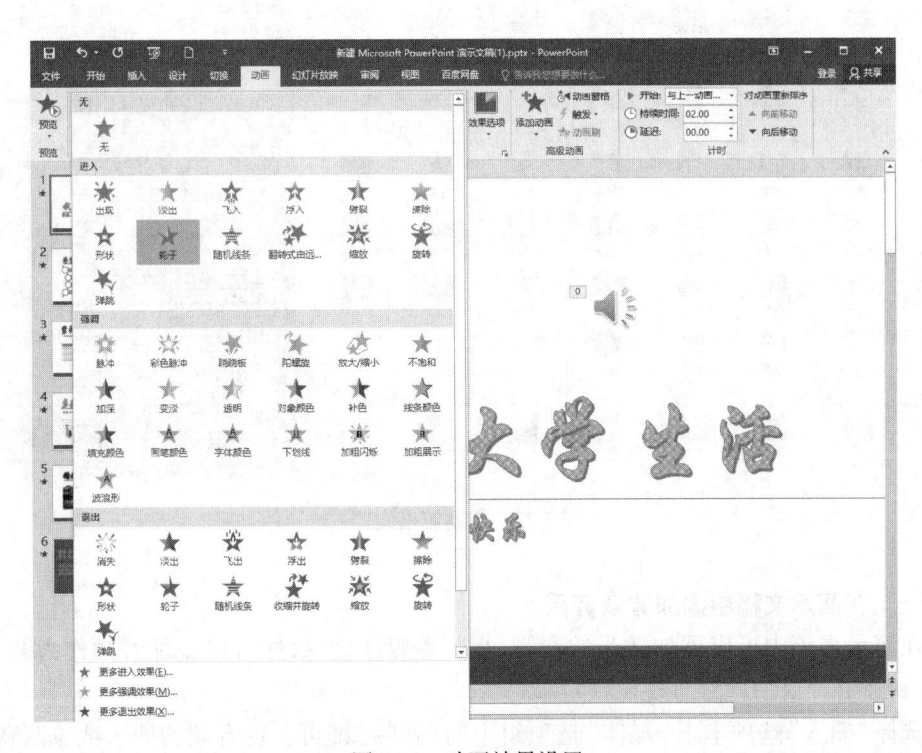

图 5.21　动画效果设置

另外，还可以设置动画播放的顺序和持续时间，在"动画"选项卡下的"计时"选项组中"开始"下拉列表框中选择"单击时""与上一动画同时"或"上一动画之后"3 个选项。"持续时间"和"延迟"用于设置相应的持续和延迟时间。利用最右边的"对动画重新排序"选项，可以调整动画播放的顺序。

要查看或者调整已设置好的动画，可以单击"高级动画"选项组中的"动画窗格"选项，在工作区右侧会出现"动画窗格"，从中可以查看当前幻灯片上所有对象的动画效果设置情况，并且可以通过拖曳调整动画的先后顺序。另外，单击"动画"选项组右下角的"显示其他效果选项"按钮，会弹出相应对话框，可以对动画效果做进一步设置。

二）切换效果设置

切换效果是一张幻灯片过渡到另外一张幻灯片时所应用的动态效果。选中要设置切换效果的幻灯片，在"切换"选项卡下选择合适的切换效果。另外，在"计时"选项组里还可以设置声音、持续时间、应用范围及换片方式。要设置自动播放，可以选中"设置自动换片时间"复选框,并设置时间。如要所有幻灯片都使用同样的切换效果,则可以单击"全部应用",如图 5.22 所示。

图 5.22　切换效果设置

(三) 在演示文稿中添加背景音乐

在演示文稿中可以添加适当的音频、视频等媒体信息,如可以添加音频作为背景音乐,起到吸引观众注意力的效果。

选择"插入"选项卡下"媒体"选项组中的"音频"即可实现音频的插入或录制音频,如图 5.23 所示。

图 5.23　音频的设置

(四) 演示文稿母版的设置

母版是一种模板,主要是用来定义演示文稿中一张或多张幻灯片公共格式。PowerPoint 2016 提供了 3 种母版,分别是幻灯片母版、讲义母版和备注母版。

一) 幻灯片母版

在"视图"选项卡下"母版视图"选项组中选择"幻灯片母版"选项,弹出如图 5.24 所示界面。在左侧显示了幻灯片的所有版式,按各版式提示文字选择适用的母版进行设置。用户也可以进一步修改母版标题的版式,包括插入或者删除占位符,改变占位符的位置,设置标题或者文本的字体、字号、字形以及对齐方式等,更改幻灯片主题、背景、颜色、效果等。用户还可以插入其他各种对象,比如剪贴画、图表、艺术字等。

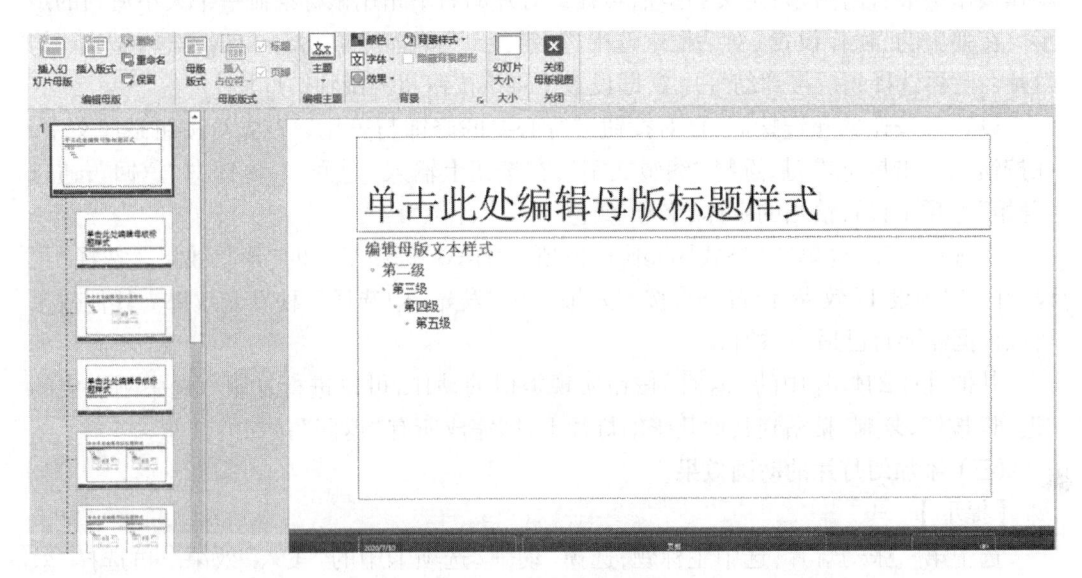

图 5.24　幻灯片母版

二)讲义母版

讲义母版是以讲义的形式来展示演示文稿的内容,可以设定在每一页中幻灯片的数量,或者设置页面、占位符格式、背景等。

三)备注母版

备注母版与讲义母版的设置方法大体一致,利用备注母版,可以控制备注页中输入的备注内容与外观。

四、实验步骤

下面从设置超链接、添加动画效果、切换效果、日期、页码、页脚、背景音乐以及母版设置等方面介绍实验内容的实现方法。

(一)设置超链接

【提示】

打开实验一创建的演示文稿,在第二张幻灯片的 SmartArt 图形上选择第一项,选择"插入"选项卡下"链接"选项组中的"超链接",弹出"插入超链接"对话框,选择"本文档中的位置"及第三张幻灯片,单击"确定"按钮。依次选择 SmartArt 图形中第二项、第三项、第四项分别链接到幻灯片 4、5、6,即完成相应超链接的设置。

(二)"返回"按钮的创建及设置

【提示】

设置好超链接后,即实现了幻灯片的跳转,但跳转后却不能返回原幻灯片,所以有必要添加相应的"返回"按钮,实现返回操作。

选择第三张幻灯片,选择"插入"选项卡下"插图"选项组中的"形状"选项,再选择动作按钮中最右面的"自定义"选项,再在幻灯片的右下角用鼠标绘制一个大小适当的矩形。在弹出的"操作设置"对话框中选中"超链接到"单选按钮,从下拉列表框中选择"幻灯片...",再选择超链接到幻灯片2,即设置了将该按钮超链接到幻灯片2。

设置好按钮的超链接后,再对按钮进行必要的修饰与美化。首先给按钮添加文字,在按钮上单击鼠标右键,选择"编辑文字",在按钮上输入"返回"。再选中"返回",通过"开始"选项卡设置恰当的字体、字号、颜色。

先选择按钮,再单击"格式"选项卡下"形状样式"选项组中的"形状效果",选择"预设"中的"预设1"效果,设置三维按钮效果。在"发光"中选择一种发光效果。其他效果可以根据需要自己适当添加。

其他几张幻灯片中的"返回"按钮实现类似的动作,可以进行复制。选中刚完成的"返回"按钮,复制、粘贴到其他几张幻灯片上,即完成所有"返回"按钮的制作。

(三)添加幻灯片的动画效果

【提示】

选中第一张幻灯片,选中主标题,选择"动画"选项卡中的"飞入"效果。再选择"效果选项"中的"自左侧"方向。在"计时"选项组中设置"开始"为"与上一动画同时","持续时间"为"02.00",如图 5.25 所示。

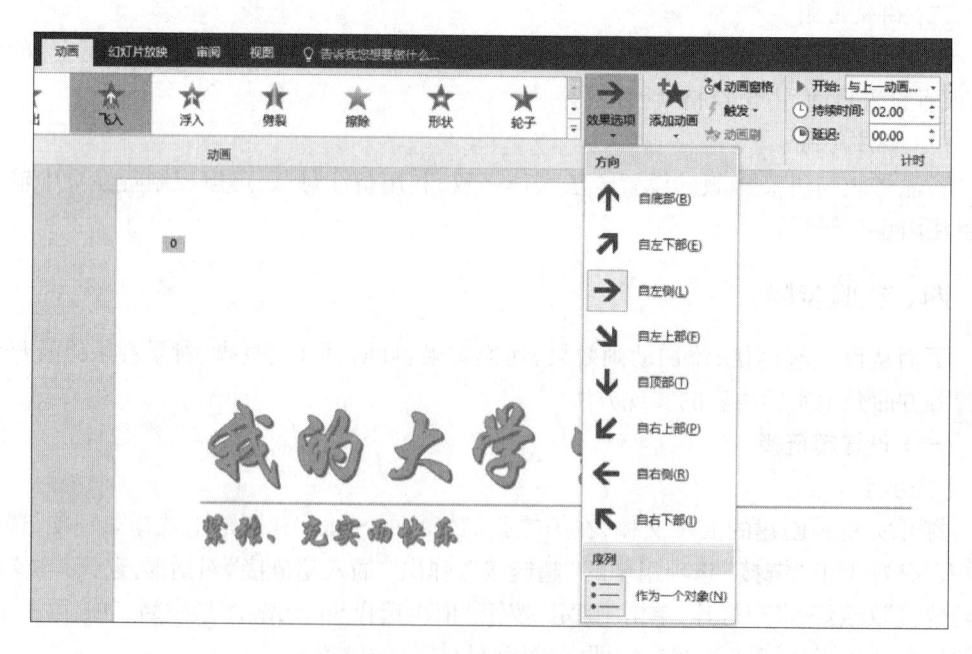

图 5.25 "动画效果"设置

选中副标题,设置"飞入"效果,将"效果选项"设为"自右下部","计时"选项组中的"开始"设为"上一动画之后",其他设置一样。

（四）添加幻灯片的切换效果

【提示】

选中第一张幻灯片，选择"切换"选项卡中的"涟漪"切换效果。在"计时"选项组中，设置声音为"鼓掌"，其他不变；设置第二张幻灯片切换效果为"时钟"，在计时选项里设置声音为"打鼓"，其他不变。其他幻灯片也选择恰当的切换效果进行设置。

（五）插入日期、页码和页脚

【提示】

任意选中一张幻灯片，选择"插入"选项卡下"文本"选项组中的"页眉和页脚"，出现"页眉和页脚"对话框，如图 5.26 所示。选中"日期和时间""幻灯片编号"以及"页脚""标题幻灯片中不显示"复选框，并且在"页脚"文本框内输入相应的页脚文字，单击"全部应用"按钮。

图 5.26 "页眉和页脚"设置

（六）首页添加背景音乐

【提示】

选中第一张幻灯片，选择"插入"选项卡下"媒体"选项组中"音频"中的择"PC 上的音频"选项，打开"插入音频"对话框，将准备好的音频文件插入。

选择"音频工具"功能区的"播放"选项卡，将"开始"设置为"自动"，选中"放映时隐藏"和"循环播放，直到停止"复选框，如图 5.27 所示。

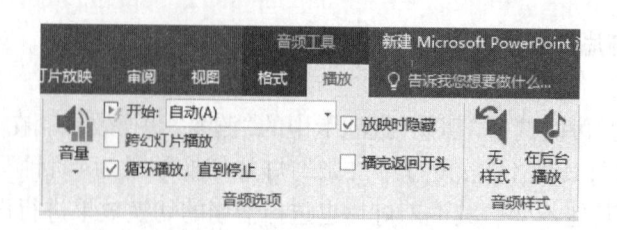

图 5.27　设置音频播放参数

（七）母版的设置

【提示】

在"视图"选项卡选择"母版视图"中的"幻灯片母版"，进入幻灯片母版设置。选择第一个母版样式，在母版编辑区将页脚和页码设置字体为宋体、黄色、18 号。

再选择"插入"选项卡下"图像"选项组中的"图片"选项，插入预先准备好的南昌航空大学校徽图片，再移到右上角，调整至合适的大小和位置。

切换到"视图"选项卡，选择"演示文稿视图"的"普通"选项，切换回普通视图（部分版式的幻灯片中不显示校徽图片）。

五、样张

本实验样张效果如图 5.28 所示。

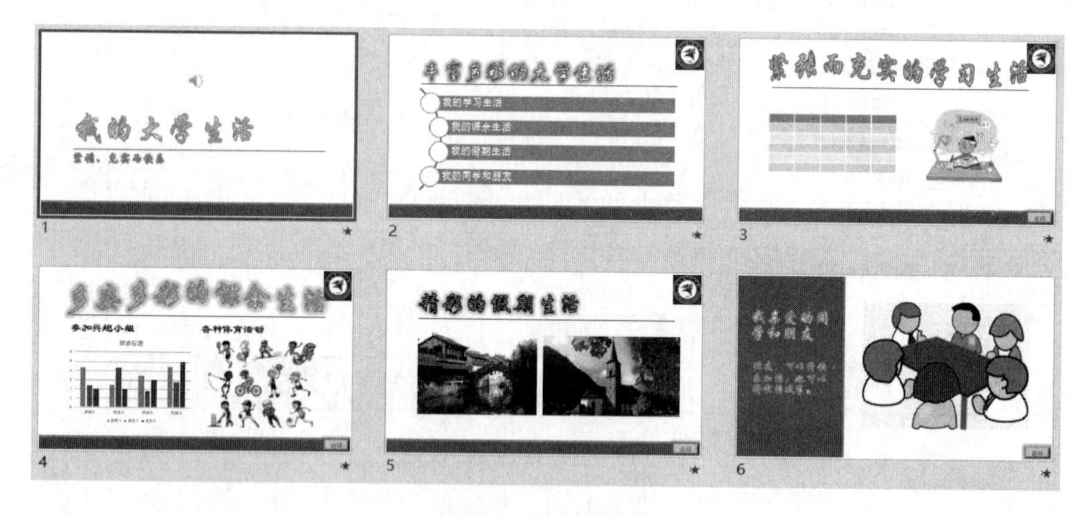

图 5.28　实验二样张

实验三　幻灯片的多媒体

一、实验目的

1. 掌握 PowerPoint 2016 的创建相册功能。
2. 熟悉 PowerPoint 2016 的图片处理技术。

二、实验内容

新建一个演示文稿,然后分别做如下操作。

1. 准备一组南昌航空大学风景图片,利用这些图片创建相册,给相册设置主题、切换效果等。对相册的图片进行处理,分别实施去除图片背景、转化为灰度图像、添加影印效果、加上金属框架、裁剪为圆柱形等操作。
2. 插入音频文件,将音频文件设为跨整个演示文稿播放。

三、预备知识

(一) PowerPoint 2016 创建相册

用户可以利用 PowerPoint 2016 中的相册功能制作出一个展示文稿,方便快捷,可以随时对图片进行修改和增加。

1. 启动 PowerPoint 2016,创建一个新的默认演示文稿。
2. 选择"插入"选项卡下"图像"选项组中的"相册"选项,单击"新建相册",如图 5.29 所示。

图 5.29　新建相册

3. 选择需插入相册的图片,单击"插入"按钮,如图 5.30 所示。
4. 在如图 5.31 所示的"相册"对话框中,在"相册版式"中设置图片版式、相框形状等,还可以通过"浏览"按钮设置"主题",单击"创建"按钮。
5. 将幻灯片视图切换到幻灯片浏览视图,可直接观看每一张幻灯片的效果。

图 5.30 插入图片

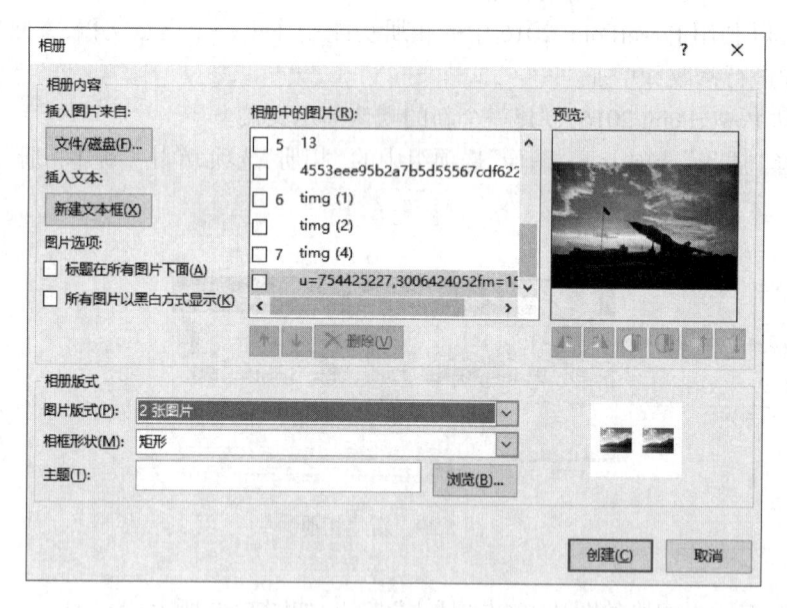

图 5.31 "相册"对话框

(二) 对相册图片进行处理及添加艺术效果

创建相册后,可以对图片进行修饰,PowerPoint 2016 提供了非常丰富的图片处理功能,在"图片工具"功能区的"格式"选项卡(见图 5.32)中可以进行删除图片背景、调整亮

图 5.32 "格式"选项卡

度和对比度、锐化和柔化、更改图片颜色、艺术效果、选择图片样式、调整图片边框颜色、设置图片效果、裁剪图片、图片版式以及其他各种设置。

(三) PowerPoint 2016 中视频文件的插入与设置

1. 插入视频:选择"插入"选项卡下"媒体"选项组中的"视频"选项,选择插入联机视频或 PC 上的视频文件。

2. 幻灯片中视频的设置:插入视频后,单击视频下面的播放/暂停按钮,视频就能播放或暂停播放。

在 PowerPoint 2016 中,还可以截取实际需要播放的视频片段,操作方法是选择"视频工具"功能区"播放"选项组中的"剪裁视频"选项,在"剪裁视频"对话框中重新设置视频文件的播放开始时间和结束时间。

四、实验步骤

1. 创建相册,设置图片艺术效果。

【提示】

启动 PowerPoint 2016,新建演示文稿,命名为"校园风景展示"。选择"插入"选项卡下"图像"选项组中"相册"的"新建相册",选择需插入相册的图片文件夹及图片文件,单击"插入"按钮。在"相册"对话框中,在"相册版式"中设置"图片版式"为 2 张图片,"相框形状"为矩形,单击"创建"按钮创建一个相册。选择"设计"选项卡的"平面"主题。

下面设置图片的艺术效果。

(1) 删除图片背景:选中某张幻灯片上的图片,选择"图片工具"功能区"格式"选项卡下"调整"选项组中的"删除背景",出现如图 5.33 所示界面,其中"标记要保留的区域"用来把要保留的区域标记出来,"标记要删除的区域"把要删除的区域标记出来。适当调整图片的显示比例,标记要删除和保留的区域,紫色区域即表示要删除的区域。单击"保留更改"即可将图片背景删除。

(2) 图片艺术效果:选中某张幻灯片上的图片,选择"格式"选项卡下"调整"选项组中的"颜色"选项,在其下拉列表(见图 5.34)中选择合适的颜色饱和度和色调,如选择"灰度",则图片由彩色变成灰色图片。

(3) 图片影印效果:选中第四张幻灯片上的图片,在"格式"选项卡中选择"调整"选项组中的"艺术效果"选项,选择"影印",如图 5.35 所示,图片即变成影印效果。

(4) 金属椭圆效果:选中某幻灯片上的图片,选择"格式"选项卡下"图片样式"选项组中的"金属椭圆",图片即添加了金属椭圆效果。

图 5.33 "删除背景"界面

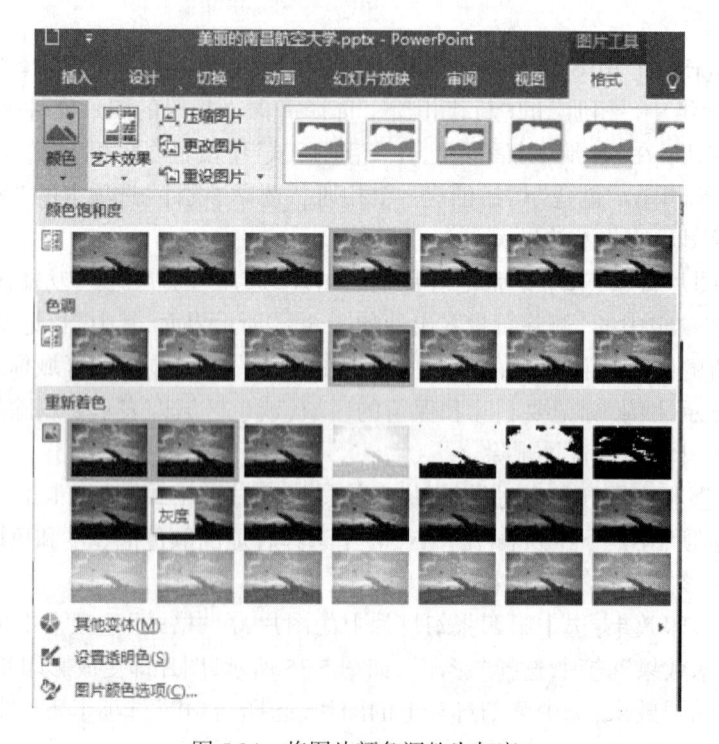

图 5.34 将图片颜色调整为灰度

图 5.35 将图片调整为影印艺术效果

(5) 裁剪为圆柱形效果:选中某幻灯片上的图片,选择"格式"选项卡下"大小"选项组中的"裁剪",再选择"裁剪为形状",选取"基本形状"中的圆柱形,即裁剪为圆柱形效果,如图 5.36 所示。

图 5.36 "裁剪"选项面板

2. 相册添加背景音乐效果和切换效果。

【提示】

打开演示文稿,打开第一张幻灯片,单击"插入"选项卡下"媒体"选项组中的"音频"选项,选择"PC 上的音频",选择所需音乐文件插入。

选择"音频工具"功能区中的"播放"选项卡,在"音频选项"选项组中将"开始"设为"自动",选中"跨幻灯片播放""循环播放,直到停止"和"放映时隐藏"复选框,至此,设置了音乐为整个演示文稿全程播放,给相册添加了背景音乐的效果。

选择一张幻灯片,选择"切换"选项卡下"页面卷曲"切换效果,设置持续时间为 2 s,单击"全部应用"以在整个演示文稿中应用此切换效果。

此外,可以根据需要适当给标题或图片添加各种动画效果。

五、样张

本实验中,图片处理效果见图 5.37。

图 5.37 实验三样张

5.2 操作测试题

操作测试题一

1. 题目及要求。

自新型冠状病毒(简称新冠)肺炎暴发,其防治成为全世界人民关注的重点问题,为了帮助大家了解新冠肺炎的防治知识,请制作一个有关新冠肺炎防治知识的科普演示文稿。要求如下。

(1) 利用网络选择合适的资源。

(2) 选择适当的主题,添加背景音乐。

(3) 要有超链接和"返回"按钮。

(4) 适当添加动画效果和幻灯片切换效果。

(5) 要求全部幻灯片设置为自动播放模式,每页定时 5 s。

(6) 通过母版给演示文稿幻灯片右上角加上一个徽章图片。

(7) 给幻灯片插入日期,页码和页脚。

(8) 演示文稿条理要清晰,内容要全面。

2. 样张(见图 5.38)。

图 5.38　操作测试题一样张

操作测试题二

1. 题目及要求。

创建个人简介的演示文稿,要求如下。

(1) 演示文稿采用的主题:基础。

(2) 第一张幻灯片作为封面。

(3) 设置超链接到相应幻灯片,并设置"返回"按钮。

(4) 适当设置动画效果和切换效果。

(5) 所有幻灯片添加日期、页脚和编号。

2. 样张(见图 5.39)。

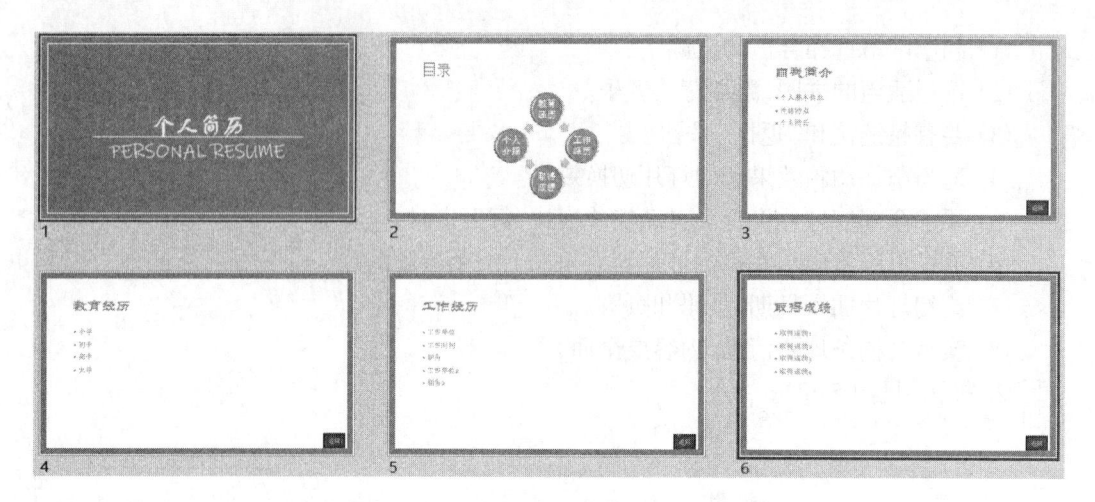

图 5.39　操作测试题二样张

操作测试题三

1. 题目及要求。

2008 年北京奥运会是举国上下的热门话题,"绿色奥运,科技奥运,人文奥运"是本届奥运会的举办理念。围绕这个主题,制作一个演示文稿来介绍2008年北京奥运的情况。要求如下。

(1) 演示文稿条理要清晰,要求至少 6 张幻灯片。

(2) 选择适当的主题,要有背景音乐贯穿演示文稿。

(3) 要有超链接和"返回"按钮。

(4) 要有动画效果和幻灯片切换效果。

(5) 要求全部幻灯片设置为自动播放模式,每页定时 5 s。

(6) 通过母版给全部幻灯片右上角添加奥林匹克标志图片。

2. 样张(见图 5.40)。

图 5.40　操作测试题三样张

操作测试题四

1. 题目及要求。

利用 PowerPoint 2016 的相册功能，快速制作电子相册，要求如下。

（1）准备好一批图片，将准备好的图片存放于一个文件夹，命名为"相册"。

（2）启动 Powerpoint 2016，选择"插入"选项卡下"图像"选项组中的"相册"。

（3）在"相册"对话框中，单击"文件/磁盘"按钮，在弹出的"插入新图片"对话框中找到"相册"文件夹，添加"相册"文件夹下的所有图片。

（4）为相册添加背景音乐，并且设置音乐贯穿整个演示文稿。

（5）给图片添加适当的动画效果。

（6）给幻灯片添加适当的切换效果，并设置自动播放，时间为 5 s。

（7）利用 PowerPoint 2016 的图片工具对图片做适当的修饰。

2. 样张（见图 5.41）。

图 5.41　操作测试题四样张

5.3　基础知识测试题

5.3.1　基础知识题解

1. Windows 10 中不能启动 PowerPoint 2016 的方法是(　　)。
   A. 通过任务栏的"开始"菜单,找到字母 P 选项组,选择 PowerPoint 2016 命令
   B. 鼠标右键双击桌面上的 PowerPoint 快捷菜单图标
   C. 鼠标左键双击 PowerPoint 文件图标
   D. 用鼠标左键双击桌面上的 PowerPoint 图标

【答案 B】解析:启动 PowerPoint 2016,使用 A、C、D 给出的方法均可,而使用 B 则不能启动 PowerPoint 2016,可以单击鼠标右键,在其快捷菜单中选择"打开"命令。

2. 在 PowerPoint 2016 中,将某张幻灯片版式更改为"竖排标题与文本",应选择的选项卡是(　　)。
   A. 视图　　　　B. 插入　　　　C. 开始　　　　D. 幻灯片放映

【答案 C】解析:幻灯片中文本编辑与格式编排的基本操作与 Word 一样,可以使用"开始"选项卡的相应按钮进行设置。

3. 在幻灯片普通视图方式下不可以直接插入(　　)对象。
   A. 文本框　　　B. 艺术字　　　C. 文本　　　　D. Word 表格

【答案 C】解析:在 PowerPoint 2016 中,可以向幻灯片插入艺术字、图片、Word 表格、组织结构图等对象,也可以插入文字,但在幻灯片普通视图方式下插入文本是通过插入文本框的方法来实现的,不可以直接向幻灯片中插入文本。

4. 编辑幻灯片内容时,应首先(　　)。

A. 选择工具栏按钮　　　　　　　　B. 选择编辑对象
　　C. 选择"幻灯片浏览视图"　　　　　D. 选择"开始"选项卡

【答案 B】解析：进行各种操作前，都应先选择操作对象，再选择操作命令，这是 Windows 环境下所共有的操作特点。

5. PowerPoint "视图"这个名词表示（　　）。
　　A. 一种图形　　　　　　　　　　　B. 显示幻灯片的方式
　　C. 编辑演示文稿的方式　　　　　　D. 一张正在修改的幻灯片

【答案 B】解析：略。

6. 在 PowerPoint 2016 的幻灯片浏览视图下，不能完成的操作是（　　）。
　　A. 调整某幻灯片的位置　　　　　　B. 删除某幻灯片
　　C. 编辑某幻灯片中的内容　　　　　D. 复制某幻灯片

【答案 C】解析：在幻灯片浏览视图下可实现对全局的调整，不能编辑某幻灯片的内容。

7. 下列对幻灯片中的对象进行动画设置的描述中，正确的是（　　）。
　　A. 设置动画时不可以改变对象出现的先后顺序
　　B. 每一对象只能设置动画效果，不能设置声音效果
　　C. 幻灯片中各对象设置的动画效果应一致
　　D. 幻灯片中的对象可以不进行动画设置

【答案 D】解析：幻灯片中的对象可以不进行动画设置，设置动画时可以改变对象出现的先后次序，也可以为幻灯片中各对象设置不同的动画效果，并进一步设置各对象的动画效果和声音效果。

8. 在 PowerPoint 2016 中，设置幻灯片放映时的换页效果为"百页窗"，应在"切换"选项卡下（　　）选项组中选取。
　　A. 动作按钮　　　　　　　　　　　B. 切换到此幻灯片
　　C. 预设动画　　　　　　　　　　　D. 自定义动画

【答案 B】解析：可在"切换到此幻灯片"选项组中选择各种切换效果。

9. 选中幻灯片中的对象，（　　）不可以实现对象的移动操作。
　　A. 单击"剪切"和"粘贴"按钮
　　B. 用鼠标左键直接拖曳对象到目标位置
　　C. 按住 Ctrl 键，用鼠标左键拖曳对象到目标位置
　　D. 按下鼠标右键拖曳对象到目标位置

【答案 C】解析：按住 Ctrl 键，用鼠标左键拖曳对象到目标位置实现的是复制操作，选项 A、B 可实现移动操作，按下鼠标右键拖曳对象到目标位置后会弹出快捷菜单，在快捷菜单中选择"移动到此位置"命令也可以实现移动操作。

10. 不可以改变幻灯片的放映次序的方法是（　　）。
　　A. 自定义幻灯片放映　　　　　　　B. 使用动作按钮
　　C. 插入超链接　　　　　　　　　　D. 使用"选项"命令设置

【答案 D】解析：放映一组幻灯片，可以按照编辑的先后次序全部放映，但也可以改变其

放映的次序和放映的张数,方法有:自定义幻灯片放映,即确定放映的张数和次序;使用动作按钮或超链接,即通过单击幻灯片对象,实现与另外的幻灯片的跳转和链接。

11. 下列有关演示文稿存盘操作的描述中,正确的是(　　)。
    A. 选择"文件"菜单中的"保存"选项,可以将演示文稿存盘并退出编辑
    B. 选择"文件"菜单中的"另存为"选项,可以保存演示文稿的备份
    C. 若同时编辑多个演示文稿,单击快速访问工具栏中的"保存"按钮,打开的所有文稿均被保存
    D. 选择"文件"菜单中的"关闭"选项,则将演示文稿存盘并退出 PowerPoint

【答案 B】解析:将一个演示文稿存盘可以有两种存盘方式,一个是选择"保存"选项,将演示文稿保存在原文件中,此时,并不退出编辑。另一个是选择"另存为"选项,将演示文稿保存在另一个文件中,并调出新文件进行编辑,而原文件被关闭。

12. 在 PowerPoint 演示文稿中,将一张版式为"比较"的幻灯片改为"两栏内容",应使用的选项是(　　)。
    A. 版式   B. 幻灯片配色方案
    C. 背景   D. 应用设计模板

【答案 A】解析:如果要改变幻灯片的版式,则可以使用"开始"选项卡下"版式"进行设置。

13. 如要从第二张幻灯片跳转到第 8 张幻灯片,应使用(　　)。
    A. 自定义动画   B. 链接   C. 预设动画   D. 幻灯片切换

【答案 B】解析:利用"插入"选项卡下的"链接"选项组中的"超链接"和"动作"可以使幻灯片之间产生链接效果,放映幻灯片时可按照要求跳转到目的地。预设动画和自定义动画都是对幻灯片内的对象设置动画的,而幻灯片切换是设置幻灯片之间的切换效果的,不能产生链接效果。

14. 下列不能新建演示文稿的方法是(　　)。
    A. 使用"文件"菜单中的"新建"选项
    B. 单击快速访问工具栏中的"新建"按钮
    C. 使用"插入"选项卡中的"新建幻灯片"选项
    D. 按 Ctrl+N 键

【答案 C】解析:使用"插入"选项卡的"新建幻灯片"选项是为正在编辑的演示文稿添加一张新的幻灯片,不能新建演示文稿文件。

15. 一个演示文稿可以包含(　　)张幻灯片。
    A. 1   B. 2   C. 3   D. 多

【答案 D】解析:一个演示文稿所包含幻灯片的张数完全由用户自己决定,没有固定要求。

16. PowerPoint 2016 演示文稿的扩展名是(　　)。
    A. docx   B. xlsx   C. pptx   D. pot

【答案 C】解析:PowerPoint 2016 演示文稿的扩展名是 pptx。

17. 若为幻灯片中的对象设置动画,可选择(　　)。

A. "设计"选项卡下"添加动画"选项　　B. "开始"选项卡下"添加动画"选项

C. "动画"选项卡下"添加动画"选项　　D. "插入"选项卡下"添加动画"选项

【答案C】解析:为幻灯片的对象设置动画,可以使用"动画"选项组中的"添加动画"选项。

18. 不能在"切换"选项组中设置的选项包括( )。

A. 效果　　　　B. 换页方式　　　C. 声音　　　　D. 显示方式

【答案D】解析:利用"切换"选项组可以设置幻灯片切换效果、声音、换片方式等,不能设置显示方式。

19. 幻灯片中占位符的作用是( )。

A. 表示文本长度　　　　　　　　B. 限制插入对象的数量

C. 表示图形大小　　　　　　　　D. 为文本和图形预留位置

【答案D】解析:略。

20. 在演示文稿中新增一张幻灯片应采用( )方式。

A. 快捷菜单

B. 选择"文件"菜单中的"新建"选项

C. 单击"开始"选项卡下"新建幻灯片"选项

D. 单击"设计"选项卡下"新建幻灯片"选项

【答案C】解析:新增幻灯片可以采用的方法有:选择"开始"选项卡下"幻灯片"选项组中的"新建幻灯片"选项,而使用文件的"新建"选项会建立一个新的演示文稿文件,并不能向当前演示文稿新增幻灯片。快捷菜单无法实现新增幻灯片的操作。

21. PowerPoint 的超链接可实现( )。

A. 幻灯片之间的跳转　　　　　　B. 演示文稿幻灯片的移动

C. 中断幻灯片的放映　　　　　　D. 在演示文稿中插入幻灯片

【答案A】解析:略。

22. 在 PowerPoint 幻灯片浏览视图下,按住 Ctrl 键并拖曳某幻灯片,可以完成( )操作。

A. 移动幻灯片　　B. 复制幻灯片　　C. 删除幻灯片　　D. 选定幻灯片

【答案B】解析:在幻灯片浏览视图下,按住 Ctrl 键并拖曳某幻灯片,可以完成幻灯片的复制操作,这和在 Word 中用鼠标拖曳方法来复制选定对象是一样的。

23. 在 PowerPoint 中,"开始"选项卡中的( )按钮可以用来改变某一张幻灯片的版式。

A. 背景　　　　　　　　　　　　B. 幻灯片

C. 幻灯片配色方案　　　　　　　D. 字体

【答案B】解析:利用"开始"选项卡下"幻灯片"选项组可以更改当前幻灯片的布局,方法是在"版式"下拉列表中选择新的版式。

24. 在 PowerPoint 2016 中,某幻灯片中含有多个对象,选定某对象,选择"动画"选项卡下"动画"选项组中的"飞入"效果,则( )。

A. 该幻灯片放映效果为飞入　　　B. 该对象放映效果为飞入

C. 下一张幻灯片放映效果为飞入　　　D. 未设置效果的对象放映效果也为飞入

【答案 B】解析:设置幻灯片中对象的放映方式是对每个对象分别设置的,对某个对象设置的效果只对该对象有效,因此,该对象的放映效果为飞入,其他对象需另行设置。

25. 在 PowerPoint 2016 幻灯片浏览视图方式下,不能进行的操作是(　　)。
　　A. 更改某幻灯片应用设计模板　　　B. 为某幻灯片设计背景
　　C. 删除某幻灯片　　　　　　　　　D. 移动某幻灯片的位置

【答案 A】解析:更改应用设计模板的结果是对演示文稿中的所有幻灯片进行的。

26. 打印演示文稿时,若选择"讲义"形式,则每页打印纸上最多能输出(　　)张幻灯片。
　　A. 9　　　　B. 4　　　　C. 6　　　　D. 8

【答案 A】解析:打印演示文稿时,"讲义"形式最多允许放置 9 张幻灯片。

5.3.2　基础知识同步练习

1. 在 PowerPoint 编辑状态下,可以进行幻灯片移动和复制操作的视图方式为(　　)。
　　A. 阅读　　　B. 幻灯片放映　　　C. 幻灯片浏览　　　D. 备注页

2. 在幻灯片中,按鼠标左键和(　　)键来同时选中多个对象进行组合。
　　A. Shift　　　B. Insert　　　C. Alt　　　D. Ctrl

3. 在 PowerPoint 中,可以设置幻灯片布局的选项为(　　)。
　　A. 背景　　　B. 版式　　　C. 配色方案　　　D. 放映方式

4. 在(　　)视图下不可以对幻灯片内容进行编辑。
　　A. 幻灯片浏览　　　B. 普通　　　C. 幻灯片　　　D. 备注页

5. 为幻灯片背景设置预设的填充效果,如"水滴",方法为选择"设计"选项卡下"自定义"选项组中的"设置背景格式",在"设置背景格式"窗格中选择(　　)。
　　A. "填充"下的"纯色填充"单选按钮
　　B. "填充"下的"渐变填充"单选按钮
　　C. "填充"下的"图片或纹理填充"单选按钮
　　D. "填充"下的"图案填充"单选按钮

6. 在演示文稿中新增一张幻灯片的正确方法是(　　)。
　　A. 选择"文件"菜单中的"新建"选项
　　B. 单击"开始"选项卡中的"新建幻灯片"选项
　　C. 在幻灯片编辑区右击,选择"发布幻灯片"选项
　　D. 单击"开始"选项卡中的"版式"选项

7. 若要编辑幻灯片中的图片对象,应选择(　　)。
　　A. 幻灯片浏览视图　　B. 普通视图　　C. 阅读视图　　D. 备注页视图

8. 在 PowerPoint 2016 的幻灯片浏览视图中,可实施的操作有(　　)。
　　A. 复制幻灯片　　　　　　　　　　B. 幻灯片文本内容的编辑修改
　　C. 设置幻灯片的动画效果　　　　　D. 插入 Word 文档内容

9. 以下可删除幻灯片的操作是（　　）。
   A. 在普通视图中选择幻灯片，再单击"剪切"按钮
   B. 按 Esc 键
   C. 在幻灯片浏览视图中选择幻灯片，再按 Delete 键
   D. 在普通视图中选择幻灯片，再按 Delete 键
10. 要终止幻灯片的放映，可以直接按（　　）键。
    A. Ctrl+C　　　　B. Esc　　　　C. End　　　　D. Alt+F4
11. 以下（　　）操作可以退出 PowerPoint 2016 演示文稿主窗口。
    A. 选择"文件"菜单中的"退出"选项　　B. 按 Ctrl+X 键
    C. 按 Ctrl+F4 键　　　　　　　　　　D. 按 Esc 键
12. 在 PowerPoint 中，可以为文本、图形等对象设置动画效果，以突出重点或增加演示文稿的趣味性。设置动画效果可采用（　　）选项卡下的相关选项。
    A. 设计　　　　B. 动画　　　　C. 幻灯片放映　　　　D. 视图
13. 创建幻灯片副本，只需按（　　）键。
    A. Alt+F4　　　B. Ctrl+S　　　C. Alt+Shift　　　D. Ctrl+Shift+D
14. 以下（　　）方式不能打开 PowerPoint 文件。
    A. 右击 PowerPoint 文件图标，选择"打开"命令
    B. 用鼠标左键两次单击 PowerPoint 文件名
    C. 用鼠标左键双击 PowerPoint 文件图标
    D. 右击 PowerPoint 文件名，选择"打开"命令
15. 在幻灯片放映时，从一张幻灯片过渡到下一张幻灯片，称为（　　）。
    A. 动作设置　　B. 过渡　　　C. 幻灯片切换　　D. 过卷
16. 演示文稿的输出不包括（　　）。
    A. 打印　　　　B. 打印预览　　C. 打包　　　　D. 幻灯片投影
17. 如果要将幻灯片的方向改为纵向，可以通过（　　）选项卡实现。
    A. 设计　　　　B. 开始　　　　C. 切换　　　　D. 视图
18. 在 PowerPoint 下编辑文件的保存类型不可以是（　　）。
    A. 大纲文件　　B. Word 文档　　C. 演示文稿　　D. 演示文稿模板
19. 对已有的演示文稿编辑修改后，（　　）既可以保留编辑修改前的文稿，又可以得到修改后的文稿。
    A. 选择"文件"菜单中的"保存"选项　　B. 选择"文件"菜单中的"保存并发送"选项
    C. 选择"文件"菜单中的"另存为"选项　　D. 选择"文件"菜单中的"关闭"选项
20. 下述有关在幻灯片浏览视图下的操作，不正确的是（　　）。
    A. 采用 Shift+ 鼠标左键的方式选中多张幻灯片
    B. 采用鼠标拖曳幻灯片可改变幻灯片在演示文稿中的位置
    C. 在幻灯片浏览视图下可隐藏幻灯片
    D. 在幻灯片浏览视图下可删除幻灯片中的某一对象

21. 在 PowerPoint 中,用户选择了某一标题后,按( )键可以删除选择的标题内容。
    A. Delete 键   B. Backspace 键   C. 以上两者都是   D. 以上两者都不是
22. 以下有关幻灯片文本框的描述中,正确的是( )。
    A. "横排文本框"的含义是文本框高度尺寸比宽度尺寸小
    B. 选定一个版式后,其内容的文本框的位置不可以改变
    C. 复制文本框时,内部添加的文本一同被复制
    D. 文本框的大小只可以通过鼠标进行非精确调整
23. 选中幻灯片的对象,( )不可以实现对象的删除操作。
    A. 按 Delete 键   B. 按 Backspace 键
    C. 单击"开始"选项卡中的"剪切"选项   D. 单击"开始"选项卡中的"复制"选项
24. 一个演示文稿文件所包含的幻灯片张数( )。
    A. 等于 8 张   B. 小于 8 张   C. 大于 8 张   D. 不限
25. 要将文本框中文本设置为垂直对齐方式,可使用( )。
    A. "开始"选项卡的"文字方向"选项   B. "开始"选项卡的"对齐方式"选项
    C. "开始"选项卡的"行距"选项   D. 右对齐
26. 在 PowerPoint 中,Esc 键的作用是( )。
    A. 关闭打开的文件   B. 退出 PowerPoint 放映
    C. 停止正在放映的幻灯片   D. 相当于按 Ctrl+F4 键
27. 为幻灯片添加编号,应使用( )选项卡。
    A. 开始   B. 视图   C. 插入   D. 设计
28. 幻灯片中可以设置动画的对象为( )。
    A. 文本   B. 图片   C. 表格   D. 以上 3 种都可以
29. 下列对幻灯片中的对象进行动画设置的描述中,正确的是( )。
    A. 幻灯片中的对象一旦进行动画设置就不可以改变
    B. 设置动画时不可以改变对象出现的先后次序
    C. 幻灯片中各对象设置的动画效果可以不同
    D. 每一对象只能设置动画效果,不能设置声音效果
30. 对幻灯片中文本进行段落格式设置,设置类型不包括( )。
    A. 对齐方式   B. 项目符号   C. 行距调整   D. 字距调整
31. 设置幻灯片背景的填充效果应使用( )选项卡。
    A. 开始   B. 设计   C. 插入   D. 视图
32. PowerPoint 是集成软件的一部分,这个集成软件是( )。
    A. Microsoft Windows   B. Microsoft Word
    C. Microsoft Office   D. Microsoft IE
33. 下述操作中必须用鼠标控制幻灯片放映的是( )。
    A. 设置"排练计时"
    B. 在"切换"选项卡中"设置幻灯片放映"采用"演讲者放映"方式

C. 在"切换"选项卡中选择用"单击鼠标时"

D. 在"切换"选项卡中选择"设置自动换片时间"

34. PowerPoint 演示文稿中包含的内容是（　　）。
   A. 一张幻灯片　　　　　　　　　　B. 若干张幻灯片
   C. 一套幻灯片及其相关信息　　　　D. 一套幻灯片中的全部文字与图表

35. 在 PowerPoint 环境下放映幻灯片的快捷键为（　　）。
   A. F1　　　　　B. F5　　　　　C. F7　　　　　D. F8

36. 幻灯片放映时的"超链接"功能，指的是转去（　　）。
   A. 用浏览器打开某个网站
   B. 用相应软件显示其他文档内容
   C. 放映其他文稿或本文稿的另一张幻灯片
   D. 以上 3 个都可能

37. 以下操作不可以删除当前幻灯片的是（　　）。
   A. 普通视图中用右键删除
   B. 幻灯片浏览视图中用右键剪切
   C. 大纲视图中选中相应的图标用右键剪切
   D. 备注页视图中用右键删除

38. 在 PowerPoint 中有 3 种幻灯片放映类型，其中"演讲者放映"与"在展台浏览"两种类型的共同特点是（　　）。
   A. 全屏幕显示　　　　　　　　　　B. 可随时打印
   C. 不能使用鼠标控制　　　　　　　D. 可用绘图笔进行勾画

39. PowerPoint 是电子演示文稿软件，它（　　）。
   A. 在 DOS 环境下运行　　　　　　　B. 在 Windows 环境下运行
   C. 在 DOS 和 Windows 环境下都可以运行　　D. 不要求任何环境，可以独立运行

40. 在 PowerPoint 中打印文件，以下不是必要条件的是（　　）。
   A. 连接打印机
   B. 对被打印的文件进行打印前的幻灯片放映
   C. 安装打印驱动程序
   D. 设置打印机

41. PowerPoint 演示文稿在放映时能呈现多种效果，这些效果（　　）。
   A. 完全由放映时的具体操作决定　　B. 需要在编辑时设定相应的属性
   C. 与演示文稿本身无关　　　　　　D. 由系统决定，无法改变

42. 在幻灯片浏览视图中选取了一张幻灯片作为当前幻灯片，然后插入一张新幻灯片，则新幻灯片将位于（　　）。
   A. 所选幻灯片之前，操作完成后，原来所选的幻灯片仍为当前幻灯片
   B. 所选幻灯片之前，操作完成后，新幻灯片为当前幻灯片
   C. 所选幻灯片之后，操作完成后，原来所选的幻灯片仍为当前幻灯片

D. 所选幻灯片之后,操作完成后,新幻灯片为当前幻灯片

43. 关于在幻灯片中插入的图片、图形等对象,下列操作描述中正确的是(　　)。
    A. 这些对象放置的位置不能重叠
    B. 这些对象放置的位置可以重叠,叠放的次序可以改变
    C. 这些对象各自独立,不能组合为一个对象
    D. 这些对象无法被一起复制或移动

44. 在幻灯片中插入的影片、声音,(　　)。
    A. 在幻灯片普通视图中单击它即可以激活
    B. 在幻灯片普通视图中双击它才可以激活
    C. 在放映时,单击它即可以激活
    D. 在放映时,双击它才可以激活

45. 在幻灯片普通视图中如果要改写幻灯片内的一段文字,首先应当(　　)。
    A. 删除原有的文字   B. 插入一个新的文本框
    C. 直接输入新的文字   D. 选取该段文字所在的文本框

46. 在PowerPoint中为文字添加下画线的快捷键是(　　)。
    A. Shift+U   B. Ctrl+U   C. End+U   D. Alt+U

47. 可对母版进行编辑和修改的视图是(　　)。
    A. 普通   B. 备注页   C. 母版   D. 大纲

48. 在PowerPoint中使文字体变粗的快捷键是(　　)。
    A. Ctrl+B   B. Shift+B   C. Alt+B   D. End+B

49. (　　)不是幻灯片母版的格式。
    A. 黑白母版   B. 备注母版   C. 幻灯片母版 D. 讲义母版

50. 打开磁盘上已有的演示文稿的方法一般有(　　)。
    A. 1种   B. 2种   C. 3种   D. 4种

51. 如果要使某个幻灯片与其母版不同,则(　　)。
    A. 无法实现   B. 设置该幻灯片不使用母版
    C. 直接修改该幻灯片   D. 重新设置母版

52. 在PowerPoint 2016中,在(　　)视图下,可以轻松地按顺序组织幻灯片,实现插入、删除、移动等操作。
    A. 备注页   B. 幻灯片浏览 C. 普通   D. 黑白视图

53. 在PowerPoint中,以下关于在幻灯片中插入图表的说法中,错误的是(　　)。
    A. 可以直接通过复制和粘贴的方式将图表插入到幻灯片中
    B. 需先创建一个演示文稿或打开一个已有的演示文稿,再插入图表
    C. 只能通过插入包含图表的新幻灯片来插入图表
    D. 双击图表占位符可以插入图表

54. 在PowerPoint 2016中,有关修改图片,下列说法错误的是(　　)。
    A. 裁剪图片是指保存图片的大小不变,而将不希望显示的部分隐藏起来

B. 当需要重新显示被隐藏的部分时,还可以通过"裁剪"工具进行恢复

C. 如果要裁剪图片,先选定图片,再选择"图片工具"中"格式"选项卡的"裁剪"选项

D. 按住鼠标右键向图片内部拖曳时,可以隐藏图片的部分区域

55. 在 PowerPoint 中,有关幻灯片母版中的页眉和页脚,下列说法错误的是(　　)。

A. 页眉或页脚是加在演示文稿中的注释性内容

B. 典型的页眉/页脚内容是日期、时间以及幻灯片编号

C. 在打印演示文稿的幻灯片时,页眉/页脚的内容也可以打印出来

D. 不能设置页眉和页脚的文本格式

56. 在下列操作中,不能退出 PowerPoint 的操作的是(　　)。

A. 选择"文件"菜单中的"关闭"选项

B. 选择"文件"菜单中的"退出"选项

C. 按 Alt+F4 键

D. 双击 PowerPoint 窗口的"控制菜单"图标

57. 在 PowerPoint 中,在(　　)视图下,可以定位到某特定的幻灯片。

A. 备注页　　　B. 幻灯片浏览　　　C. 放映　　　D. 黑白

58. 在 PowerPoint 中,为了使所有幻灯片具有一致的外观,可以使用母版。母版视图有幻灯片母版和(　　)。

A. 备注母版　　　B. 讲义母版　　　C. 普通母版　　　D. A 和 B 都对

59. 在 PowerPiont 中,在(　　)视图下,可以精确设置幻灯片的格式。

A. 备注页　　　B. 幻灯片浏览　　　C. 普通　　　D. 黑白

第 6 章
计算机网络与 Internet 应用基础

6.1 实验指导

实验一 浏览器的使用

一、实验目的

1. 掌握启动 Microsoft Edge 浏览器的方法。
2. 掌握浏览、保存、收藏网页信息的方法。
3. 掌握设置启动时页面的方法。
4. 掌握搜索网页信息的方法。

二、实验内容

1. 启动浏览器。
2. 浏览网页信息。
3. 保存网页信息。
4. 收藏网页信息。
5. 设置启动时页面。
6. 搜索网页信息。

三、预备知识

(一) WWW 服务概述

WWW(world wide web)一般称为万维网。WWW 提供基于超文本(hypertext)方式的信息浏览服务,为用户提供了友好的图形化用户界面,以查阅 Internet 上的信息。

现在 WWW 服务是 Internet 上最主要的应用,人们通常所说的上网就是使用 WWW 服务。随着技术的发展,传统的 Internet 服务如 Telnet、FTP 等现在也可以通过 WWW 的形式实现。

(二) WWW 服务器

WWW 服务器是任何运行 Web 服务器软件、提供 WWW 服务的计算机。从理论上来说,这台计算机应该有一个非常快的处理器、一个巨大的硬盘和大容量的内存,但是,所有这些技术需要的基础就是它能够运行 Web 服务器软件。

对于用户来说,可供选择的 Web 服务器软件,除了 FrontPage 的 Personal Web Server,Microsoft 还提供了另外一种 Web 服务器,名为 Internet Information Server(IIS)。

(三) WWW 的应用领域

WWW 是 Internet 发展最快、最吸引人的一项服务,它的主要功能是提供信息查询,不仅图文并茂,而且范围广、速度快,目前 WWW 几乎应用在人类生活、工作的所有领域中。

(四) WWW 浏览器

在 Internet 上发展最快、应用最广泛的是 WWW 浏览服务,且在众多的浏览器软件中,Microsoft 公司的 Edge 是使用较为广泛的浏览器之一。

四、实验步骤

1. 启动浏览器。

双击桌面上的 Microsoft Edge 浏览器图标,打开浏览器窗口,如图 6.1 所示。

图 6.1 浏览器窗口

2. 浏览网页信息。

在浏览器的地址栏中输入南昌航空大学门户网址,然后按 Enter 键,进入"南昌航空大学"首页,浏览相关网页信息,如图 6.2 所示。

图 6.2 "南昌航空大学"首页

3. 保存网页信息。

单击如图 6.1 中右上角的"设置及其他"按钮,选择"更多工具"中的"将页面另存为"命令,打开"另存为"对话框,如图 6.3 所示。选择页面保存的位置,修改"文件名"(可以不修改而保留默认文件名),选择"保存类型",单击"保存"按钮,实现网页信息的保存。

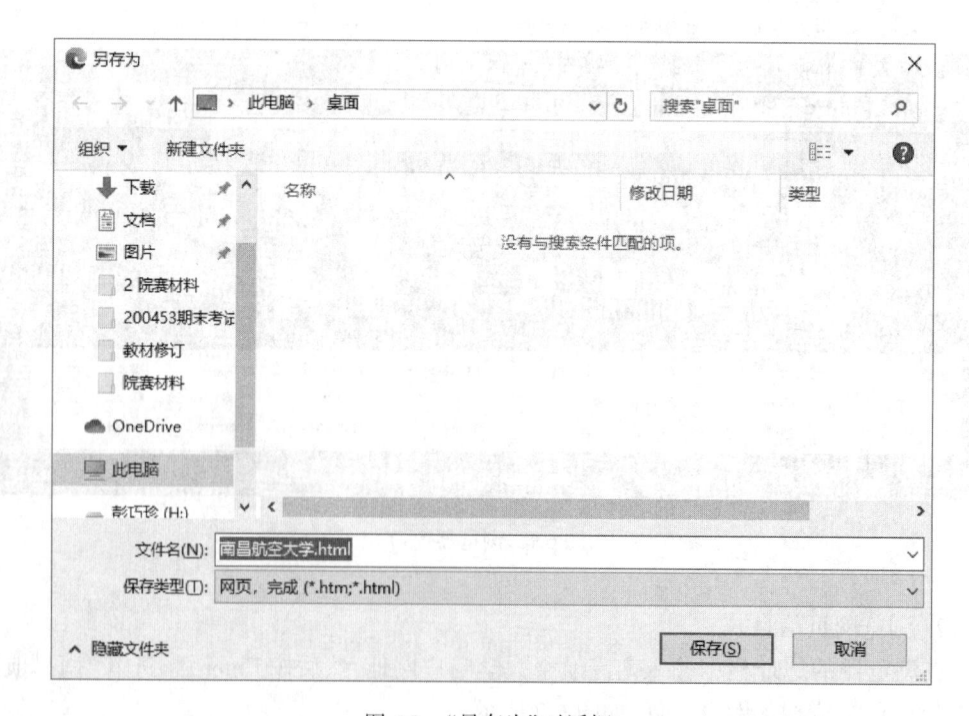

图 6.3 "另存为"对话框

4. 收藏网页信息。

单击图 6.1 中右上角的"设置及其他"按钮,选择"收藏夹"命令,打开"收藏夹",如图 6.4 所示。单击"☆"按钮,将当前标签页添加到收藏夹中。

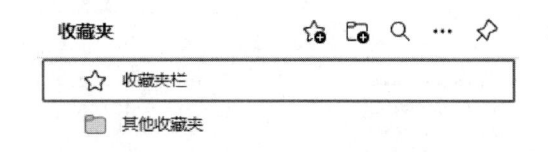

图 6.4 "收藏夹"对话框

5. 设置启动时页面。

单击图 6.1 中右上角的"设置及其他"按钮,选择"设置"命令,打开"设置"页,如图 6.5 所示。在左边的列表中选择"启动时",在右边选中"打开一个或多个特定页面"单选按钮,单击"添加新页面"按钮,在"添加新页面"对话框中输入相应网址,单击"添加"按钮即可设置启动时页面。

图 6.5 设置启动时页

6. 搜索网页信息。

(1) 进入"百度"首页,如图 6.6 所示。

图 6.6 "百度"首页

(2) 在"百度"首页中间的文本框中输入"全国计算机等级考试",单击"百度一下"按钮,打开搜索结果页面,如图 6.7 所示。

图 6.7 "百度一下"搜索结果页面

(3) 单击图 6.7 中第一项内容的超链接,打开"全国计算机等级考试"网站首页,如图 6.8 所示。

图 6.8 "全国计算机等级考试"首页

实验二　电子邮件的使用

一、实验目的

1. 掌握申请免费的电子邮箱的方法。
2. 掌握发送和接收电子邮件的方法。

二、实验内容

1. 申请免费的电子邮箱。
2. 发送和接收电子邮件。

三、预备知识

电子邮件(electronic mail,e-mail)是 Internet 应用最广的服务,通过网络的电子邮件系统,用户可以用非常低廉的价格(不管发送到哪里,都只需负担网费即可),以非常快速的方式(几秒之内可以发送到世界上任何指定的目的地),与世界上任何一个角落的网络用户联系。这些电子邮件可以是文字、图像、声音等各种文件。

近年来随着 Internet 的普及和发展,万维网上出现了很多基于 Web 页面的免费电子邮件服务,用户可以使用 Web 浏览器注册和访问自己的邮箱,其存储容量一般可达数吉字节。

用户可直接通过浏览器收发电子邮件,阅读与管理服务器上个人电子信箱中的电子邮件,大部分电子邮件服务器还提供了自动回复功能。电子邮件具有使用简单方便、安全可靠、便于维护等优点。

四、实验步骤

1. 申请免费的电子邮箱。

通常申请免费邮箱需要在提供该服务的网站上注册。下面以"163网易免费邮"为例，说明申请免费邮箱的方法。

（1）在 Microsoft Edge 浏览器的地址栏中输入网易门户网址，然后按 Enter 键，进入"网易"首页，如图 6.9 所示。

图 6.9 "网易"首页

（2）单击右上角的"注册免费邮箱"选项，打开注册网易免费邮箱页面，如图 6.10 所示。

图 6.10 注册网易免费邮箱页面

(3) 单击"免费邮箱"(注意免费邮箱和 VIP 邮箱的差别),认真填写相应信息,如图 6.11 所示。

图 6.11 "免费邮箱"页面

(4) 单击"立即注册"按钮,按提示用手机扫描二维码,快速发送短信进行验证,即可注册成功,如图 6.12 所示。

图 6.12 注册成功页面

(5) 单击"进入邮箱"按钮,进入"163 网易免费邮"首页,如图 6.13 所示。

图 6.13　"163 网易免费邮"首页

（6）至此免费的电子邮箱申请成功。单击图 6.13 中的"收件箱"选项，打开"收件箱"页面，仅有一封"网易邮件中心"发来的邮件，如图 6.14 所示。

图 6.14　收件箱页面

2. 发送和接收电子邮件。

（1）单击图 6.14 中左侧的"写信"选项，打开"写信"页面，填写收件人、主题、邮件内容，需要的时候可以添加附件，填写完后单击"发送"按钮，如图 6.15 所示。

（2）返回"163 网易免费邮"首页，单击左侧的"已发送"选项，可以打开"已发送"页面查看刚刚发送的邮件，如图 6.16 所示。

图 6.15　写信页面

图 6.16　已发送页面

(3) 打开 Microsoft Edge 浏览器,进入"163 网易免费邮"登录页面,如图 6.17 所示,输入邮箱账号和密码,单击"登录"按钮即可进入"163 网易免费邮"首页。

(4) 单击"163 网易免费邮"首页左侧的"收件箱"选项,打开"收件箱"页面,查看收到的邮件,如图 6.18 所示。

图 6.17　163 网易免费邮登录页面

图 6.18　收件箱页面

6.2　操作测试题

操作测试题一

1. 启动浏览器。

双击桌面上的 Microsoft Edge 浏览器图标，进入浏览器窗口。

2. 浏览网页信息。

在 Microsoft Edge 浏览器的地址栏中输入"中国教育考试网"网址,进入"全国计算机等级考试"首页,浏览相关网页信息。

3. 保存网页信息。

单击右上角的"设置及其他"按钮,选择"更多工具"中的"将页面另存为"命令,打开"另存为"对话框。选择页面保存的位置,修改文件名,选择保存类型,单击"保存"按钮,实现网页信息的保存。

4. 收藏网页信息。

单击右上角的"设置及其他"按钮,选择"收藏夹"命令,打开"收藏夹"对话框。单击"☆"按钮,将当前标签页添加到收藏夹。

5. 设置启动时页面。

单击右上角的"设置及其他"按钮,选择"设置"命令,打开"设置"页。在左边的列表中选择"启动时",在右边选择"打开一个或多个特定页面"单选按钮,单击"添加新页面"按钮,添加"中国教育考试网"作为启动时页面。

6. 搜索网页信息。

(1) 在浏览器中进入"百度"首页。

(2) 在"百度"首页中间的文本框中输入"南昌航空大学",单击"百度一下"按钮,打开搜索结果页面。

(3) 单击第一项内容的超链接,打开"南昌航空大学"首页。

操作测试题二

1. 申请免费的电子邮箱。

申请一个免费的"126 网易免费邮"电子邮箱。

(1) 打开 Microsoft Edge 浏览器,进入"126 网易免费邮"登录或注册页面。

(2) 单击"注册网易邮箱"选项,打开"欢迎注册网易邮箱"页面。

(3) 单击"免费邮箱",认真填写相应信息。

(4) 单击"立即注册"按钮,按提示用手机扫描二维码,快速发送短信进行验证,即可注册成功。

(5) 单击"进入邮箱"按钮,进入"126 网易免费邮"首页。

(6) 至此免费的"126 网易免费邮"电子邮箱申请成功,单击"收件箱"选项,打开"收件箱"页面。

2. 发送和接收电子邮件。

(1) 单击左侧的"写信"选项,打开"写信"页面,填写收件人(请填写实验二申请的邮箱账号)、主题、邮件内容,必要的时候可以添加附件,填写完后单击"发送"按钮。

(2) 返回"126 网易免费邮"首页,单击左侧的"已发送"选项,可以打开"已发送"页面查看刚刚发送的邮件。

（3）进入"163 网易免费邮"登录页面，输入邮箱账号和密码(请填写实验二申请的邮箱账号和密码)，单击"登录"按钮即可进入"163 网易免费邮"首页。

（4）单击"163 网易免费邮"首页左侧的"收件箱"选项，打开"收件箱"页面，查看第(1)步发送的邮件。

6.3 基础知识测试题

6.3.1 基础知识题解

1. 计算机网络最突出的优点是(　　)。
    A. 运算速度快   B. 存储容量大
    C. 运算容量大   D. 可以实现资源共享
【答案 D】解析：网络的最大功能是资源共享，资源包括硬件、软件和数据。

2. 从系统的功能来看，计算机网络主要由(　　)组成。
    A. 资源子网和通信子网   B. 数据子网和通信子网
    C. 模拟信号和数字信号   D. 资源子网和数据子网
【答案 A】解析：从系统的功能来看，计算机网络主要由资源子网和通信子网组成。

3. 下列不属于网络拓扑结构形式的是(　　)。
    A. 星形   B. 环形   C. 总线型   D. 分支
【答案 D】解析：网络的拓扑结构是指构成网络的节点(如工作站)和连接各节点的链路组成的图形的共同特征。网络拓扑结构主要有星形、环形和总线型等。

4. 在一个计算机房内要实现所有的计算机联网，一般应选择(　　)。
    A. 广域网   B. 城域网   C. 局域网   D. 因特网
【答案 C】解析：通常，在一幢楼内、一个单位内甚至几台计算机之间，利用网络设备和网络软件，采用某种网络协议将它们从物理和逻辑上连接起来并使之运行，这种网络连接方式称为计算机局域网。因此在一个计算机房内要实现所有的计算机联网，一般应选择局域网。

5. 因特网属于(　　)。
    A. 万维网   B. 局域网   C. 城域网   D. 广域网
【答案 D】解析：因特网(Internet)是一个通过路由器将世界不同地区、规模大小不一、类型不同的网络互相连接起来的网络，是一个全球性的计算机互联网络，因此因特网属于广域网。

6. 调制解调器的功能是(　　)。
    A. 实现数字信号的编号   B. 实现模拟信号的编号
    C. 将数字信号转换成其他信号   D. 实现数字信号与模拟信号之间的转换

【答案 D】解析:调制解调器的功能是实现数字信号与模拟信号之间的相互转换。

7. Internet 实现了分布在世界各地的各类网络的互联,其最基础和核心的协议是( )。
  A. TCP/IP   B. FTP   C. HTML   D. HTTP

【答案 A】解析:因特网采用 TCP/IP 协议控制各网络之间的数据传输,采用分组交换技术传输数据,TCP/IP 是最基础和核心的协议。

8. 以下( )表示域名。
  A. 171.110.8.32   B. www.pheonixtv.com
  C. http://www.domy.asppt.In.cn D. melon@public.com.cn

【答案 B】解析:域名实质就是用一组具有助记功能的英文简写名代替的 IP 地址。选项 A 是 IP 地址,选项 C 是统一资源定位器,选项 D 是电子邮箱地址。

9. 中国的域名是( )。
  A. com   B. uk   C. cn   D. jp

【答案 C】解析:中国的域名是 cn,uk 是英国的域名,jp 是日本的域名,com 是商业组织的一级子域名。

10. HTML 的正式名称是( )。
  A. 主页制作语言   B. 超文本标记语言
  C. Internet 编程语言   D. WWW 编程语言

【答案 B】解析:HTML 是超文本标记语言的英文缩写。

11. 因特网上的服务都是基于某一种协议,Web 服务是基于( )。
  A. SMTP 协议 B. SNMP 协议 C. HTTP 协议 D. Telnet 协议

【答案 C】解析:网页是用超文本标记语言(HTML)编写的,并在超文本传送协议(HTTP)支持下运行。电子邮件应用程序在向邮件服务器传送邮件时使用简单邮件传送协议(SMTP)。远程登录是基于远程登录协议 Telnet。SNMP 是指简单网络管理协议。

12. 下列不属于 Internet 基本功能的是( )。
  A. 实时检测控制 B. 电子邮件 C. 文件传输 D. 远程登录

【答案 A】解析:属于 Internet 基本功能的是电子邮件(E-mail)、万维网(WWW)交互式信息浏览、文件传送协议(FTP)服务、远程登录(Telnet),而实时检测控制不是 Internet 的基本功能。

13. 浏览 Web 网站必须使用浏览器,目前常用的浏览器是( )。
  A. Outlook Express   B. Hotmail
  C. Microsoft Edge   D. Microsoft Exchange

【答案 C】解析:Outlook Express、Hotmail、Microsoft Exchange 是编辑电子邮件和收发电子邮件的软件,Microsoft Edge 是目前常用的浏览器。

14. 下面电子邮件地址的书写格式正确的是( )。
  A. kaoshi@sina.com   B. kaoshi,@sina.com
  C. kaoshi@,sina.com   D. kaoshisina.com

【答案 A】解析:电子邮件地址格式是"用户名@主机域名"。选项 B 和 C 分别在用户名和服务器名中误用了逗号。选项 D 中没有符号"@"。

15. Internet 是全球性的、最具有影响的计算机互联网络,它的前身就是( )。
    A. Ethernet   B. Novell   C. ISDN   D. ARPAnet

【答案 D】解析:Internet 的前身是阿帕网(ARPAnet),阿帕网起源于 20 世纪 60 年代后期,它的出现标志着目前所称的计算机网络的兴起。20 世纪 70 年代以后又出现以 Ethernet 和 Novell 为代表的局域网。20 世纪 80 年代后出现包括语音、文字、数据、图像等综合业务数字网(ISDN)。

16. 计算机网络按其覆盖的范围,可划分为( )。
    A. 以太网和移动通信网   B. 电路交换网和分组交换网
    C. 局域网、城域网和广域网   D. 星形、环形和总线型结构

【答案 C】解析:计算机网络的分类方法很多,可以按网络的拓扑结构、交换方式、协议等要素进行分类。最普遍的方法是按网络覆盖的地理范围(距离)来分类。

17. 20 世纪 80 年代,国际标准化组织颁布了( ),以促进网络互联网的发展。
    A. TCP/IP   B. OSI/RM   C. FTP   D. SMTP

【答案 B】解析:国际标准化组织在 1984 年正式颁布了"开放系统互连参考模型"(OSI/RM)。该模型包含 7 层协议,开启了具有统一的网络体系结构、共同遵守标准化协议的计算机网络时代。TCP/IP 协议虽然不符合 OSI 标准,但它是一个非常重要的协议,主要应用于 Internet 网络。它包括 4 层模型:物理层、网络层、传输层和应用层。FTP 与 SMTP 是 TCP/IP 协议集中应用层内的两个应用协议:文件传送协议(FTP)和简单邮件传送协议(SMTP)。

18. 计算机网络按地址范围可划分为局域网和广域网,下列选项中( )属于局域网。
    A. PSDN   B. Ethernet   C. CHINADDN   D. CHINAPAC

【答案 B】解析:Ethernet 称为以太网,是局域网。PSDN 是公用电话交换网、CHINADDN 是中国公用数字数据网、CHINAPAC 是中国公用分组交换数据网,这 3 种均属于广域网。

19. 在 OSI 七层参考模型中,主要功能是在通信子网中进行路由选择的层次是( )。
    A. 数据链路层   B. 网络层   C. 传输层   D. 表示层

【答案 B】解析:在 OSI 七层参考模型中,物理层的主要功能是利用传输媒体为数据链路层提供物理链接;数据链路层的主要功能是传输以帧为单位的数据包,并进行差错检测和流量控制;网络层的主要功能是通过路由算法为分组通过通信子网选择最适当的路径;传输层的主要功能是组织和同步不同主机上各种进程间的通信;表示层的主要功能是解决交换信息中数据格式和数据表示的差异;应用层的主要功能是为端点用户提供服务。

20. 下列域名中,表示教育机构的是( )。
    A. ftp.bta.net.cn   B. ftp.cnc.ac.cn   C. www.ioa.ac.cn   D. www.abc.edu.cn

【答案 D】解析:在我国第一级域名是 cn,次级域名分为类别域名和地区域名。类别域名中 com 表示商业企业,gov 表示政府部门,edu 表示教育机构。

21. 按拓扑结构划分,常见的局域网拓扑结构有( )。

A. 总线型、环形、星形　　　　　　B. 星形、逻辑型、层次型
C. 网状型、环形、层次型　　　　　D. 总线型、逻辑型、关系型

【答案 A】解析：常见的局域网拓扑结构有总线型、环形和星形。

22. 网卡是构成网络的基本部件，网卡一方面连接局域网中的计算机，另一方面连接局域网中的(　　)。

A. 服务器　　　B. 工作站　　　C. 传输介质　　　D. 主机板

【答案 C】解析：服务器、工作站和主机板均指的是局域网中的计算机，网卡的另一端连接的应该是传输介质。

23. 下列各项中，非法的 IP 地址是(　　)。

A. 126.96.2.6　　B. 190.256.38.8　　C. 203.113.7.15　　D. 203.226.1.68

【答案 B】解析：IP 地址由 4 组点分十进制整数组成，每个数范围是 0~255。

24. 在网络数据通信中，实现数字信号与模拟信号转换的网络设备被称为(　　)。

A. 网桥　　　B. 路由器　　　C. 调制解调器　　　D. 编码解码器

【答案 C】解析：数字数据以模拟信号传输，采用的转换设备是调制解调器。模拟数据以数字信号传输，采用的转换设备是编码解码器。网间互联在数据链路层上实现网络互联的设备是网桥。网间互联在网络层上实现网络互联的设备是路由器。

25. 拥有计算机并以拨号方式接入网络的用户需要使用(　　)。

A. CD-ROM　　　B. 鼠标　　　C. 电话机　　　D. 调制解调器

【答案 D】解析：调制解调器是具有调制和解调两种功能的设备。经电话线联网时，调制解调器是必需的设备。

26. Internet 实现了分布在世界各地的各类网络的互联，其中最基础和核心的协议是(　　)。

A. TCP/IP　　　B. FTP　　　C. HTML　　　D. HTTP

【答案 A】解析：TCP/IP 是用于计算通信的一组协议，是众多协议中最重要的核心协议。

27. Internet 是一个全球范围内的互联网，它通过(　　)将各个网络互联起来。

A. 网桥　　　B. 路由器　　　C. 网关　　　D. 中继器

【答案 B】解析：对应 OSI/RM 参考模型协议，中继器是作为物理层实现网络互联的设备；网桥是作为数据链路层实现网络互联的设备；路由器是作为网络层实现网络互联的设备；网关是作为传输层及其以上高层实现网络互联的设备。路由器对网络数据传输采用分组方式，并具有路由选择功能。

28. Internet 采用的数据传输方式是(　　)。

A. 报文交换　　　B. 存储转发交换　　　C. 分组交换　　　D. 线路交换

【答案 C】解析：数据交换技术分为两类，即线路交换和存储交换。线路交换在数据通信之前必须事先连接好通信线路。存储交换相当于一个转发中心，它具有存储转发功能。存储交换又分为报文交换和分组交换。报文交换是将整个报文作为被传送的数据，由源端送往目的端，因而延时较长且不定时。分组交换是将整个报文分成若干个小段，称为分组，然后以分组的形式由源端送往目的端。Internet 采用的数据传输方式就是以分组交

换方式进行的。

29. 统一资源定位器（URL）的格式是（　　）。
　　A. 协议://IP 地址或域名/路径/文件名　　B. 协议://路径/文件名
　　C. TCP/IP 协议　　　　　　　　　　　　D. HTTP 协议

【答案 A】解析：URL 格式中，协议表示服务方式，IP 地址表示存放资源的主机 IP 地址，路径和文件名表示 Web 页的具体位置。

30. 与广域网相比，下列有关局域网特点的描述中，不正确的是（　　）。
　　A. 覆盖范围在几千米之内　　　　B. 较小的地理范围
　　C. 较低的误码率　　　　　　　　D. 较低的传输速率

【答案 D】解析：与广域网相比，局域网主要有 3 个特点：较高的传输速率；较低的误码率；较小的地理范围，一般可在几千米范围之内。

31. 有关 IP 地址与域名的关系，下列描述中正确的是（　　）。
　　A. IP 地址对应多个域名
　　B. 域名对应多个 IP 地址
　　C. IP 地址与主机的域名一一对应
　　D. 地址表示的是物理地址，域名表示的是逻辑地址

【答案 C】解析：Internet 上的每台计算机都必须有一个指定的地址，即 IP 地址。将 IP 地址映射为一个名字，即域名。每一台计算机的 IP 地址和它的域名都是一一对应的，不存在一个 IP 地址对应多个域名，也不存在一个域名对应多个 IP 地址。

32. Internet 采用的协议是（　　）。
　　A. FTP　　　　B. HTTP　　　　C. IPX/SPX　　　　D. TCP/IP

【答案 D】解析：TCP/IP 是指传输控制协议/互联网协议，该协议是针对 Internet 而开发的一套通信协议。它规定了所有连入 Internet 的计算机必须遵守的通信规范，从而确保数据传输的可靠性。

33. 各种网络传输介质（　　）。
　　A. 具有相同的传输速率和相同的传输距离
　　B. 具有不同的传输速率和不同的传输距离
　　C. 具有相同的传输速率和不同的传输距离
　　D. 具有不同的传输速率和相同的传输距离

【答案 C】解析：网络介质中传送的是电波或光波，其速率是相同的，其传输距离随设备的距离而定，不一定相同。

34. 目前，一台计算机要连入 Internet，必须安装的硬件是（　　）。
　　A. 调制解调器或网卡　　　　　B. 网络操作系统
　　C. 网络查询工具　　　　　　　D. WWW 浏览器

【答案 A】解析：选项 B、C、D 都是上网所需的软件。

35. 按通信距离划分，计算机网络可以分为局域网、城域网和广域网，下列网络中属于局域网的是（　　）。

A. Internet   B. CERNET   C. Novell   D. CHINANET

【答案 C】解析：Novell 网是一种典型的局域网，而其他三种都是互联网，即广域网。

36. 电子邮件是（　　）。
    A. 网络信息检索服务
    B. 通过 Web 网页发布的公告信息
    C. 通过网络实时交互的信息传递方式
    D. 一种利用网络交换信息的非交互式服务

【答案 D】解析：电子邮件是利用网络交换信息，但不是交互式的；选项 A 在 Internet 中是查找信息的一种服务；选项 B 是公告板系统（BBS）；选项 C 指的是诸如聊天形式的实时交互的信息传递功能。

37. 在网络上信息传输速率的单位是（　　）。
    A. 帧每秒   B. 文件每秒   C. 位每秒   D. 米每秒

【答案 C】解析：在网络上信息传输的速率通常用位每秒表示，也可以写成 bps。

38. 在下列各项中，不能作为 IP 地址的是（　　）。
    A. 202.96.0.1   B. 202.110.7.12   C. 112.256.23.8   D. 159.226.1.18

【答案 C】解析：在 IP 地址的点分十进制写法中，由 4 个整数组成，每个整数占一个字节，其范围应该是 0~255，选项 C 中第 2 个数 256 超出了范围。

39. 通过 Internet 发送或接收电子邮件的首要条件是应该有一个电子邮件地址，它的正确形式是（　　）。
    A. 用户名@主机域名
    B. 用户名#主机域名
    C. 用户名/主机域名
    D. 用户名.主机域名

【答案 A】解析：电子邮件（E-mail）地址的完整形式是"用户名@主机域名"。

40. 域名是 Internet 服务提供方（ISP）的计算机名，域名中的后缀 gov 表示机构所属类型为（　　）。
    A. 军事机构   B. 政府机构   C. 教育机构   D. 商业公司

【答案 B】解析：域名中的后缀表示的机构都是英文的缩写，gov 是政府机构的缩写。军事机构的缩写为 mil，教育机构的缩写为 edu，商业公司的缩写为 com。

41. 目前因特网中的 IP 地址规定用（　　）。
    A. 4 组二进制数表示，共占用 6 B
    B. 3 组八进制数表示，共占用 3 B
    C. 4 组十进制数表示，共占用 4 B
    D. 3 组十进制数表示，共占用 3 B

【答案 C】解析：目前因特网中的 IP 地址由 4 组数据构成，每一组各占 1 B，共占 4 B，可以写成二进制或十进制的形式。

42. 接入 Internet 并且支持 FTP 协议的两台计算机，对于它们之间的文件传输，下列说法正确的是（　　）。
    A. 只能传输文本文件
    B. 不能传输图形文件
    C. 所有文件均能传输
    D. 只能传输几种类型的文件

【答案 C】解析：使用 FTP 协议的计算机之间可以传输任何类型的文件。

43. 下列各邮件信息中,属于邮件服务系统在发送邮件时自动加上的是(　　)。
　　A. 收件人的 E-mail 地址　　　　　B. 邮件体内容
　　C. 附件　　　　　　　　　　　　D. 邮件发送日期和时间
【答案 D】解析：邮件服务系统在发送邮件时自动加上的信息有发信人地址、邮件发送日期和时间。

6.3.2　操作题解

1. 某模拟网站的主页地址是 //LOCAHOST/DJKS/INDEX.HTM,打开此主页,浏览"天文小知识"页面,查找"冥王星"页面的内容,并按文本文件的格式保存到指定的目录下,命名为"mwxing.txt"。

【解题步骤】

① 打开浏览器,在地址栏输入所要进入的网址：//LOCAHOST/DJKS/INDEX.HTM,按 Enter 键确认。

② 在打开的网页查找"天文小知识"页面,在页面中找到"冥王星"的标题,单击,打开网页。

③ 将所需的页面内容进行复制,粘贴在新建的文本文件上,命名为"mwxing.txt"。

2. 请在"考试项目"菜单上选择相应的菜单项,完成以下内容。

启动浏览器,访问网站：//www.hep.com.cn,然后将此页添加到收藏夹。

【解题指导】

网络部分主要考核两个方面的内容：一是浏览网站后保存网页；二是通过 Outlook 收发邮件,包括插入附件。

（1）保存网页

打开 Microsoft Edge 浏览器,在地址栏输入网址,打开网页,选择"文件"菜单的"另存为"命令,在打开的对话框中选择保存位置,然后单击"保存"按钮。

（2）发邮件

启动 Outlook 后单击左上角的"新邮件"按钮,出现编写邮件的窗口。窗口的上半部分为信件头,需要输入收件人的邮件地址、主题；下半部分为信件体,可以输入信件的具体内容。

有时题目要求在发送邮件时也发送附件,附件就是邮件附带的一个文件,在撰写邮件的窗口中单击"附加"按钮,或选择"插入"菜单的"文件附件"命令,在打开的对话框中选择文件即可。

（3）收邮件

启动 Outlook 后,在窗口左侧"文件夹"窗格中选择"收件箱"选项,右侧显示"预览邮件"窗口,按照题目的要求选择邮件,双击可以打开并阅读邮件,选择"文件"菜单的"另存为"命令可以在对话框中设置保存位置,然后保存邮件。

【解题步骤】

① 启动 Microsoft Edge 浏览器。

② 在地址栏输入 www.hep.com.cn。

　　③ 单击"收藏夹"按钮,在左边显示"收藏夹"窗口。

　　④ 在地址栏上将该网页地址前面的图标移到收藏夹中,松开鼠标后,就可以将该网页地址保存到收藏夹中。

　　3. 请在"考试项目"菜单上选择相应的菜单项,完成以下内容。

　　删除从 computer@163.com 发来的信件。

【解题步骤】

　　① 启动 Outlook,单击窗口的"发送/接收"按钮,进行发送信件和接收信件。

　　② 单击窗口左侧的"收件箱"按钮,在窗口右侧的上部分邮件列表区中查找发件人是 computer@163.com 的信件。

　　③ 选中该信件,然后单击工具栏上的"删除"按钮,将该信件删除。

6.3.3 基础知识同步练习

一、单选题

1. 计算机网络中的所谓"资源"是指硬件、软件和(　　)资源。
    A. 通信　　　　　　B. 系统　　　　　　C. 数据　　　　　　D. 资金
2. 在计算机网络中,负责各节点之间通信任务的部分称为(　　)。
    A. 工作站　　　　　B. 资源子网　　　　C. 文件服务器　　　D. 通信子网
3. 在总线型拓扑结构中,每次可传输信号的设备数目为(　　)。
    A. 奇数个　　　　　B. 偶数个　　　　　C. 1 个　　　　　　D. 任意个
4. 在计算机网络中负责数据处理任务的部分称为(　　)。
    A. 通信子网　　　　B. 资源子网　　　　C. 交换网　　　　　D. 用户网
5. 在 20 世纪 60 年代,(　　)的研究成果对促进网络技术的发展起到了重要作用,也为 Internet 的形成奠定了基础。
    A. ISDN　　　　　　B. Novell　　　　　 C. ARPAnet　　　　D. PSDN
6. 下列(　　)网络不属于广域网。
    A. 公用分组交换网　　　　　　　　　　B. 数字数据网
    C. 公用电话交换网　　　　　　　　　　D. 总线网
7. 主页(home page)的含义是(　　)。
    A. Internet 的技术文件　　　　　　　　B. 传送电子邮件的界面
    C. 个人或机构的基本信息的第一个页面　D. 比较重要的 Web 页面
8. 学校实验室机房内实现多台计算机联网,按其实际情况可选择(　　)。
    A. WAN　　　　　　B. LAN　　　　　　C. MAN　　　　　　D. DDN
9. 目前最成功和覆盖面最大、资源最丰富的全球性计算机信息网络当属 Internet,它被认为是未来(　　)的雏形。

　　　　A. 广域网　　　　　B. 信息高速公路　　C. 全球网　　　　　D. 信息网
10. 在计算机通信中,数据传输速率的基本单位是(　　)。
　　　　A. baud　　　　　　B. bps　　　　　　C. byte　　　　　　D. MIPS
11. 下列英文缩写(　　)用来表示统一资源定位器。
　　　　A. FTP　　　　　　B. HTTP　　　　　C. IE　　　　　　　D. URL
12. 以文件服务器为中央节点,各工作站作为外围节点都单独连接到中央节点上,这种网络拓扑结构属于(　　)。
　　　　A. 星形　　　　　　B. 总线型　　　　　C. 环形　　　　　　D. 树形
13. 将文件从 FTP 服务器传输到客户机的过程称为(　　)。
　　　　A. 浏览　　　　　　B. 电子商务　　　　C. 上载　　　　　　D. 下载
14. 建立计算机网络的基本目的是实现数据通信和(　　)。
　　　　A. 数据库服务　　　B. 下载文件　　　　C. 资源共享　　　　D. 发送电子邮件
15. 下列(　　)不属于网络通信服务包含的内容。
　　　　A. DDL　　　　　　B. WWW　　　　　C. BBS　　　　　　D. EDI
16. 利用一条传输线路传送多路信号的技术是(　　)。
　　　　A. 电路交换　　　　B. 分组交换　　　　C. 线路复用　　　　D. 调制解调
17. 在计算机网络系统中,WAN 指的是(　　)。
　　　　A. 城域网　　　　　B. 局域网　　　　　C. 广域网　　　　　D. 以太网
18. 在下列网络拓扑结构中,只允许数据在传输介质中单向流动的是(　　)。
　　　　A. 星形拓扑　　　　B. 环形拓扑　　　　C. 总线型拓扑　　　D. 3 种情况均可
19. 在计算机网络中,表示数据传输可靠性的指标是(　　)。
　　　　A. 传输率　　　　　B. 误码率　　　　　C. 信息容量　　　　D. 频带利用率
20. 局域网的网络结构有(　　)。
　　　　A. 逻辑网、物理网、总线网　　　　　　B. 星形网、总线网、环形网
　　　　C. 局域网、城域网、广域网　　　　　　D. 总线网、广域网、城域网
21. 下列属于微型计算机网络所特有的设备是(　　)。
　　　　A. 显示器　　　　　B. UPS 电源　　　　C. 服务器　　　　　D. 鼠标
22. 局域网的标准工作是由(　　)组织在 20 世纪 80 年代颁布了一些标准文件,从而形成 802 系列。
　　　　A. ISO　　　　　　　B. IEEE　　　　　　C. Intel　　　　　　D. IBM
23. 在计算机网络中,通常把提供并管理共享资源的计算机称为(　　)。
　　　　A. 服务器　　　　　B. 工作站　　　　　C. 网关　　　　　　D. 网桥
24. 在局域网互联中,数据链路层实现网络互联的设备是(　　)。
　　　　A. 网关　　　　　　B. 路由器　　　　　C. 网桥　　　　　　D. 放大器
25. 在局域网互联中,传输层及其以上高层实现网络互联的设备是(　　)。
　　　　A. 网桥　　　　　　B. 路由器　　　　　C. 中继器　　　　　D. 网关
26. 收到一封邮件,再把它寄给别人,一般可以用(　　)实现。

A. 回复作者   B. 转发   C. 编辑   D. 发送

27. 在一所大学中,每个系都有自己的局域网,则连接各个系的校园网(　　)。
    A. 是广域网   B. 是城域网
    C. 是局域网   D. 这些局域网不能互联

28. 在局域网组网中,选择网卡的主要依据是组网的拓扑结构、(　　)、网段的最大长度和节点之间的距离。
    A. 接入网络的计算机类型   B. 互联网络的规模
    C. 网络的操作系统类型   D. 使用的传输介质的类型

29. 当电子邮件在发送过程中有误时,(　　)。
    A. 电子邮件系统将自动把有误的邮件删除
    B. 邮件将丢失
    C. 电子邮件系统会将原邮件退回,并给出不能寄达的原因
    D. 电子邮件系统会将原邮件退回,但不给出不能寄达的原因

30. 因特网是全球最大的国际互联网,它的正确表示形式是(　　)。
    A. Intranet   B. Internet   C. internet   D. intranet

31. CERNET 是(　　)的简称。
    A. 中国科技网   B. 中国公用计算机互联网
    C. 中国教育和科研计算机网 D. 中国公众多媒体通信网

32. 互联网的含义是(　　)互联。
    A. 计算机与计算机   B. 计算机与计算机网络
    C. 计算机网络与计算机网络 D. 国内计算机与国际计算机

33. 当总线网的网段已超过最大距离时,可使用(　　)来延伸。
    A. 网桥   B. 网关   C. 路由器   D. 中继器

34. 对于个人机用户来说,接入 Internet 主要采用的方式是(　　)。
    A. WWW   B. FTP   C. PPP   D. BBS

35. FTP 代表的是(　　)。
    A. 电子邮件   B. 远程登录   C. 网络会议   D. 文件传输

36. 局域网的网络软件主要包括(　　)、网络数据库管理和网络应用软件。
    A. 服务器操作系统   B. 网络操作系统
    C. 网络传输协议   D. 工作站软件

37. 对于家庭计算机用户而言,若采用 PPP 拨号方式接入 Internet,下列(　　)是不必要的。
    A. 调制解调器   B. 家用电话线   C. Internet 账号   D. 路由器

38. 万维网以(　　)方式提供世界范围内的多媒体信息服务。
    A. 文本   B. 信息   C. 超文本   D. 声音

39. 在 Internet 主机域名结构中,代表政府组织机构的子域名称是(　　)。
    A. com   B. gov   C. org   D. edu

40. Internet 域名中的类型 com 代表单位的性质一般是（　　）。
    A. 通信机构　　　　B. 网络机构　　　　C. 组织机构　　　　D. 商业机构
41. 在因特网中，文件传送协议的英文缩写是（　　）。
    A. IP　　　　　　　B. IPX　　　　　　　C. FTP　　　　　　　D. BBS
42. 下列说法中错误的是（　　）。
    A. 电子邮件是 Internet 提供的一项最基本的服务
    B. 电子邮件具有快速、高效、方便、价廉等特点
    C. 通过电子邮件，可向世界上任何一个角落的网上用户发送信息
    D. 可发送的多媒体只有文字和图像
43. 下列关于 Internet 的概念叙述中错误的是（　　）。
    A. Internet 是互联网络　　　　　　　　B. Internet 具有网络资源共享的特点
    C. Internet 称为因特网　　　　　　　　D. Internet 是局域网的一种
44. 用来浏览 Internet 网上 WWW 页面的软件称为（　　）。
    A. 服务器　　　　B. 转换器　　　　C. 浏览器　　　　D. 编辑器
45. OSI 参考模型中的第二层是（　　）。
    A. 网络层　　　　B. 数据链路层　　　C. 传输层　　　　D. 物理层
46. 在 Internet 中，IP 地址的最大长度占（　　）位。
    A. 10　　　　　　B. 16　　　　　　　C. 8　　　　　　　D. 32
47. 目前，局域网的传输介质主要是同轴电缆、双绞线和（　　）。
    A. 通信卫星　　　B. 公共数据网　　　C. 电话线　　　　D. 光纤
48. 网关用来连接（　　）。
    A. 两个使用相同操作系统的网络　　　　B. 远程网络
    C. 两个不同类型的网络　　　　　　　　D. PC-Internet
49. 衡量计算机通信的质量有两个重要的指标，一是数据传输率，二是（　　）。
    A. 编码率　　　　B. 误码率　　　　C. 波特率　　　　D. 开销率
50. 一个特定的 Web 站点的顶层页面通常称为（　　）。
    A. 顶页　　　　　B. 主页　　　　　　C. 目录单　　　　D. 菜单
51. HTML 是指（　　）。
    A. C++ 的扩展　　　　　　　　　　　　B. 超文本标记语言
    C. Java 语言的一部分　　　　　　　　　D. 网络传输的一种协议
52. 在传输数据时，以原封不动的形式把来自终端的信息送入线路称为（　　）。
    A. 调制　　　　　B. 解调　　　　　　C. 基带传输　　　D. 宽带传输
53. HTTP 是指（　　）。
    A. 域名　　　　　　　　　　　　　　　B. 超文本传送协议
    C. 超文本标记语言　　　　　　　　　　D. 邮件管理协议
54. Internet 是（　　）。
    A. 一种网络软件　　　　　　　　　　　B. CPU 的一种型号

C. 因特网　　　　　　　　　　D. 电子信箱

55. 用户使用 WWW 浏览器访问 Internet 上任何 WWW 服务器所看到的第一页就是（　　）。
    A. 电子邮件　　　B. 主页　　　C. 文件夹　　　D. 文件名

56. 20 世纪 80 年代，由（　　）公布了 OSI，从此人们将 OSI 看作是网络系统互联、互通和互操作的国际标准。
    A. ISO　　　B. CCITT　　　C. IEEE　　　D. DEC

57. 在实验室中使用单一集线器与 10 台计算机实现互联，按照拓扑结构划分，一般应采用（　　）。
    A. 总线型拓扑　　　B. 环形拓扑　　　C. 星形拓扑　　　D. 树形拓扑

58. Internet 上许多不同的复杂网络和许多不同类型的计算机赖以互相通信的基础是（　　）。
    A. ATM　　　B. TCP/IP　　　C. Novell　　　D. X.25

59. 公用数据网中传输的是数字化数据。属于我国公用数据网的是（　　）。
    A. CERNET　　　B. CHINAPAC　　　C. SCTNET　　　D. UNINET

60. 世界各国目前已使用的公用数据网大多采用（　　）。
    A. 报文交换技术　　　　　　　B. 分组交换技术
    C. 电路交换技术　　　　　　　D. 电路交换和报文交换相结合

61. 通常一台计算机要接入互联网，应安装的设备是（　　）。
    A. 网络操作系统　　　　　　　B. 调制解调器或网卡
    C. 网络查询工具　　　　　　　D. 浏览器

62. 家庭办公作为工作人员与其办公室间的计算机通信形式，是一种（　　）的在线服务的应用系统。
    A. 电子教育　　　B. 远程交换　　　C. 电子布告系统　　　D. 办公自动化

63. Internet 是一个覆盖全球的大型互联网络，其中用于连接多个远程网和局域网的互联设备主要是（　　）。
    A. 网桥　　　B. 防火墙　　　C. 主机　　　D. 路由器

64. Internet 中的 IP 地址由 4 个字节组成，每个字节间用符号（　　）隔开。
    A. 。　　　B. ,　　　C. ;　　　D. .

65. 主机域名 netlab.fudan.edu.cn 由多个子域名组成，其中表示主机名的是（　　）。
    A. netlab　　　B. fudan　　　C. edu　　　D. cn

66. 一个 IP 地址由网络地址和（　　）两部分组成。
    A. 广播地址　　　B. 多址地址　　　C. 主机地址　　　D. 子网地址

67. 以下 URL 中写法正确的是（　　）。
    A. http://www.hepmall.com/index.php\index\html
    B. http://www.hepmall.com/index.php/index/html
    C. http://www.hepmall.com/index.php\index.html

D. http://www.hepmall.com/index.php/index.html

68. 主机域名与IP地址的关系是（　　）。
    A. 一一对应
    B. 域名与IP地址没有任何关系
    C. 一个与域名对应多个IP地址
    D. 一个IP地址对应多个域名

69. Outlook Express是（　　）的电子邮件程序。
    A. 附属于IE 6.0
    B. 附属于Exchange
    C. 附属于Windows 10
    D. 附属于Outlook

70. 域名服务器上存放着Internet主机的（　　）。
    A. 域名
    B. IP地址
    C. 域名与IP地址
    D. 域名与IP地址的对照表

71. 下面关于Internet接入方式的描述中，正确的是（　　）。
    A. 只有通过局域网才能接入Internet
    B. 只有通过拨号电话线才能接入Internet
    C. 可以有多种接入Internet的方式
    D. 不同的接入方式可以享有不同的Internet服务

72. 个人用户通过SLIP/PPP接入Internet时，需要准备一个调制解调器、一条电话线、SLIP/PPP软件与（　　）。
    A. 向ISP校园网网管中心申请一个用户账号
    B. 网卡
    C. TCP/IP协议
    D. IP地址

73. 从www.abc.edu.cn可以看出它是中国的一个（　　）站点。
    A. 政府部门　　B. 军事部门　　C. 商业组织　　D. 教育部门

74. 如果想成为Internet用户，必须要找一家能提供Internet服务的公司，它的英文缩写是（　　）。
    A. ISP　　B. Web　　C. IP　　D. SP

75. 一个用户想使用电子邮件功能，应当（　　）。
    A. 向附近的一个邮局申请，办理建立一个自己专用的信箱
    B. 把自己的计算机通过网络与附近的一个邮局连起来
    C. 通过电话得到一个电子邮局的服务支持
    D. 使自己的计算机通过网络得到网上一个E-mail服务器的服务支持

76. OSI的中文含义是（　　）。
    A. 网络通信协议
    B. 国家信息基础设施
    C. 开放系统互连
    D. 公共数据通信网

77. 文件传输和远程登录都是互联网上主要功能，它们都需要双方计算机之间建立通信联系，两者的区别是（　　）。
    A. 文件传输只能传输计算机上已存有的文件，远程登录则还可以在登录的主机上进

行建目录、建文件、删文件等其他操作

B. 文件传输只能传递文件,远程登录则不能传递文件

C. 文件传输不必经过对方计算机的验证许可,远程登录必须经过对方计算机的验证许可

D. 文件传输只能传输字符文件,不能传输图像、声音文件,而远程登录则可以

78. 衡量网络上数据传输速率的单位是位每秒,记为(　　)。
    A. bps   B. OSI   C. MODEM   D. TCP/IP

79. 从 abc.gov.cn 可以看出它是中国的一个(　　)站点。
    A. 政府部门   B. 教育部门   C. 商业组织   D. 互联网络

80. 根据网络范围和计算机之间互联的距离,将计算机网络分为(　　)类。
    A. 2   B. 3   C. 4   D. 5

81. 下列选项中,不合法的 IP 地址是(　　)。
    A. 10.0.0.8   B. 127.0.0.1   C. 205.211.31.199   D. 198.47.267.243

82. 下列选项中,合法的电子邮件地址是(　　)。
    A. wang-em.hxing.com.cn   B. em.hxing.tom.ca-wang
    C. em.hxing.com.cn@wang   D. wang@em.hxing.tom.cn

83. 下列选项中,(　　)不是信息查询检索工具。
    A. Archie   B. Gopher   C. WAIS   D. Telnet

84. 下列选项中,合法的 IP 地址是(　　)。
    A. 190.220.5   B. 206.53.3.78   C. 206.53.312.78   D. 123,43,82,220

85. 因特网上一台主机的域名由(　　)部分组成。
    A. 3   B. 4   C. 5   D. 若干

86. TCP/IP 是一组(　　)。
    A. 局域网技术
    B. 广域网技术
    C. 支持同一种计算机(网络)互联的通信协议
    D. 支持不同种计算机(网络)互联的通信协议

87. 目前局域网上的数据传输速率一般在(　　)范围。
    A. 9 600 bps~56 Kbps   B. 64 Kbps~128 Kbps
    C. 10 Mbps~100 Mbps   D. 100 Mbps~10 000 Mbps

88. 网络中各节点相互连接的形式,称为网络的(　　)。
    A. 拓扑结构   B. 协议   C. 分层结构   D. 分组结构

89. 关于电子邮件,下列说法中错误的是(　　)。
    A. 发送电子邮件需要 E-mail 软件支持   B. 发件人必须有自己的 E-mail 账号
    C. 收件人必须有自己的邮政编码   D. 必须知道收件人的 E-mail 地址

90. 在下列各项中,不能作为域名的是(　　)。
    A. www.aaa.edu.cn   B. ftp.abc.edu.cn   C. www,bit.edu.cn   D. www.1nu.edu.cn

91. 因特网中的 IP 地址规定用 4 组十进制数表示,每组数字的取值范围是(　　)。
   A. 0~127　　　　B. 0~128　　　　C. 0~255　　　　D. 0~256
92. Web 把某一特定信息资源的所在地称为(　　)。
   A. Web 页　　　B. Web 浏览器　　C. Web 服务器　　D. Web 网站
93. 下列关于域名缩写的叙述中正确的是(　　)。
   A. cn 代表中国,edu 代表科研机构　　　B. cn 代表中国,gov 代表政府机构
   C. uk 代表中国,edu 代表科研机构　　　D. ac 代表英国,gov 代表政府机构
94. 网上的站点通过点到点的链路与中心站点相连,具有这种拓扑结构的网络称为(　　)。
   A. 因特网　　　B. 星形网　　　　C. 环形网　　　　D. 总线型网
95. 在网络中使用的传输介质中,抗干扰性能最好的是(　　)。
   A. 双绞线　　　B. 光缆　　　　　C. 细缆　　　　　D. 粗缆
96. 接入 Internet 的每一台主机都有一个唯一的可识别地址,称作(　　)。
   A. URL　　　　B. TCP 地址　　　C. IP 地址　　　　D. 域名
97. 调制解调器(modem)是电话拨号上网的主要硬件设备,它的作用是(　　)。
   A. 将计算机输出的数字信号调制成模拟信号,以便发送
   B. 将输入的模拟信号调制成计算机的数字信号,以便发送
   C. 将数字信号和模拟信号进行调制和解调,以便计算机发送和接收
   D. 为了拨号上网时,上网和接收电话两不误
98. 文件传输服务的统一资源器(URL)中的资源类型为(　　)。
   A. FTP　　　　B. HTTP　　　　C. WWW　　　　D. NEWS
99. Microsoft 的 Edge 是一种(　　)。
   A. 搜索软件　　　　　　　　　　B. 电子邮件发送程序
   C. 传输协议　　　　　　　　　　D. 浏览器
100. 在下列各指标中,(　　)是数据通信系统的主要技术指标之一。
   A. 重码率　　　B. 传输速率　　　C. 分辨率　　　　D. 时钟主频
101. 计算机网络中常用的有线传输介质有(　　)。
   A. 双绞线、红外线、同轴电缆　　　B. 同轴电缆、激光、光纤
   C. 双绞线、同轴电缆、光纤　　　　D. 微波、双绞线、同轴电缆
102. 连接到 WWW 页面的协议是(　　)。
   A. HTML　　　B. TCP/IP　　　　C. HTTP　　　　D. SMTP
103. 通过 Internet 发送或接收电子邮件(E-mail)的首要条件是应该有一个电子邮件地址,它的正确形式是(　　)。
   A. 用户名 @ 主机域名　　　　　　B. 用户名 # 主机域名
   C. 用户名 – 主机域名　　　　　　D. 用户名 . 主机域名
104. 关于使用 Outlook Express 软件,下列说法错误的是(　　)。
   A. 可以发送电子邮件

B. 可以接收电子邮件

C. 不需要设置发信方自己的电子邮箱地址

D. 需要设置发信方自己的电子邮箱地址

105. 关于"超链接",下列说法正确的是(　　)。

A. 超链接将指定的文件与当前文件合并

B. 超链接指将约定的设备用线路连通

C. 单击超链接就会转向链接指向的地方

D. 超链接为发送电子邮件做好准备

106. 在网络中,用一定的通信线路将地理位置不同、分散的多台计算机连接起来,称为(　　)。

A. 自主　　　　B. 通信　　　　C. 互联　　　　D. 协议

107. 在以下各项中,不属于电子邮件头部的是(　　)。

A. 收件人 E-mail 地址　　　　B. 附件

C. 邮件主题　　　　D. 邮件发送日期

二、填空题

1. Internet 服务提供方的英文缩写是＿＿＿＿。
2. Telnet 是 Windows 提供的支持因特网的实用程序,称为＿＿＿＿。
3. 与 Web 站点和 Web 页面密切相关的一个概念称为"统一资源定位器",它的英文缩写是＿＿＿＿。
4. Internet 用＿＿＿＿协议实现各网络之间的互联。
5. 在计算机网络中,表示数据传输可靠性的指标是＿＿＿＿。
6. Microsoft Edge 是 Windows 提供的支持因特网的实用程序,称为＿＿＿＿。
7. FTP 指的是＿＿＿＿。
8. 中国教育和科研计算机网的简称是＿＿＿＿。
9. 计算机网络的拓扑结构可以分为树形、网状、环形、星形和＿＿＿＿。
10. 电子邮件是由邮件头部和＿＿＿＿两部分组成。

三、操作题

1. 某模拟网站的主页地址是 HTTP://LOCAHOST/DJKS/INDEX.HTM,打开此主页,浏览"天文小知识"页面,查找"水星"页面的内容,并将它以文本文件的格式保存到指定的目录下,命名为"shuixing.txt"。

2. 接收并阅读由 xuexq@mail.neea.ca 发来的 E-mail,将来信内容以文本文件"jsa.txt"保存到指定的文件夹中。

3. 向某老同学发个邮件,邀请他来参加同学聚会。具体内容如下。

收件人:Zhanghq@mail.home.com

抄送:

主题:邀请参加聚会

函件内容:"4 月 1 日,请你来参加同学聚会。"

4. 打开"计算机世界"网站主页浏览"今日要闻"页面,将此页面保存到指定的文件夹中,文件名为"jryw.html"。

5. 接收由 computer@163.com 发来的信件,并将其附件保存到指定的文件夹中。

6. 阅读由 computer@163.com 发来的信件,并回复,回复内容为"同意你的建议"。

参考答案

第 7 章
Visio 图形设计

7.1 实验指导

实验一 工作流程图的建立和操作

一、实验目的

1. 熟悉 Visio 2016 窗口的基本组成。
2. 掌握创建绘图文档和绘图页的方法。
3. 掌握多种形状和连接线的操作方法。
4. 掌握文本信息的操作方法。
5. 掌握绘图页的编辑和美化方法。

二、实验内容

1. 新建一个空白文档,绘制一个基本流程图,将文档保存到桌面上以"学号+姓名"命名的文件夹中,命名为"程序流程图"。此流程图表达的是求解 1~100 所有整数和的算法。
2. 插入形状。
3. 添加文本。
4. 添加背景。

三、预备知识

Visio 是一款专业的办公绘图软件,有助于用户可视化、分析与交流复杂的信息,并可以通过创建与数据相关的 Visio 图表来显示复杂的数据与文本,并可以便捷地了解、操作和共享企业内的组织系统、资源及流程等相关信息。

(一) Visio 2016 窗口的组成

Visio 2016 启动后的窗口如图 7.1 所示,该窗口由标题栏、功能区、任务窗格和绘图区等部分组成。

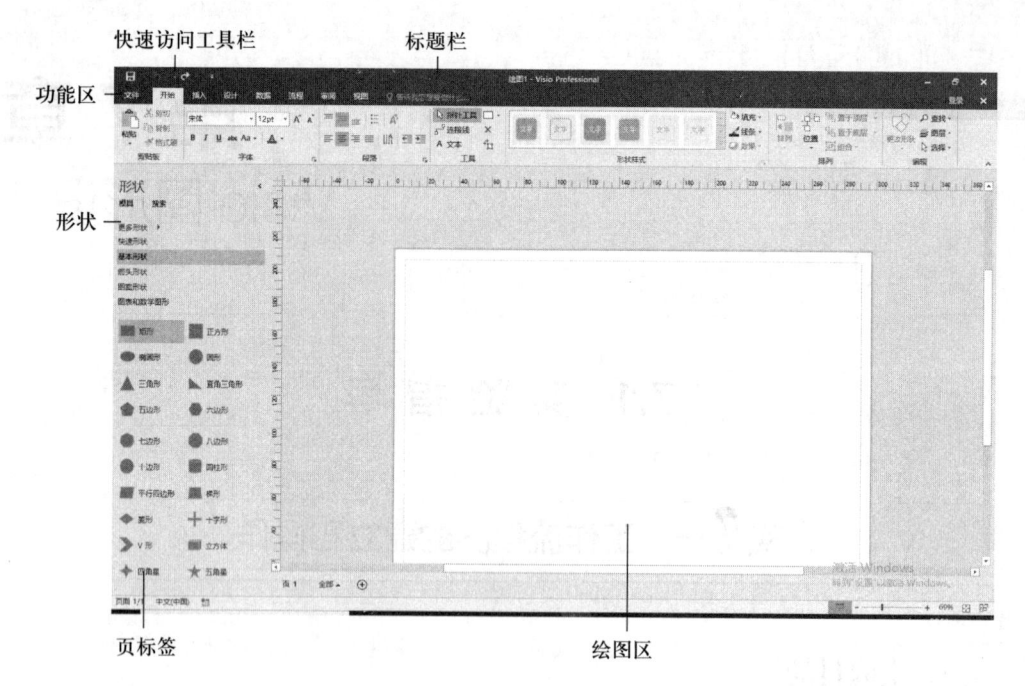

图 7.1　Visio 2016 窗口界面

（二）Visio 2016 的基本概念

1. 绘图文档是 Visio 文件管理的基本单位。

2. 绘图页是构成绘图文档的框架，是绘制各类图标的依托，包括前景页和背景页。

3. 模板是一组模具和绘图页的设置信息，是针对某种特定的绘图任务或样板而组织起来的一系列主控图形的集合。每一个模板由设置、模具、样式或特殊命令组成。模板用于设置绘图环境，以适应特定类型绘图的需求。在 Visio 中，为用户提供了网络图、工作流图、数据库模型图、软件图等各种模板。

4. 模具中包含了图件，图件是指可以用来反复创建绘图的图形，通过拖曳的方式可以迅速生成相应的图形。

5. 形状是在模具中分类存储的图件，预先画好的形状称为"主控形状"，主要通过鼠标拖曳预定义的形状到绘图页上的方法进行绘图操作。形状具有内置的行为与属性，"行为"可以帮助用户定位形状并正确地连接到其他形状；"属性"显示用来描述或识别形状的数据。在 Visio 中，用户可以通过手柄来定位、伸缩及连接形状。

6. 连接符是连接形状之间的线条。

7. 文本以形状中的文本或者注解文本块的形式出现，可以说明形状的含义，以传递绘图信息。

四、实验步骤

1. 执行"文件"下的"新建"选项，选择"基本流程图"打开该类型的模板，如图 7.2 所示。

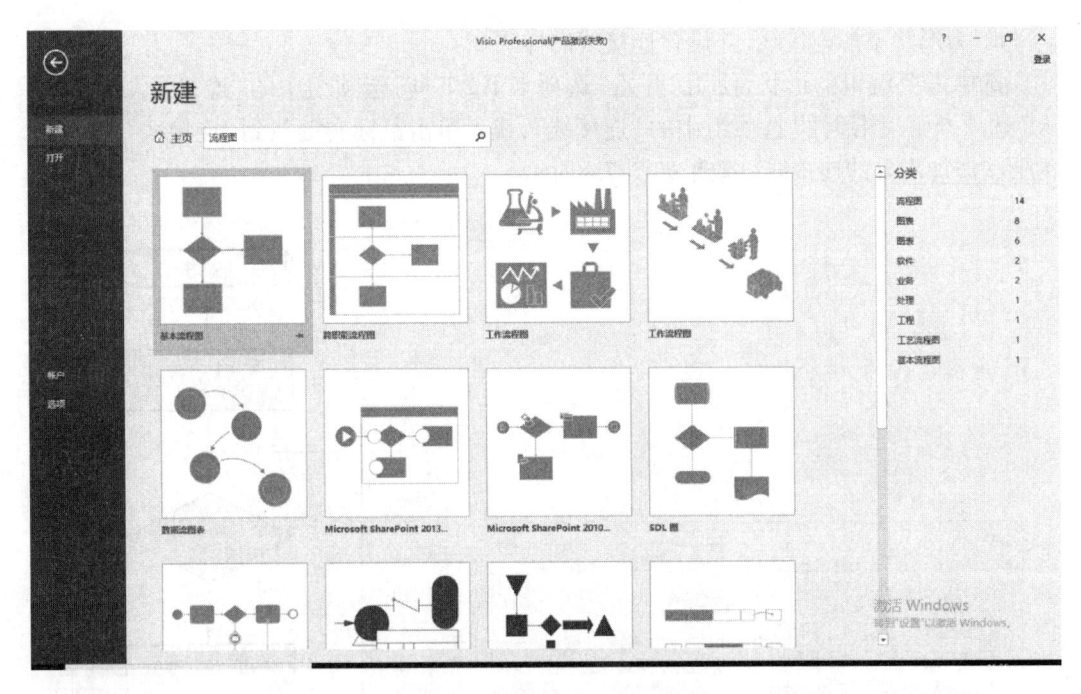

图 7.2　流程图类型界面

2. 将相应的形状添加到绘图页中,并根据构思流程排列各个形状。

在 Visio 中,用户不仅可以使用鼠标拖曳的方法直接移动形状,还可以借助一些工具来精确地移动一个或多个形状,使绘图页中各对象更整齐。用户可以使用"参考线"工具同步移动多个形状。首先,单击"视图"选项卡下"视觉帮助"选项组中的"对话框启动器",在弹出的"对齐和粘贴"对话框中,选用"对齐"与"粘附"选项组中的"参考线"复选框。在 Visio 中,还可以根据形状所在绘图页位置来精确地移动形状。方法是,选择形状,选择"视图"选项卡下"显示"选项组中"任务窗格"的"大小和位置"选项,进一步修改"X"和"Y"框中的数值即可。

对齐形状是沿横轴或纵轴对齐所选形状。选择需要对齐的多个形状,选择"开始"选项卡下"排列"选项组中的"排列"选项,再选择相应的选项即可对形状进行水平对齐或垂直对齐。

3. 在形状中输入文本并完成编辑操作。

一般情况下,纯文本形状、标注或其他注形状可以随意调整与移动,便于用户进行编辑,但是在特殊情况下,用户不希望所添加的文本或注释被编辑。此时,需要利用 Visio 提供的"保护"功能锁定文本。选择需要锁定的文本形状,选择"开发工具"功能区"形状设计"选项卡中的"保护"选项,在弹出的"保护"对话框(如图 7.3 所示)中,单击"全部"按钮或根据定位需求执行具体选项即可。

4. 为形状添加连接线，并设置连接线的样式。

选中需要编辑的形状，使用"开始"选项卡下"工具"选项组中的"连接线"或者"插入"选项卡下"图部件"选项组中的"连接线"，或者单击鼠标右键找到"连接线"，都可以为形状添加需要的连接线。效果如图 7.4 所示。

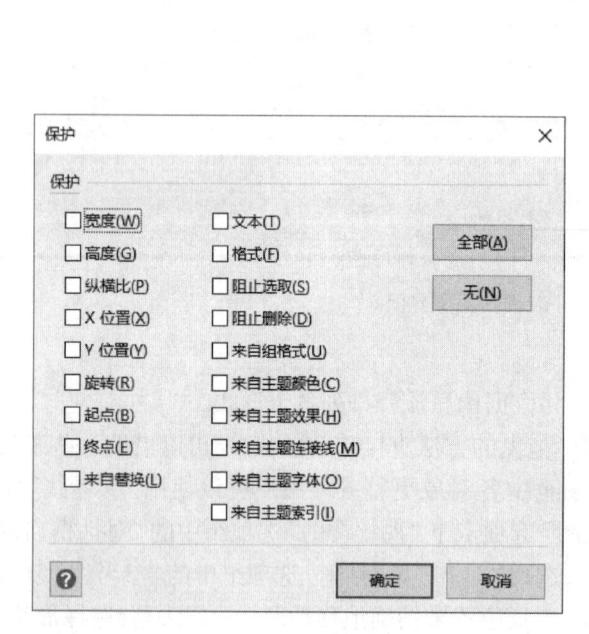

图 7.3　文本处理中的保护选项

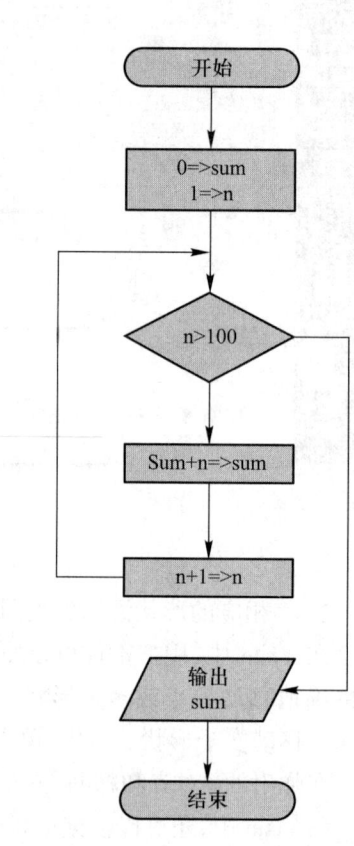

图 7.4　添加形状、文本和连接符效果的示意图

5. 在"设计"选项卡下"主题"选项组中，应用"气泡图"主题效果，并设置变体效果。
6. 在"设计"选项卡下"背景"选项组中，设置"溪流"背景样式，并添加"凸窗"边框和标题样式，如图 7.5 所示。

五、样张

本实验样张效果见图 7.6。

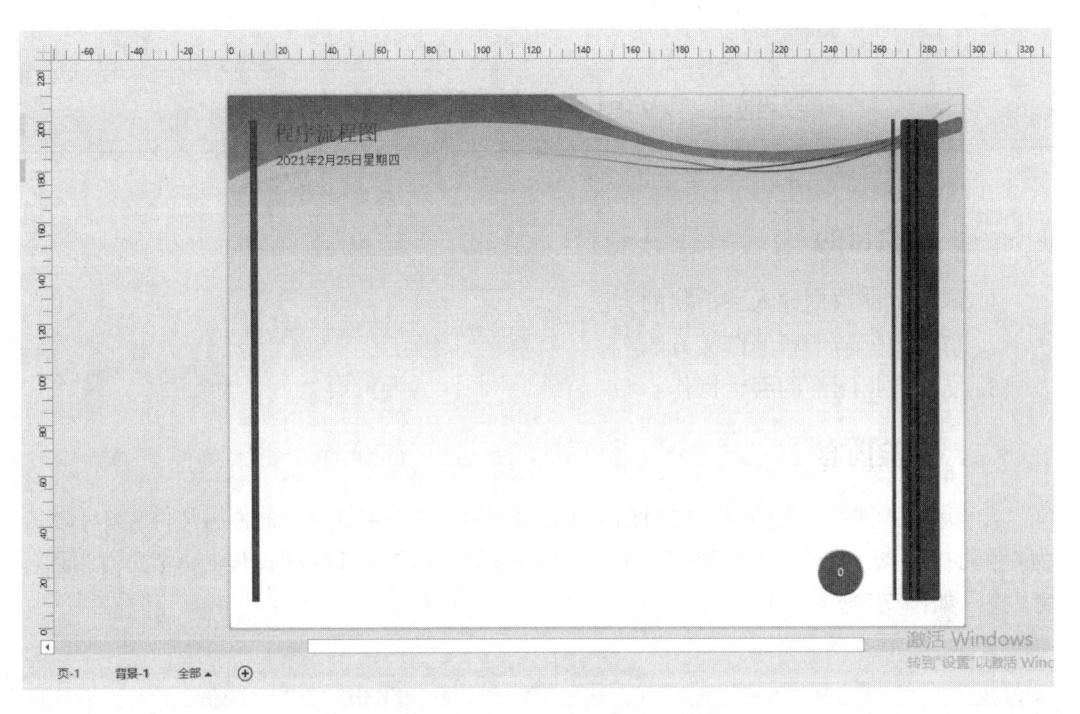

图 7.5 添加主题效果和背景样式示意图

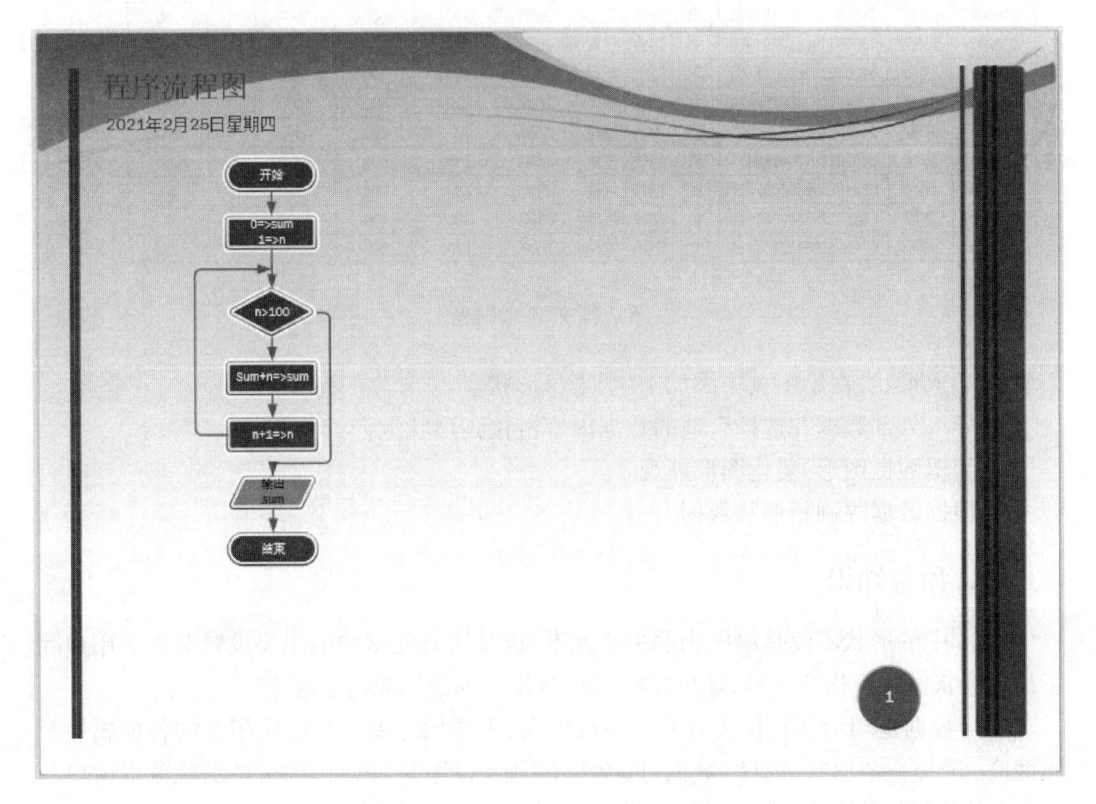

图 7.6 实验一样张

实验二　Visio 中外部数据的应用

一、实验目的

1. 掌握外部数据导入到形状的方法。
2. 掌握数据与形状的链接方法。
3. 掌握数据图形的编辑操作。

二、实验内容

1. 新建一个空白文档，将文档保存到桌面上以"学号 + 姓名"命名的文件夹中，命名为"考勤扣款图 .vsdx"。此图形表达的是某部门某月缺勤扣款数据，其 Excel 文件"职工考勤表"如图 7.7 所示。

	A	B	C	D	E	F	G	H	I	J	K	L	M
1	编号	姓名	身份证号	性别	部门	职务	基本工资	职务工资	加班津贴	应发工资	缺勤	缺勤扣款	实发工资
2	GD0001	周力	440204198602138578	男	科研	职员	1500	1600	300	3400	1	50	3350
3	GD0002	潘燕名	342701197502154578	男	公关	主管	2300	2400	800	5500	2	100	5400
4	GD0003	庞海燕	430501198112055789	女	销售	主管	2000	2200	500	4700	1	50	4650
5	GD0004	江南	420642197811025453	男	综合	职员	1400	1500	500	3400	0	0	3400
6	GD0005	王小杰	325455197808254442	女	销售	职员	1400	1200	500	3100	3	150	2950
7	GD0006	李娜	542155196502282552	男	市场	经理	3300	3200	300	6800	4	200	6600
8	GD0007	张强	245781197506145477	男	科研	主管	2300	2300	600	5200	4	200	5000
9	GD0008	阳光	587452196207082547	女	销售	经理	3500	3400	800	7700	1	50	7650
10	GD0009	高雄	658751195902051645	女	文秘	经理	3300	3200	400	6900	0	0	6900
11	GD0010	张筱雨	674524198412152446	女	市场	职员	1600	1500	600	3700	2	100	3600

图 7.7　职工考勤表

2. 插入形状，在绘图页中添加 10 个半身形状。
3. 导入外部数据并选择合适的数据内容链接到形状上。
4. 编辑数据图形，美化图形外观。
5. 根据数据源刷新形状数据。

三、预备知识

Visio 中的形状不仅是绘图中的主要元素，也是所有元素中的主要设置对象。用户除了设置形状的外观格式之外，还可以将形状与相应的数据源链接起来。

形状数据是与形状直接关联的一种数据表，主要用于展示与形状相关的各种属性及属性值。选择一个形状，选择"数据"选项卡下"显示/隐藏"选项组中的"形状数据窗口"，在弹出的"定义形状数据"对话框（如图 7.8 所示）中设置形状的数据。

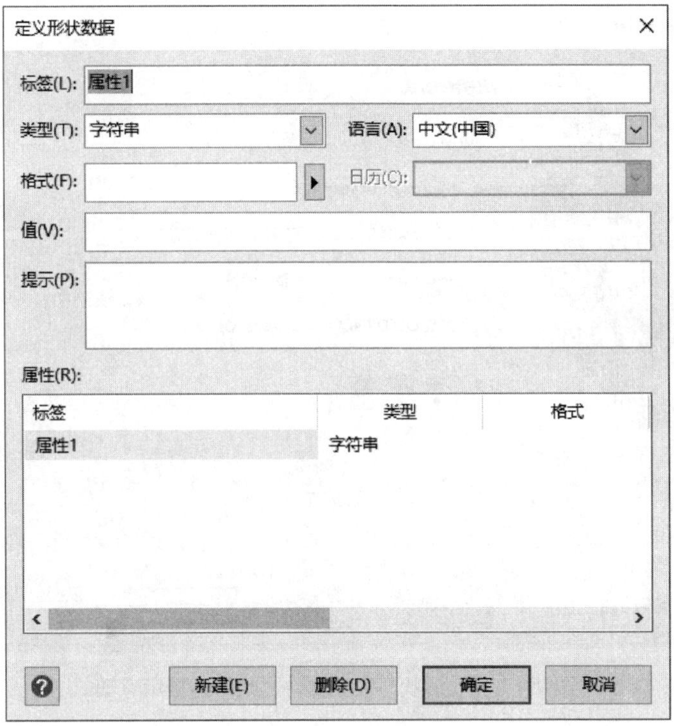

图 7.8　定义形状数据

四、实验步骤

新建空白文档,单击"形状"任务窗格中的"更多形状"下拉按钮,选择"流程图"下的"工作流对象-3D"选项,添加模具中的"人-半身"形状,并排列形状。

选择"数据"选项卡下"外部数据"选项组中的"自定义导入"选项,弹出"数据选取器"对话框,如图 7.9 所示。

在"要使用的数据"中选择使用的数据类型,主要包括 Excel 工作簿、Access 数据库等 6 种数据源类型。这里选择 Microsoft Excel 工作簿,单击"下一步"按钮。在弹出的"连接到 Microsoft Excel 工作簿"对话框中单击"浏览"按钮。在弹出的"数据选取器"对话框中选中所需 Excel 数据文件,并单击"打开"按钮。然后,返回"连接到 Microsoft Excel 工作簿"对话框,单击"下一步"按钮。在弹出的对话框中选择需要包含的行和列,如图 7.10 所示。

最后,在弹出的"配置刷新唯一标识符"对话框中,保持默认设置,并单击"完成"按钮,外部数据导入成功,如图 7.11 所示。

选中第一个形状,并在"外部数据"窗格中选择一行数据,拖曳至形状上即可将数据链接到形状上。用户也可以先选择一个形状,然后在"外部数据"窗格/口选择一行要链接到某形状的数据,右击后选择"链接到所选的形状",即可将一条数据链接到选定的一个形状上。右击某一形状,选择"数据"中的"编辑数据图形"选项,打开如图 7.12 所示对话框。

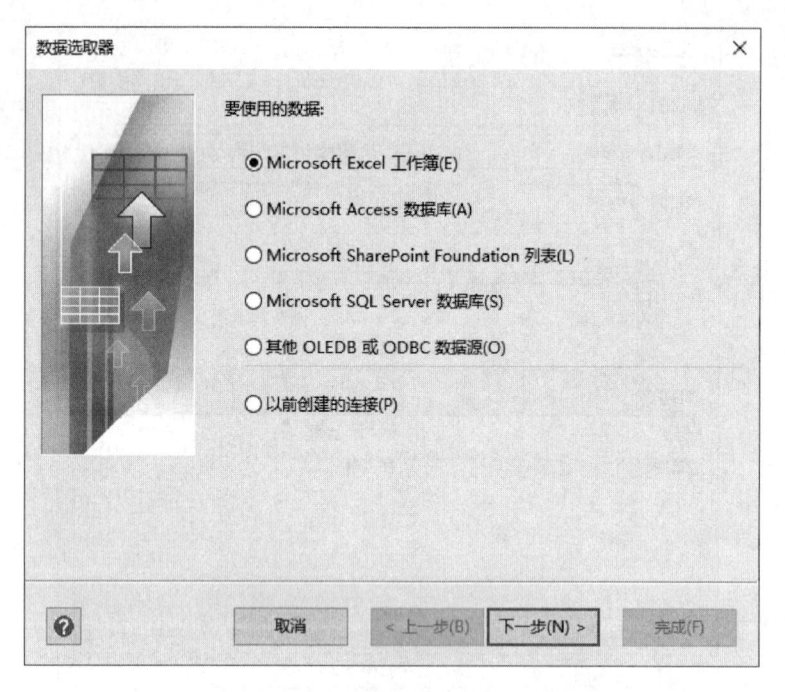

图 7.9　建立形状与数据文件之间的连接示意图

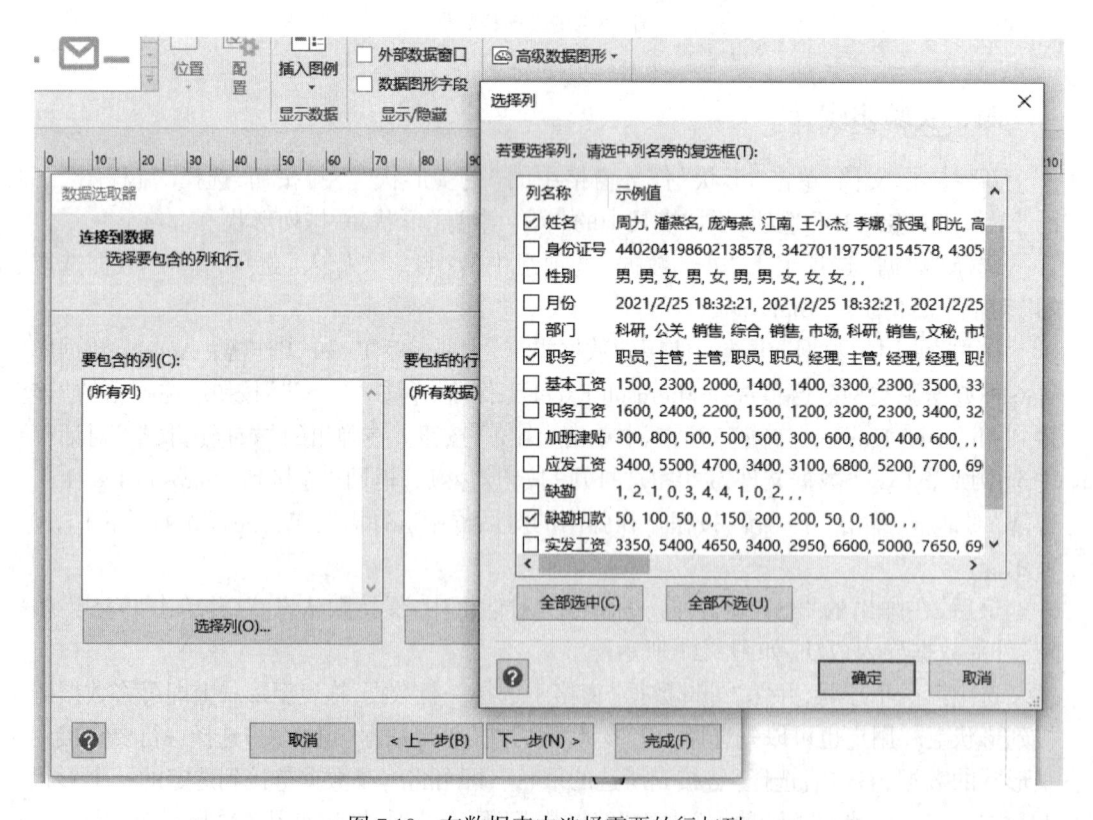

图 7.10　在数据表中选择需要的行与列

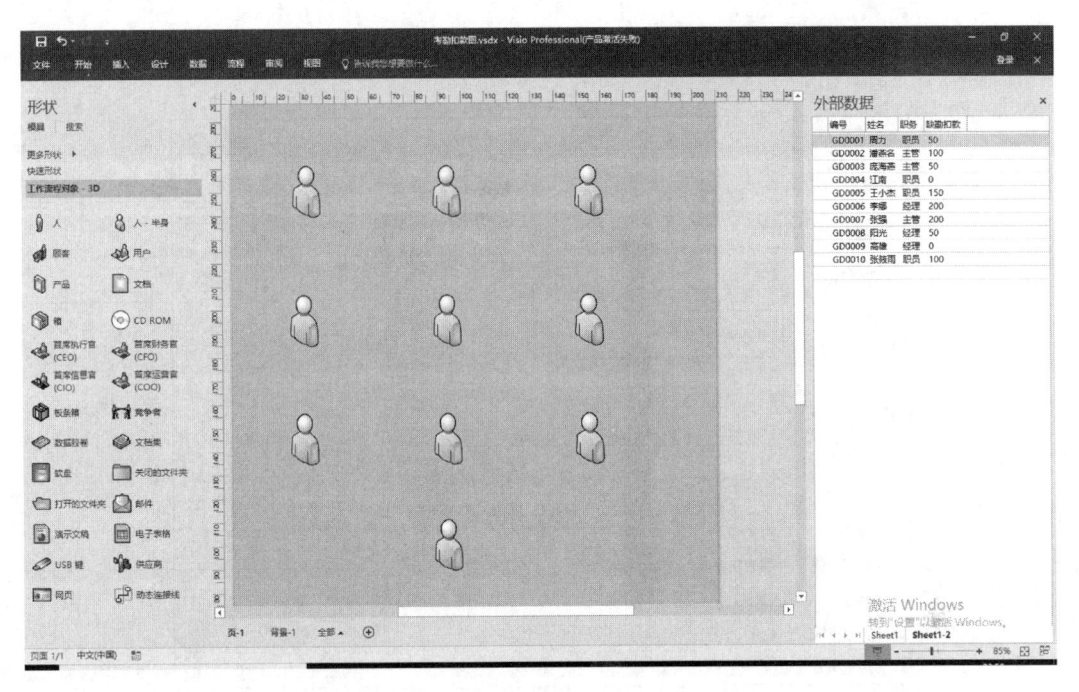

图 7.11 绘图区的形状与数据区链接示意图

图 7.12 编辑数据图形的内容

设置完成数据图形的项目、位置及显示标注，如图 7.13 所示。

图 7.13　编辑数据图形的样式

单击"确定"后按钮，效果如图 7.14 所示。

图 7.14　完成一个数据图形的处理

选中绘图页中所有的形状，并选择"外部数据"窗格中的所有数据，将"外部数据"窗格中的数据拖到形状中，当光标变成"链接"箭头时，释放鼠标即可将全部数据批量链接到形状上。

选择"数据"选项卡下"外部数据"选项组中"全部刷新"的"刷新数据"选项，弹出"刷新数据"对话框。在该对话框中选择需要刷新的数据源，单击"刷新"按钮即可刷新数据。另外，直接单击"全部刷新"按钮即可对绘图页中的所有链接执行刷新操作。用户也可以配置数据刷新的间隔时间、唯一标识符等数据源信息。先选择一个数据源，单击"配置"按钮，在弹出的"配置刷新"对话框中设置相应的选项即可。

五、样张

本实验样张效果见图 7.15。

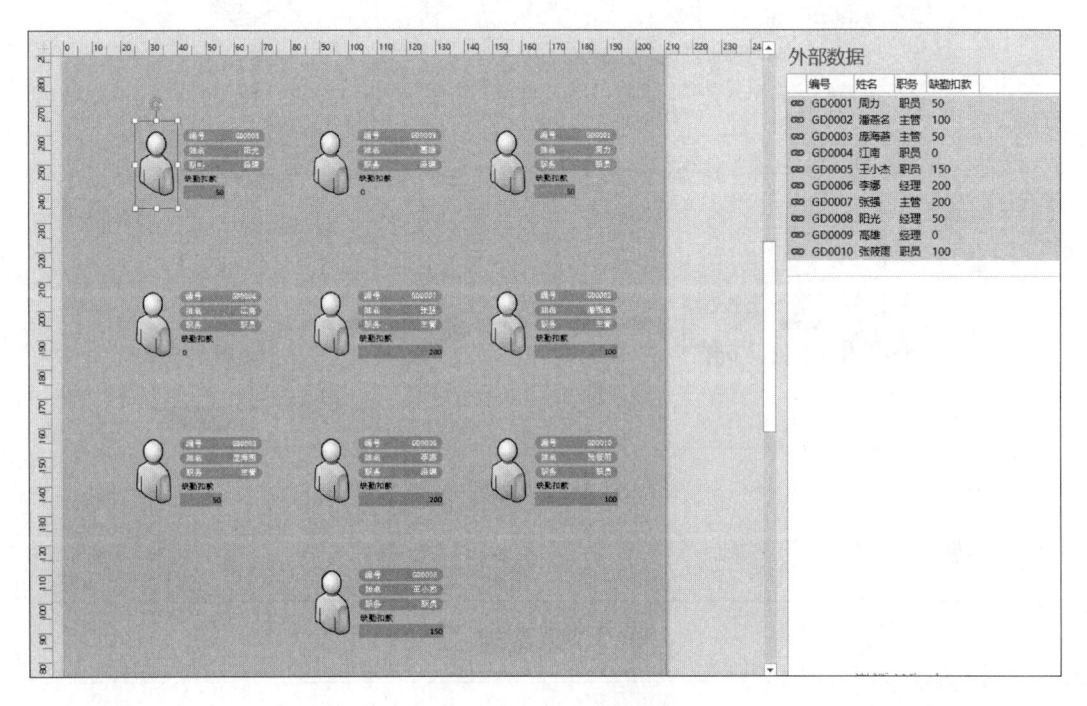

图 7.15　实验二样张

7.2　操作测试题

操作测试题一

制作面试工作流程图。

首先创建"工作流程图-3D"模板文档,并选择"设计"选项卡下的"主题"选项,设置绘图页的主题效果。选择"设计"选项卡下"背景"选项组中的"背景"和"边框和标题"选项,设置绘图页的边框和标题样式。添加工作流程形状,排列形状并输入形状文本。最后,使用"普通箭头"形状连接各个工作流程形状。样张如图 7.16 所示。

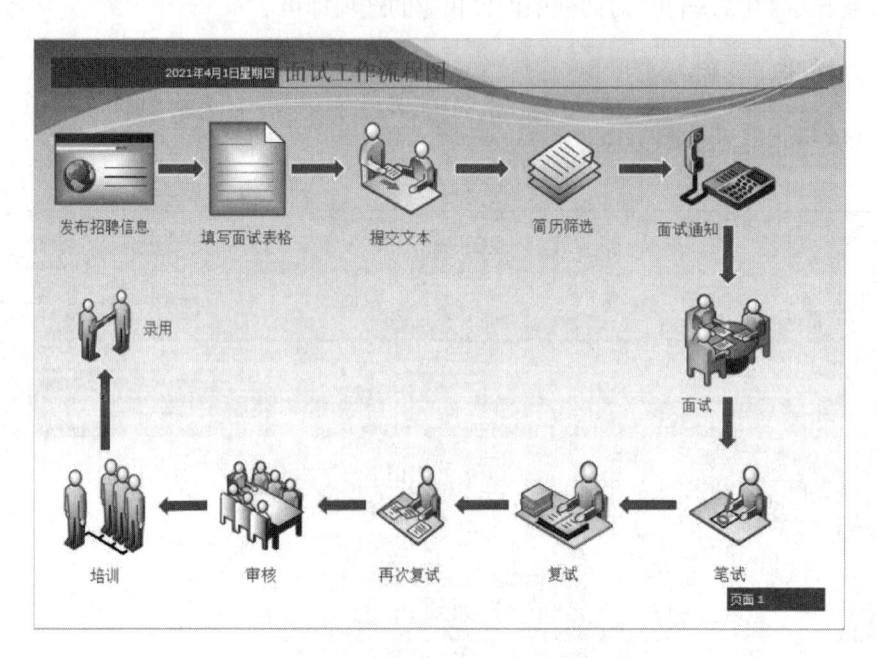

图 7.16　操作测试题一样张

操作测试题二

制作南昌市地铁示意图。

首先新建空白文档,使用"地图"模具中的"地铁形状"。添加地铁线路"地铁弯道 1"和"站"形状,组成地铁路线图。填充颜色并使用"文本"工具添加线路编号和站名。使用"矩形"工具绘制"图例"。样张如图 7.17 所示。

7.2 操作测试题

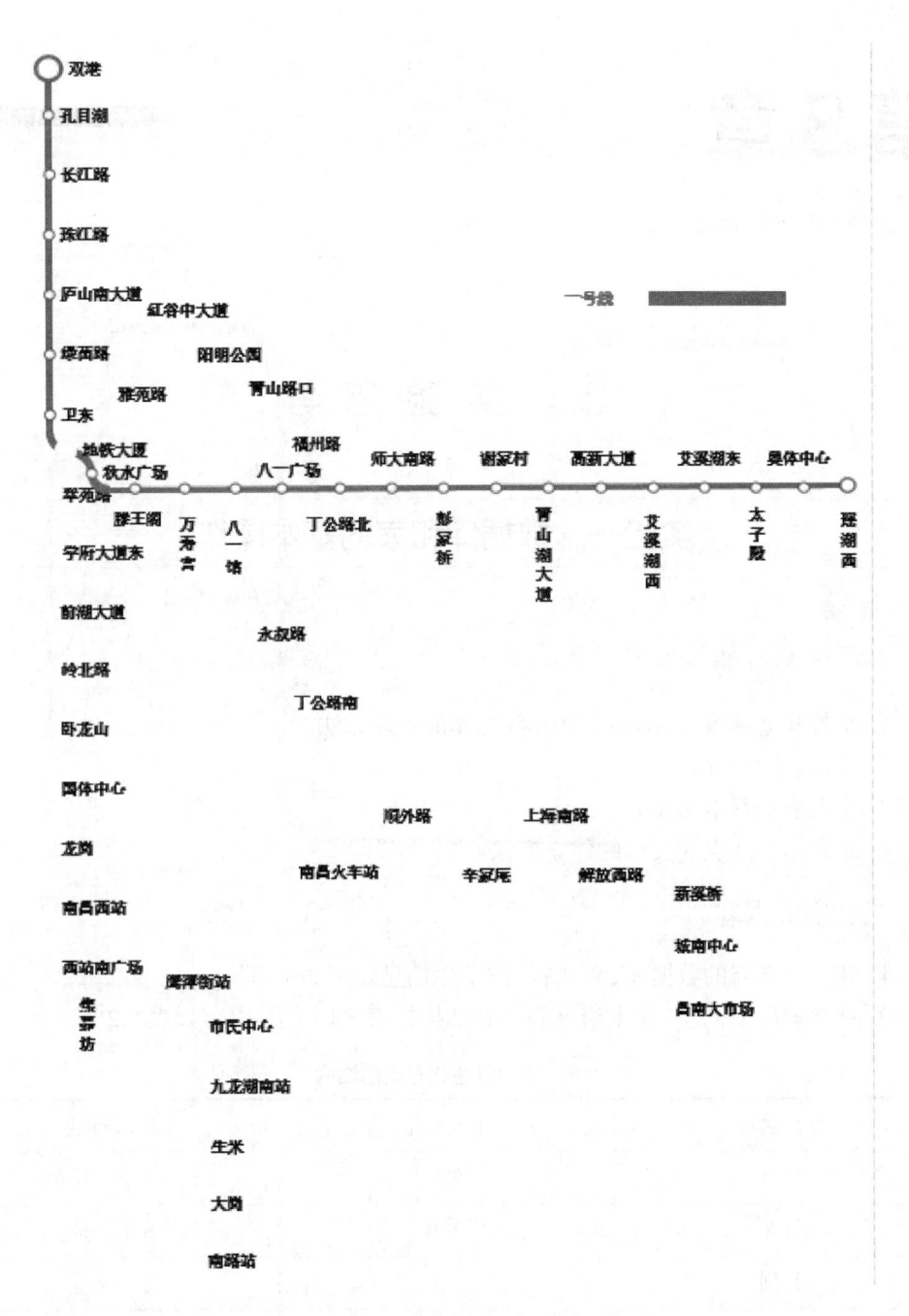

图 7.17 操作测试题二样张

第 8 章
数据库基础

8.1 实验指导

实验一 数据库和表的基本操作

一、实验目的

1. 掌握建立和维护 Access 2016 数据库的一般方法。
2. 掌握表的建立方法。
3. 掌握表的基本操作。
4. 了解索引和表间关系的建立方法。

二、实验内容

1. 建立一个空的数据库,文件名为"学生信息管理 .accdb"。
2. 在数据库中创建"学生信息表",其结构如表 8.1 所示,内容如表 8.2 所示。

表 8.1 学生信息表的结构

字段名称	字段类型	字段宽度
学号	文本	8 个字符
姓名	文本	6 个字符
性别	文本	2 个字符
出生日期	日期 / 时间	
政治面貌	文本	10 个字符
电子邮箱	超链接	
照片	OLE	

表 8.2　学生信息表的内容

学号	姓名	性别	出生日期	政治面貌	电子邮箱	照片
140001	张强	男	1997/3/21	团员	zhangqiang@163.com	
140002	王勇	男	1998/2/28	群众	wangyong@sina.com	
140003	赵玉华	女	1998/5/3	党员	zhaoyh@126.com	
140004	王云	女	1997/11/11	团员	wangyun@yahoo.com	
140005	孙力	男	1997/12/8	群众	sunli@163.com	
140006	马飞	男	1998/4/6	团员	mafei@126.com	
140007	周一戈	男	1998/6/7	团员	zhouyg@sina.com	

3. 根据表 8.3 和表 8.4 的内容，分别确定"课程信息表"和"学生选课表"的结构，并在"学生信息管理 .accdb"中创建这两张表。

表 8.3　课程信息表的内容

课程编号	课程名称	考核方式	学分	学时
101	大学英语	考试	4	64
102	高等数学	考试	5	80
103	大学物理	考试	4	64
104	线性代数	考试	3	48
105	计算机基础	考试	2	32
106	摄影艺术	考查	1	16

表 8.4　学生选课表的内容

学号	课程编号	成绩	学号	课程编号	成绩
140001	101	70	140004	105	91
140002	101	85	140005	103	45
140001	102	70	140006	104	60
140003	103	65	140007	106	80

4. 为上述三张表创建表间关系。

5. 将"学生信息表"复制为 Student1 和 Student2。

6. 修改 Student1 的结构。

（1）将"姓名"字段的宽度由 6 个字符改为 8 个字符。

（2）将"政治面貌"字段移到"出生日期"字段之前。

（3）设置"学号"字段为主键。

7. 导出表 Student2 中的数据，以文本文件的形式保存，文件名为 Student.txt；导出表 Student2 中的数据，以 Excel 数据簿的形式保存，文件名为 Student.xlsx。

三、预备知识

（一）Access 2016 窗口组成

Access 2016 是一个面向对象的、采用事件驱动的新型关系数据库，它提供了表生成器、查询生成器、宏生成器和报表设计器等许多可视化的操作工具，以及数据库向导、表向导、查询向导、窗体向导、报表向导等多种向导，可以使用户很方便地构建一个功能完善的数据库系统。

Access 2016 界面如图 8.1 所示，其界面布局随操作对象的变化而不同。

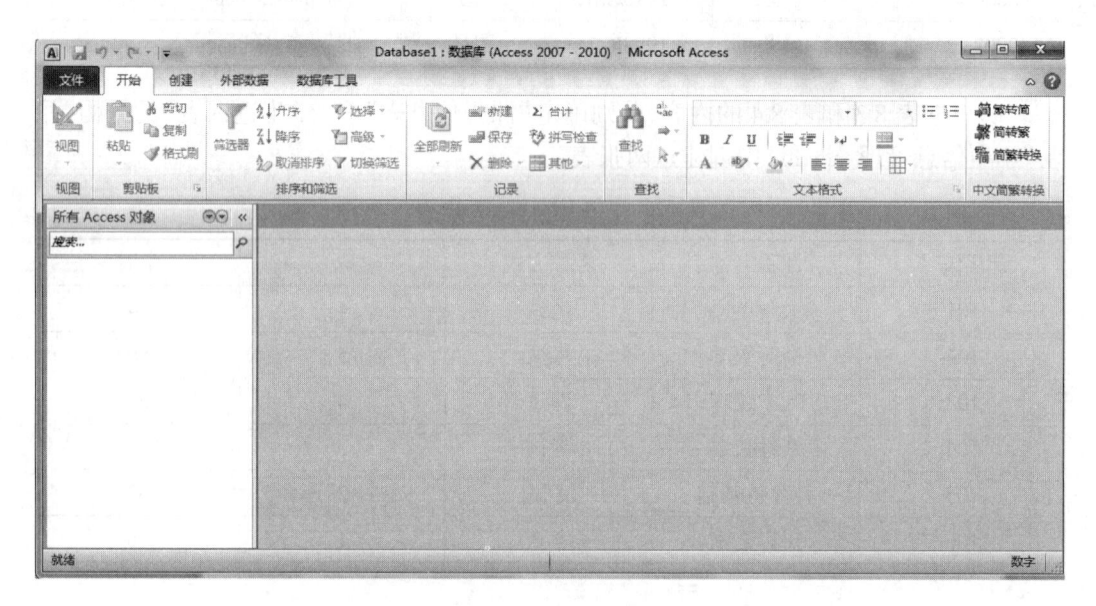

图 8.1　Access 2016 窗口

Access 2016 窗口栏包括"文件""开始""创建""外部数据"和"数据库工具"选项卡，各选项卡下将各种相关的选项分为多个选项组。例如，如果要创建一个新的窗体，可以在"创建"选项卡下找到创建窗体的多种方式。

（二）Access 2016 的数据库对象

Access 2016 通过各种数据库对象来管理和处理信息。

Access 2016 的数据库对象包括表、查询、窗体、报表、宏和模块共 6 种，对数据的管理和处理也是通过这 6 种对象完成的。

1. 表：是数据库的基础，也是数据库中其他对象的数据来源，用于保存数据库管理的基本数据。一张表就是一个关系，表与表之间可以互相关联。

2. 查询：实现对数据库中所需特定数据进行查找。使用查询可以按照不同的方式查看、更改和分析数据，也可以将查询作为窗体和报表的数据源。

3. 窗体：是 Access 2016 数据库和用户进行交互操作的图形界面，窗体的数据源可以是表或者查询，在窗体中可以接收、显示和编辑数据库中的数据，用户通过窗体便可以对数据进行增、删、改、查等操作。

4. 报表：用于显示和打印格式化数据。将数据库中的表、查询的数据进行组合，形成报表，用户还可以在报表中增加多级汇总、统计比较以及添加图片和图形等。

5. 宏：是Access 2016数据库对象中的一个基本对象，是指一个或多个操作的集合，可以使某些需要多个指令连续执行的任务能够通过一条指令自动完成。

6. 模块：用来实现数据的自动操作，是应用程序开发人员的工作环境，用于创建完整的数据库应用程序。Access 2016有两种程序模块对象，一种是模块，也称为标准模块，由用户在"模块(代码)"窗口里编写，用作多个窗体或报表的公用程序模块，包含一些公用变量声明和通用过程；一种是类模块，由用户在"类(代码)"窗口里编写，用于扩充功能，包含用户自定义的类模块。

(三) Access 2016 的数据类型

数据类型决定了数据的存储方式和使用方式。Access 2016提供12种不同的数据类型，如表8.5所示。

表8.5 Access 数据类型

数据类型	用途	大小
短文本	存储文本、数字或文本和数字的组合	最多为255个字符，默认字符个数为50
长文本	存储长度较长的文本和数字	不超过1GB字符或更少
数字	用于数值计算的数值数据。分为整型、长整型、单精度型、双精度型，默认长整型	2、4、4、8 B
日期/时间	存储日期和时间，从100到9999年的日期与时间值	8 B
货币	货币值或用于数值计算的数值数据	8 B
自动编号	用于在添加记录时自动插入的序号(每次递增1或随机数)，默认是长整型，也可以改为同步复制ID。自动编号不能更新	4 B 或 16 B
是/否	可以使用YES和NO值存储逻辑型数据	1 b
OLE对象	是指对象链接与嵌入技术，在其他应用程序中创建的、可链接或嵌入Access数据库中的对象	最多为1 GB(受可用磁盘空间限制)
超链接	保存超链接地址，可以是某个文件的路径或URL	该数据类型的各个部分最多只能包含2 048个字符
查阅向导	创建字段，该字段可以使用列表框或组合框从另一个表或值列表中选择一个值	4 B
附件	任何支持的文件类型	
计算	用于存储计算结果	

四、实验步骤

1. 创建"学生信息管理.accdb"数据库,并保存在"C:\Access Test1"文件夹中。

在 C 盘根目录下面创建文件夹 Access Test1。启动 Access 2016,弹出如图 8.2 所示的创建数据库的界面,在可用模板中选择"空白桌面数据库",在弹出的如图 8.3 所示的"空白桌面数据库"对话框中,选择 Access Test1 文件夹,在"文件名"中输入"学生信息管理",单击"创建"按钮,进入数据库工作界面。

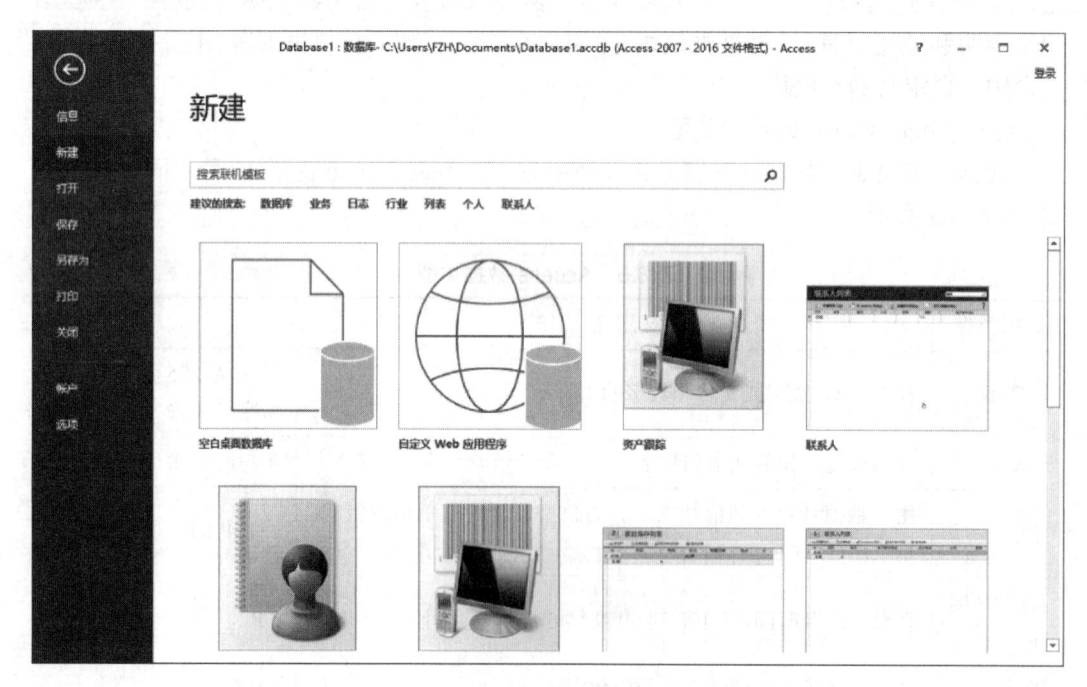

图 8.2 创建空数据库

图 8.3 空白数据库

2. 在数据库中创建"学生信息表"。

将光标移动到"表1"标签上,单击鼠标右键,系统弹出如图 8.4 所示菜单,单击"保存"按钮,在弹出的"另存为"对话框中将表命名为"学生信息表",单击"确定"按钮。

图 8.4 保存表

再选择"学生信息表"标签快捷菜单中的"设计视图",如图 8.5 所示。在如图 8.6 所示的界面中,将 ID 字段修改为"学号",单击"自动编号",选择"数字"。在"常规"选项卡中,修改"字段大小"为"长整型","格式"为"常规数字","小数位数"设置为"自动","索引"设置为"有(无重复)","文本对齐"设置为"常规"。

按上述方法依次将"学生信息表"中其他字段按题目的要求进行设置。

在对字段进行设置时,有的字段的值可以设置默认值,有的字段值也可以进行有效性规则的设置,用于对数据输入时的初值进行合法检验。以"性别"字段为例,如图 8.7 所示。添加"性别"字段,在"常规"选项卡中,将"默认值"中设置为"男",单击"验证规则"右侧的按钮,在弹出的"表达式生成器"对话框中,先输入"男",然后在操作符中找到并双击 Or,再输入"女"。

所有的字段全部设置好后,将光标放在"学生信息表"标签上,单击鼠标右键弹出快捷菜单,选择"保存",此时数据表的结构已经创建结束。在数据表的快捷菜单中选择"数据表视图"菜单。

第 8 章 数据库基础

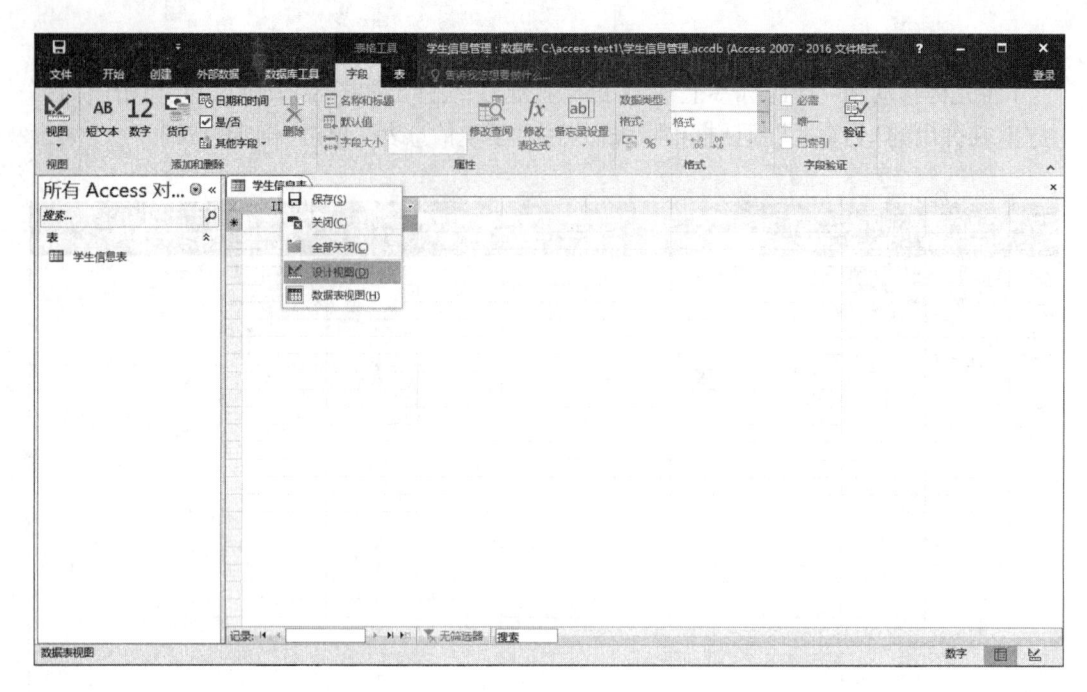

图 8.5 选择设计视图

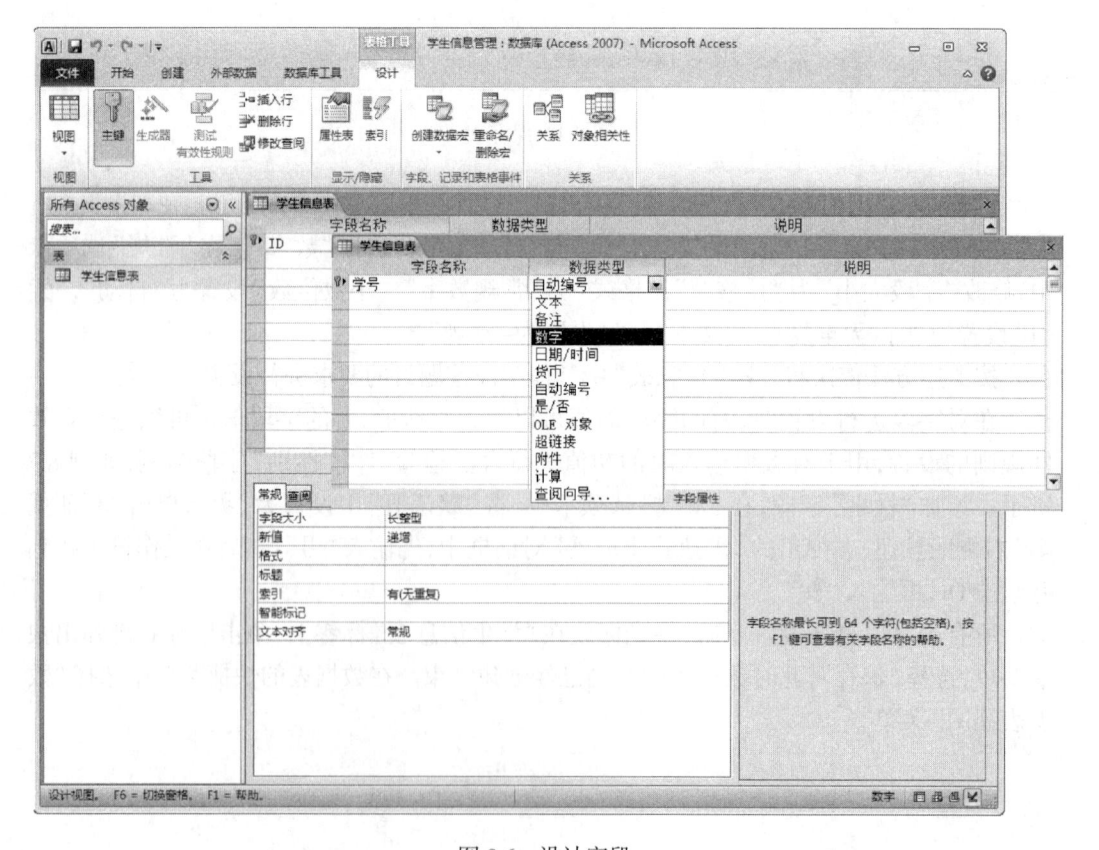

图 8.6 设计字段

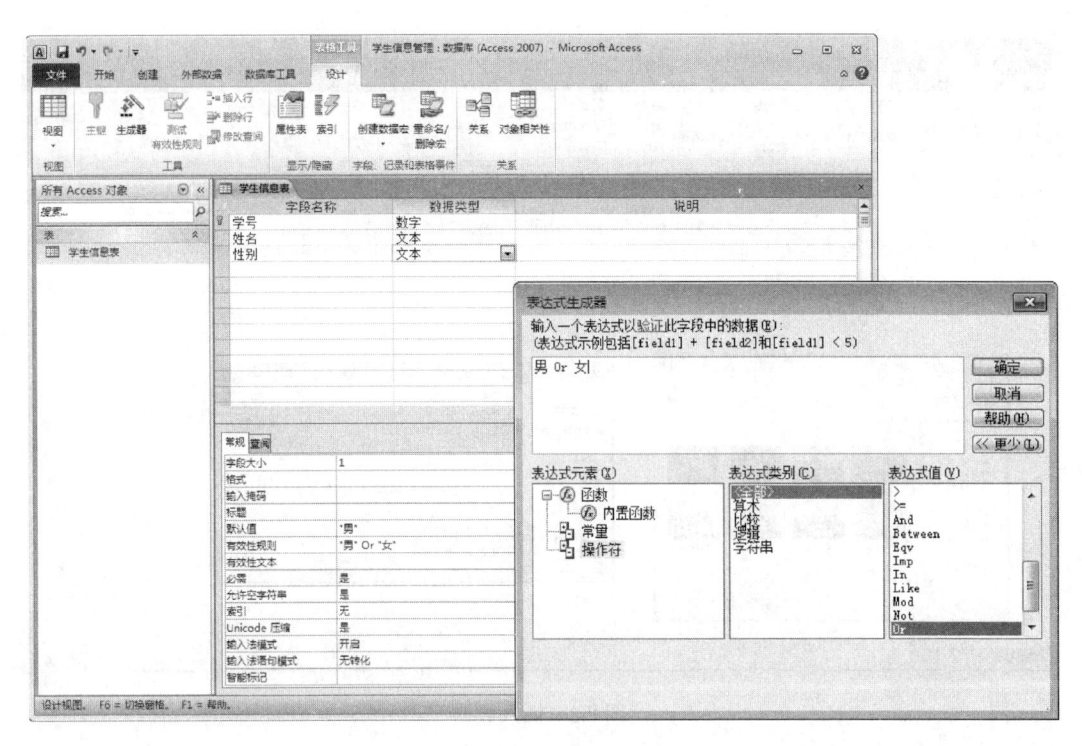

图 8.7　设置有效性规则

在表格中相应的字段名称下面依次输入数据,在"照片"下的框中单击鼠标右键,在弹出的快捷菜单中选择"插入对象",在弹出的对话框中选择"由文件创建",单击"浏览"按钮。找到并选取相应的图片文件,单击"确定"按钮,实现图片文件的插入。如图 8.8 所示。

按照上述步骤,向数据表中插入所有的数据,数据插入结束后,在"学生信息表"级联菜单选择"关闭"命令,完成学生信息表的创建。

3. 选择 Access "创建"选项卡下"表格"选项组中的"表",系统新增一个"表 1",按前述方法,完成"课程信息表"的创建。同样,完成"学生选课表"的创建。

4. 选择 Access "数据库工具"选项卡下"关系"选项组中的"关系",在弹出的"显示表"对话框中,按住 Ctrl 键同时选中需要的三张表,单击"添加"按钮,再单击"关闭"按钮。如图 8.9 所示。

选中"课程信息表"中的"课程编号"字段,按住鼠标左键,将其拖至"学生选课表"的"课程编号"字段,系统弹出"编辑关系"对话框,选中下面三个复选框,单击"创建"按钮,如图 8.10 所示。类似地,选中"学生信息表"中的"学号"字段,按住鼠标左键,拖至"学生选课表"的"学号"字段,单击"创建"按钮。此时完成了表之间关系的建立,单击"关闭"按钮,在弹出的对话框中选择"是"按钮。

5. 表的复制在数据库窗口完成,既可以在同一个数据库中复制表,也可以在不同数据库间进行复制。

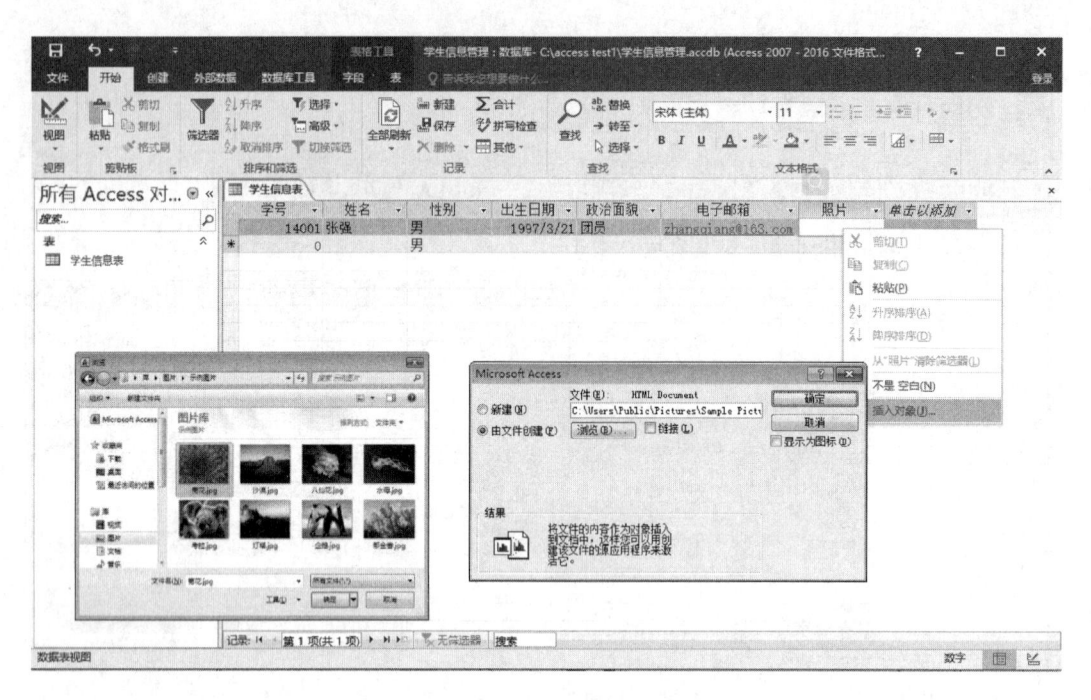

图 8.8 插入数据

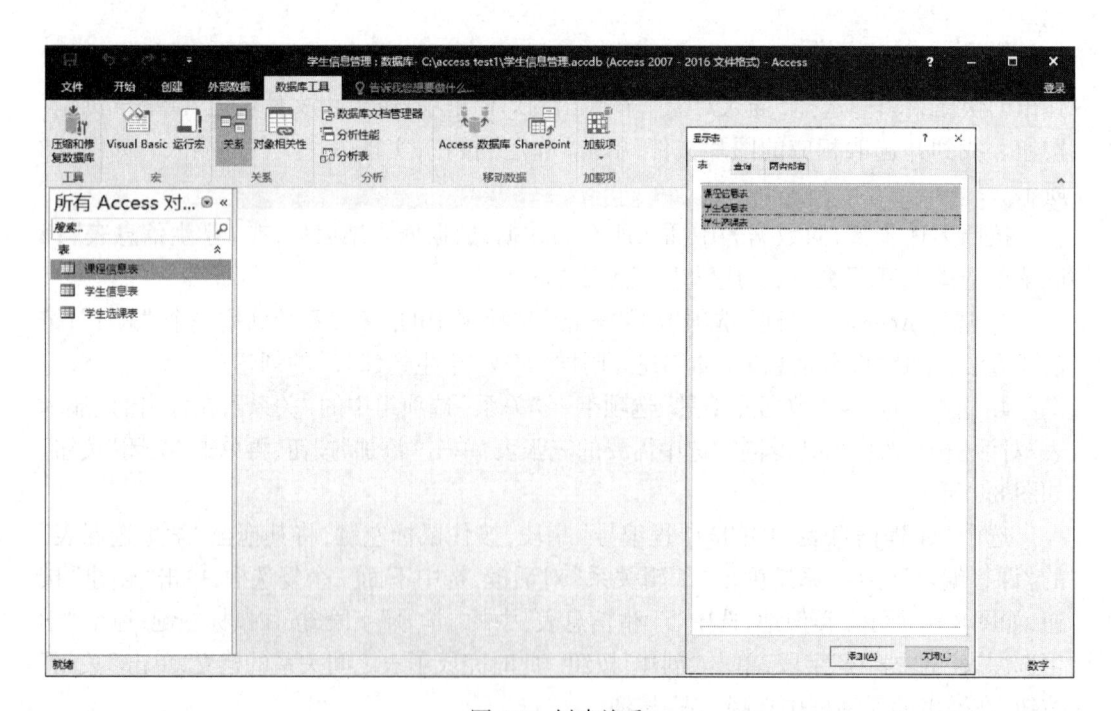

图 8.9 创建关系

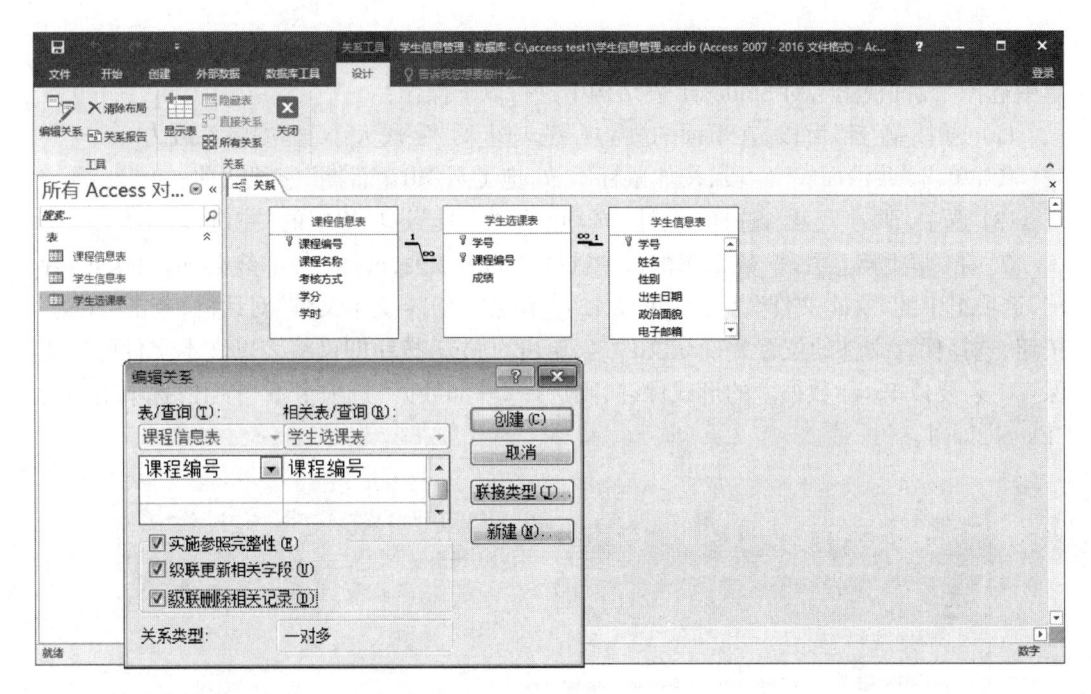

图 8.10 编辑关系

(1) 不同数据库文件之间复制表的操作步骤。

① 在数据库窗口中选中要复制的"学生信息表",选择"开始"选项卡下"剪贴板"选项组中的"复制",或者在选中的表名上单击鼠标右键,在弹出的快捷菜单中选择"复制"命令。

② 关闭此数据库,打开要接收表的数据库,选择"开始"选项卡下"剪贴板"选项组中的"粘贴",或者在选中的表名上单击鼠标右键,在弹出的快捷菜单中选择"粘贴"命令,弹出"粘贴表方式"对话框,如图 8.11 所示。

③ 在"表名称"框中输入表名 Student1,在"粘贴选项"中选择一种粘贴方式,其中,

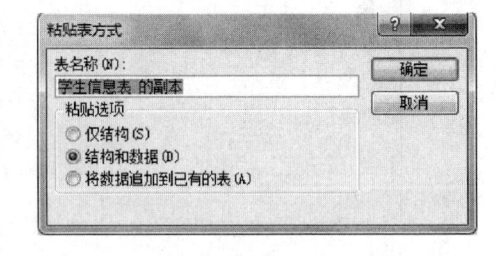

图 8.11 "粘贴表方式"对话框

- 仅结构:只复制表的结构,不包括表记录;
- 结构和数据:同时复制表结构和表记录,即新表是原表的一个完整的副本;
- 将数据追加到已有的表:将选定表中的所有记录,追加到另一个表的最后,要求在"表名称"框中输入的表确定存在,且它的表结构与选定表的结构必须相同。

④ 单击"确定"按钮,即可结束将表从一个数据库复制到另一个数据库的操作。

(2) 在同一个数据库中复制表。

在同一个数据库窗口中执行"复制"和"粘贴"命令,在出现的"粘贴表方式"对话框中输入表名"Student2"及选择粘贴方式即可。

6. 在"学生信息管理"数据库窗口中，选中Student1，单击鼠标右键，在弹出的快捷菜单中选择"设计视图"，对Student1表结构中进行以下操作：

（1）选中"姓名"字段，在下面的"常规"选项卡的"字段大小"框中将6改为8；

（2）单击"政治面貌"字段，按住鼠标不放，拖曳至"出生日期"字段之前；

（3）选中"学号"字段，选择"设计"选项卡下"工具"选项组中的"主键"。

7. 在"学生信息管理"数据库窗口中选择Student2表，选择"外部数据"选项卡下"导出"选项组中的"文本文件"，弹出如图8.12所示的"导出－文本文件"对话框，单击"浏览"按钮，选择保存文件的位置并确认文件名，单击"确定"按钮即可将表以文本文件的形式保存。若要以Excel数据簿的形式保存，则选择"外部数据"选项卡下"导出"选项组中的"Excel"即可。

图 8.12 导出文本文件

实验二　表数据的查询

一、实验目的

1. 了解查询的类型和作用。
2. 掌握数据查询的方式。

3. 了解 SQL 的语法结构。
4. 了解多表连接查询。

二、实验内容

1. 以"学生信息表"为数据源,查询学生的姓名、性别、出生日期和照片等信息,将查询命名为"学生基本信息"。
2. 查询学生所选课程的成绩,并显示学号、姓名、课程名称和成绩。
3. 统计学生人数。
4. 查询学生的年龄。
5. 在课程信息表中插入 C++ 课程,考核方式为考试,学时 80,学分 5。
6. 修改张强的电子邮箱为 zhangq@126.com。
7. 删除学号为 140007 的学生。

三、预备知识

查询是 Access 数据库中的常用操作,也是 Access 数据库的核心操作之一。利用查询可以直接查看表中的原始数据,也可以对表中数据先计算再查看。查询结果还可以作为窗体、报表和查询的数据源。

要查看的数据通常分布在多个表中,通过查询可以将多个不同表中的数据检索出来,并在一个数据表中显示这些数据。而且,通常只是查看某些符合条件的特定记录,因此用户可以在查询中添加查询条件,以筛选有用的数据。

在 Access 2016 中,常见的查询类型有 5 种,分别是选择查询、参数查询、交叉表查询、操作查询和 SQL 查询。

(一)选择查询

选择查询仅仅检索数据以供查看之用,是最常用的一种查询。应用选择查询可以从数据库的一个或多个表中提取特定的信息,用户可以在屏幕中查看查询结果、将结果打印出来或者将其复制到剪贴板中或是将查询结果用作窗体或报表的记录源。用户还可以对记录分组并对组中的字段值进行各种计算。

(二)参数查询

执行参数查询时,用户需要在屏幕上显示的信息对话框中输入信息,系统根据用户输入的信息执行查询,找出符合条件的记录。

参数查询分为单参数查询和多参数查询。单参数查询是指执行查询时只需要输入一个条件的参数;多参数查询是指执行查询时,针对多组条件,需要输入多个参数条件。

(三)交叉表查询

将来源于某个表或查询中的字段进行分组,一组列在数据表的左侧,一组列在数据表的上部,然后在数据表行与列的交叉处显示表中某个字段的各种计算值。

(四)操作查询

操作查询是利用查询所生成的动态集来对表中数据进行更改的查询,包括以下4类。

1. 生成表查询:利用一个或多个表中的全部或部分数据创建新表。运行生成表查询的结果就是把查询的数据以另外一个新表的形式存储。即使该生成表查询被删除,新表仍然存在。

2. 更新查询:对一个或多个表中的一组记录做全部更新。运行更新查询会自动修改有关表中的数据,数据一旦更新则不能恢复。

3. 追加查询:将一组记录追加到一个或多个表原有记录的尾部。运行追加查询的结果是向有关表中自动添加记录,增加了表的记录数。

4. 删除查询:按一定条件从一个或多个表中删除一组记录,数据一旦删除就不能恢复。

(五) SQL 查询

这是用户使用 SQL 语句创建的查询。

查询和数据表最大的区别在于,查询中的所有数据都不是真正单独存在的。查询实际上是一个固定化的筛选,它将数据表中的数据筛选出来,并以数据表的形式返回筛选结果。

四、实验步骤

针对本实验内容,这里不再一一详述,仅讲述以下三个内容。

1. 使用查询向导创建查询。以"学生信息表"为数据源,查询学生的姓名、性别、出生日期和照片信息,将查询命名为"学生基本信息"。

(1) 打开"学生信息管理.accdb"数据库,选择"创建"选项卡下"查询向导",在弹出"新建查询"对话框中选择"简单查询向导",单击"确定"按钮。在弹出"简单查询向导"中,在"表/查询"中选择数据源为"表:学生信息表",再分别双击"可用字段"列表中的"姓名""性别""出生日期"和"照片"字段,将它们添加到"选定的字段"列表框中,如图 8.13 所示,然后单击"下一步"按钮。将查询标题设置为"学生基本信息",单击"完成"按钮,完成学生基本信息查询创建工作。

(2) 双击照片字段下的数据,系统弹出照片查看器,显示学生的照片信息,查看结束后,单击"关闭"按钮。查询结束后,右键单击"学生基本信息",选择"关闭"。

2. 使用设计视图创建查询,统计学生人数。

(1) 选择"创建"选项卡下"查询"选项组中的"查询设计",弹出"显示表"对话框,如图 8.14 所示。选中"学生信息表",单击"添加"按钮,再单击"关闭"按钮。

(2) 选择"设计"上的"汇总"选项,插入一个"总计"行,单击"学号"字段下方的"总计"行右侧的向下箭头,选择"计数"函数,如图 8.15 所示。单击"保存"按钮,在"查询名称"框中输入"统计学生人数"。单击"运行"选项查看结果。

3. 使用 SQL 语句查询。

选择"学生信息表",新建"查询1",在其快捷菜单中选择"SQL 视图",在编辑区中"SELECT"后面输入"年龄"即可,如图 8.16 所示。若以后要用到带条件的查询语句,只需要在表名后面加上条件表达式。

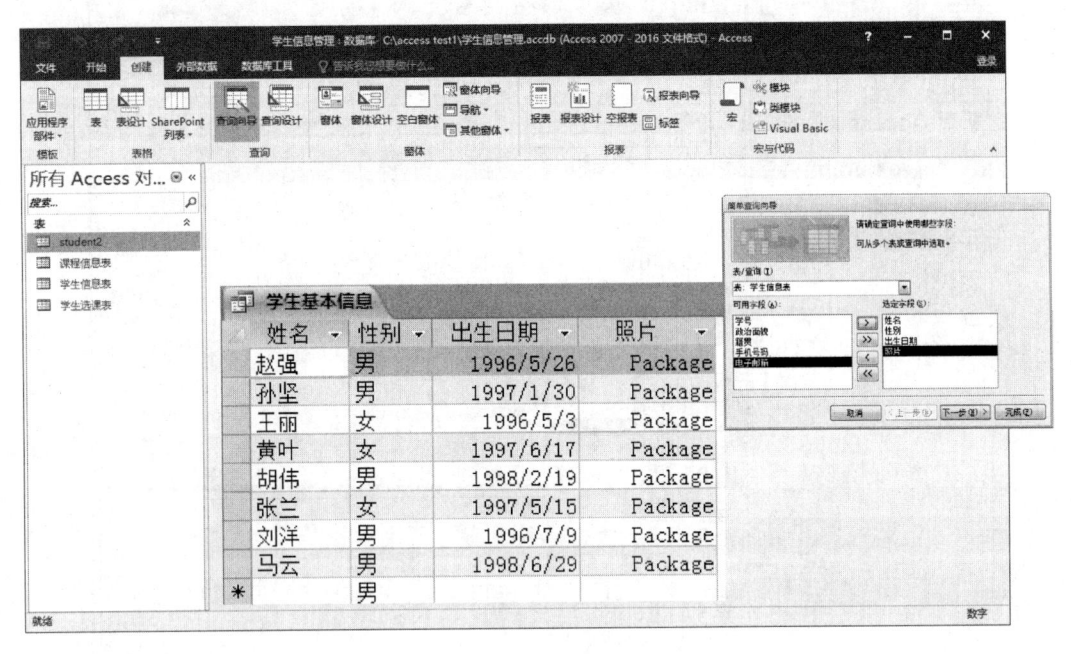

图 8.13　简单查询设置

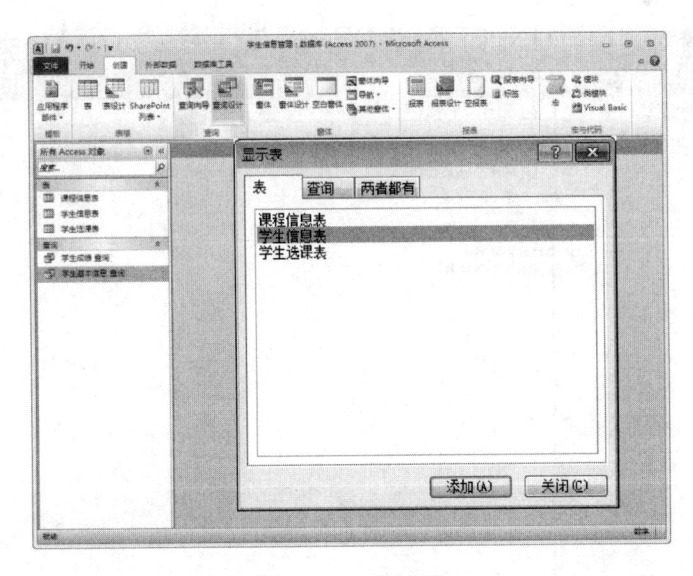

图 8.14　查询设计

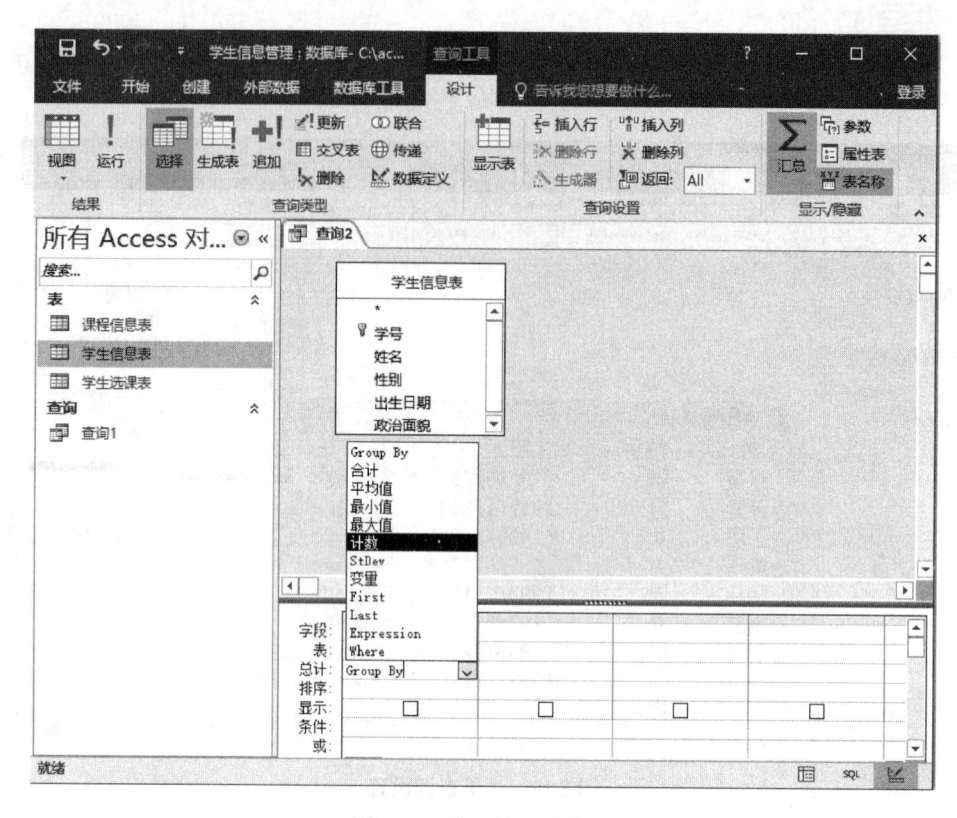

图 8.15　设置并查看结果

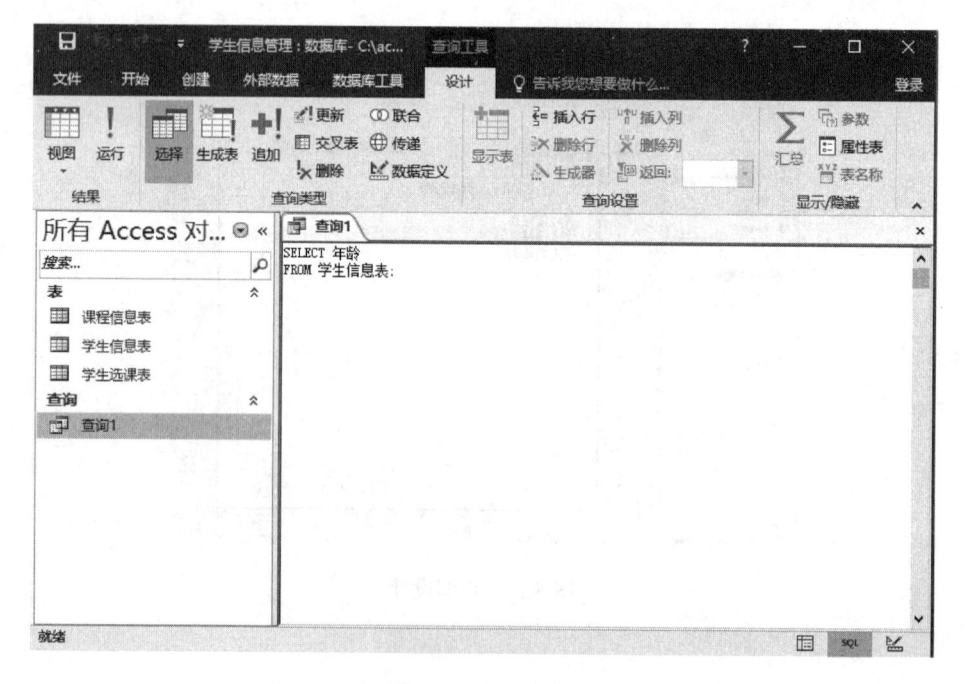

图 8.16　SQL 查询

8.2 操作测试题

操作测试题一

1. 创建数据库。创建一个数据库，文件名为 Test1.accdb，在其中建立三张表：Student、Course 和 SC，表结构和表内容分别如表 8.6~表 8.11 所示。

表 8.6 表 Student 的结构

字段名称	字段类型	字段宽度
学号	文本	8 个字符
姓名	文本	10 个字符
性别	文本	2 个字符
年龄	数字	
系别	文本	20 个字符

表 8.7 表 Student 的内容

学号	姓名	性别	年龄	系别
13041101	张华	男	19	信息
13041102	李军	男	18	信息
13041305	王玲	女	17	数学
13041202	孙峰	男	20	电子
13041206	赵红	女	21	电子

表 8.8 表 Course 的结构

字段名称	字段类型	字段宽度
课程号	文本	4 个字符
课程名	文本	20 个字符
学分	数字	

表 8.9　表 Course 的内容

课程号	课程名	学分
6001	计算机导论	2
6011	C 语言	4
6020	数据结构	5
6021	数据库系统	4

表 8.10　表 SC 的结构

字段名称	字段类型	字段宽度
学号	文本	8 个字符
课程号	文本	4 个字符
成绩	数字	

表 8.11　表 SC 的内容

学号	课程号	成绩
13041101	6021	78
13041101	6020	70
13041101	6011	89
13041305	6001	85
13041202	6011	66
13041206	6011	60

2. 修改表 Student 的结构，将姓名字段的宽度由 10 改为 8。

3. 设置学号为表 Student 的主键，设置课程号为表 Course 的主键，设置学号和课程号为表 SC 的共同主键。

4. 导出表 Student 的内容，以文本文件的形式保存，文件名为 Student.txt。

操作测试题二

针对 Test1.accdb 数据库中的三张表完成如下查询操作。

1. 直接输入并运行 SELECT 语句。

（1）检索至少选修一门课程的学生姓名。

（2）检索有学生选修的课程的门数。

（3）检索每门课程的平均成绩。

（4）检索男女学生的平均成绩。

2. 通过"创建"选项卡下"查询"选项组中的"查询设计"来创建查询,并仔细查看所产生的 SELECT 命令。

(1) 检索王同学未选修的课程的课程名。

(2) 检索年龄小于 20 岁的学生的学号和姓名。

(3) 检索女同学所选修课程的学号、姓名、课程名和成绩。

参考文献

[1] 龚沛曾,杨志强.大学计算机[M].7版.北京:高等教育出版社,2017.

[2] 黄华,付峥.大学计算机基础实验指导与测试[M].北京:高等教育出版社,2016.

[3] 赵洪帅.Access 2016数据库应用技术教程[M].北京:中国铁道出版社有限公司,2020.

[4] 吕咏,葛春雷.Visio 2016图形设计从新手到高手[M].北京:清华大学出版社,2016.

郑重声明

高等教育出版社依法对本书享有专有出版权。任何未经许可的复制、销售行为均违反《中华人民共和国著作权法》，其行为人将承担相应的民事责任和行政责任；构成犯罪的，将被依法追究刑事责任。为了维护市场秩序，保护读者的合法权益，避免读者误用盗版书造成不良后果，我社将配合行政执法部门和司法机关对违法犯罪的单位和个人进行严厉打击。社会各界人士如发现上述侵权行为，希望及时举报，我社将奖励举报有功人员。

反盗版举报电话　（010）58581999　58582371
反盗版举报邮箱　dd@hep.com.cn
通信地址　北京市西城区德外大街4号　高等教育出版社法律事务部
邮政编码　100120

防伪查询说明
用户购书后刮开封底防伪涂层，使用手机微信等软件扫描二维码，会跳转至防伪查询网页，获得所购图书详细信息。
防伪客服电话　（010）58582300